"十二五"普通高等教育本科国家级规划教材

陕西省本科教育优秀教材

Verilog HDL 数字集成电路设计原理与应用

(第三版)

汤华莲　蔡觉平　李振荣　刘伟峰　编著

西安电子科技大学出版社

内 容 简 介

本书系统地对 Verilog HDL 语法和程序设计进行了介绍，明确了数字可综合逻辑设计和测试仿真程序设计在 Verilog HDL 中的不同，通过对典型的组合逻辑电路、时序逻辑电路和测试程序的设计举例，较为完整地说明了 Verilog HDL 在数字集成电路中的使用方法，同时对系统级硬件描述语言 System Verilog 进行了简要描述。

全书共 8 章，主要内容包括硬件描述语言和 Verilog HDL 概述、Verilog HDL 的基本语法、Verilog HDL 程序设计语句和描述方式、组合电路和时序电路的设计举例、Verilog HDL 集成电路测试程序和测试方法、较为复杂的数字电路和系统的设计举例、数字集成电路中 Verilog HDL 的 EDA 工具及其使用、System Verilog 常用语法和相关设计验证方法等。

本书可作为电子信息类相关专业本科生和研究生的教材，也可作为数字集成电路设计工程师的参考书。

图书在版编目（CIP）数据

Verilog HDL 数字集成电路设计原理与应用 / 汤华莲等编著. -- 3 版.
西安 ： 西安电子科技大学出版社, 2024. 8. -- ISBN 978-7-5606-6784-3

Ⅰ. TN431.2；TP312.8

中国国家版本馆 CIP 数据核字第 2024QZ5136 号

责任编辑 买永莲
出版发行 西安电子科技大学出版社（西安市太白南路 2 号）
电　　话 （029）88202421　88201467　　　邮　编　710071
网　　址 www.xduph.com　　　　　　　电子邮箱　xdupfxb001@163.com
经　　销 新华书店
印刷单位 咸阳华盛印务有限责任公司
版　　次 2024 年 8 月第 3 版　　2024 年 8 月第 1 次印刷
开　　本 787 毫米×1092 毫米　1/16　印张 21.25
字　　数 505 千字
定　　价 57.00 元
ISBN 978-7-5606-6784-3
XDUP 7086003-1

前　言

随着集成电路技术的飞速发展，集成电路的制造工艺已经达到了 5 nm 甚至更小尺寸，数字集成电路的规模越来越大，复杂度越来越高。为了提高设计效率和可靠性，融合了电子技术、计算机技术和智能化技术的 EDA 工具已经在高速复杂数字集成电路中得到了广泛使用。

硬件描述语言(HDL)是现代专用集成电路(ASIC)的重要设计和仿真语言。目前，大部分数字集成电路设计者都在通过 HDL 的设计方法创建高层次、结构化、基于语言的抽象电路描述，利用已有的设计技术综合出所需硬件电路，并对其进行功能验证和时序分析。

对于准备从事集成电路设计和 FPGA 设计的读者来说，必须了解如何在设计流程的关键阶段正确使用 HDL，并在综合后获得期望的电路，因此需要在 HDL 基本语法结构的基础上，深入理解电路的综合特性和测试仿真方法。本书就是为这一目标而撰写的。

Verilog HDL 是被广泛采用的一种硬件描述语言，目前有关 Verilog HDL 的书籍多数都将重点放在语言和语法的讲解上，而较少分析 Verilog HDL 和相应电路的关系，以及如何通过设计得到与目标相符的电路系统。本书的着眼点在 Verilog HDL 的设计方法上，这也是本书编写的基本出发点。

本书对 Verilog HDL 国际标准中常用的基本语法，通用的设计、综合和验证方法等进行讲解与分析，并通过大量的实用电路帮助读者对基于 Verilog HDL 的数字集成电路设计技术有一个全面的了解。

本书重点为如何在数字电路设计中的设计、综合和验证阶段合理使用 Verilog HDL。由于 Verilog HDL 本质上是对数字电路的一种抽象描述，因此学习本书时需具备较深入的数字电路设计基础知识，同时至少应熟悉一种编程语言，以助于通过阅读获取有用知识，并提高设计能力。本书仅讨论 Verilog HDL 的核心设计和验证方法，并采用典型的设计例程，帮助读者快速掌握相关知识。由于数字电路具有多样性和灵活性，因此希望以这些例程作为基础，能够为复杂电路的设计提供帮助。

在数字电路中通常采用真值表、状态转移图和算法状态图对组合电路和时序电路进行分析和描述，本书即采用这些方法用于 Verilog HDL 的设计和分析，以提高读者对设计方法的理解。同时，对于目前在信号处理、自动控制、数值计算等应用中所采用的一些设计方法，如查找表(LUT)、级数展开和有限状态机进行说明与举例，希望能够帮助读者扩展设计思路。

本书列举大量实例的主要目的是希望读者通过使用 Verilog HDL 的超大规模集成电路(VLSI)设计方法，学习应用关键步骤进行设计和验证。书中所列举的实例都是完整的，并在 ModelSim、Synplify 软件中进行了编译、综合和仿真。

本书是在第二版(西安电子科技大学出版社，2016 年)的基础上修订而成的。为了满足目前越来越多的系统级芯片设计和验证的需求，本版主要增加了 System Verilog 语言的相关内容。System Verilog 语言是 Verilog HDL 的扩展。本书将两种语言进行对比，使读者能够清楚地认识它们的异同点；同时给出完整的 System Verilog 语言设计和验证实例，希望读者对基于 System Verilog 语言的设计方法及验证方法有初步的理解。此外，本版也修正了上一版中的一些错误，删除了工程中不常用的语法讲解，如 UDP 等，并对 Verilog HDL 在综合性和可测性上进行了一些补充，使本书的工程应用性更强。

对学习集成电路设计和硬件描述语言课程的本科生和研究生，本书可作为课程教材和设计参考。对于希望通过实例学习 Verilog HDL 和 System Verilog 语言，并将这两种语言应用于集成电路设计和测试的专业工程师，本书也会有一定的帮助。本书假定读者已具有布尔代数和数字逻辑设计等背景知识，并具有一定的数字电路设计经验。

全书共 8 章。第 1 章主要介绍了 Verilog HDL 在数字集成电路设计中的作用、发展演变的过程和相关国际标准；第 2 章介绍了 Verilog HDL 基本语言结构和语法规则；第 3 章通过例程对 Verilog HDL 描述方式和高级程序设计语句进行了介绍；第 4 章对组合电路和时序电路的 Verilog HDL 程序设计进行了深入分析，并给出了典型的设计例程；第 5 章介绍了 Verilog HDL 仿真测试程序和相关系统任务的知识；第 6 章给出了功能较为复杂的数字电路、系统和总线设计；第 7 章简要介绍了采用 Verilog HDL 进行集成电路设计的 EDA 工具和例程；第 8 章介绍了 System Verilog 语言的发展历程及常用的设计和验证语法，并给出了完整的设计和验证例程。

感谢为本书出版作出贡献的老师们！首先非常感谢蔡觉平教授在 Verilog HDL 的语法解析、可综合性和设计实例方面所做的大量工作，为本书的出版奠定了扎实的基础，同时蔡教授在教学中也提出了许多宝贵的建设性建议，让我受益匪浅；感谢李振荣教授和刘伟峰教授在集成电路设计流程、Verilog HDL 验证和代码质量评估等方面所做的工作；感谢芯华章科技的付强先生和何文灏先生在 System Verilog 语言方面给予的支持和帮助。

感谢我的家人们在本书编写和出版期间对我的支持和陪伴！

希望本书能够为致力于集成电路设计的读者提供帮助。

汤华莲

2024 年 4 月

目　　录

第 1 章　Verilog HDL 数字集成电路设计方法概述

1.1　数字集成电路的发展和设计方法的演变

从 20 世纪 60 年代开始，随着数字集成电路的工艺、制造和设计技术的飞速发展，数字集成电路从最早的真空管和电子管电路，发展到以硅基半导体为主的集成电路。集成电路的规模从开始的仅几十个逻辑门的小规模集成电路(Small Scale Integrated，SSI)发展到单芯片数达千万个逻辑门的极大规模集成电路(Ultra Large Scale Integrated，ULSI)，单芯片上可以集成几百亿只晶体管(见图 1.1-1)。数字集成电路设计单元从起初的分立元件发展到 IP 复用；系统级别由早期的印制板系统发展到当下最为流行的片上系统(System on Chip，SoC)；采用的 7 nm 和 5 nm 工艺技术已成熟，并迅速向更小尺寸的产品方向发展；功能方面也从开始的简单布尔逻辑运算发展到可以每秒处理数十亿次计算的复杂运算。因此，数字集成电路在计算机、通信、图像等领域得到了广泛应用。

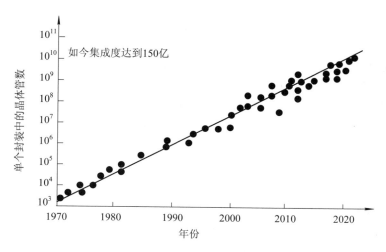

图 1.1-1　数字集成电路复杂度趋势

数字集成电路工艺制造水平的提高和芯片规模的扩大，使芯片的设计方法和设计技术发生了很大的变化，如图 1.1-2 所示。早期的数字系统大多采用搭积木式的原理图设计方法，通过一些固定功能的器件加上一定的外围电路构成模块，再由这些模块进一步形成功能电路。这种设计方法的灵活性差，只适合于中小规模的集成电路，当电路和模块的规模增大时，设计效率会降低。

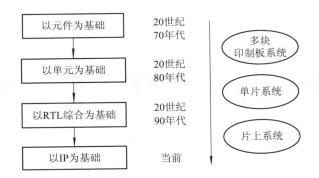

图 1.1-2　数字集成电路设计方法的演变

　　集成电路的发展可分为三个主要阶段。20 世纪 70 年代为第一次变革时期，是以加工制造为主导的 IC(Integrated Circuit，集成电路)产业发展的初级阶段，主流产品是简单微处理器(Micro Processor Unit，MPU)、存储器以及标准通用逻辑电路。这一时期，IC 整合元件厂(Integrated Device Manufacturer，IDM)在 IC 市场中充当主要角色，设计部门只作为附属部门而存在。芯片设计和半导体工艺密切相关，设计主要以人工为主，计算机辅助设计(Computer Aided Design，CAD)系统仅作为数据处理和图形编程之用。

　　20 世纪 80 年代为第二次变革时期，是标准工艺加工线公司(Foundry)与 IC 设计公司共同发展的阶段，主流产品是 MPU、微控制器(Micro Control Unit，MCU)及专用 IC (Application-Specific IC，ASIC)。这时，Foundry 和 IC 设计公司相结合的方式开始成为集成电路产业发展的新模式。这一时期，IC 产业开始进入以客户为导向的阶段。首先，标准化功能的 IC 已难以满足整机客户对系统成本、可靠性等的要求；其次，由于小尺寸加工技术的进步，软件的硬件化已成为可能，超大规模集成电路(Very Large Scale Integrated，VLSI)开始成为主流芯片；再次，随着电子设计自动化(Electronic Design Automation，EDA)工具软件的发展，采用了元件库、工艺模拟参数及其仿真概念等方法，芯片设计开始进入以计算机为主的抽象化软件阶段，设计过程可以独立于生产工艺而存在。无生产线的 IC 设计公司(Fabless)和设计部门纷纷建立起来并得到迅速的发展，同时以制造为主的 Foundry 工厂也迅速发展起来。1987 年，全球第一个 Foundry 工厂——台湾积体电路公司成立，它的创始人张忠谋被誉为"晶芯片加工之父"。

　　20 世纪 90 年代为第三次变革时期，IC 产业的"四业"(设计业、制造业、封装业、测试业)开始分离，功能强大的通用型中央处理器(Central Processing Unit，CPU)和信号处理器(Digital Signal Processing，DSP)成为产业新的增长点。在这个阶段，芯片厂商认识到，越来越庞大的集成电路产业体系并不利于整个 IC 产业的发展，"分"才能精，"整合"才能成优势。于是，IC 产业结构向高度专业化转化成为一种趋势，开始形成设计业、制造业、封装业、测试业独立成行的局面，全球 IC 产业的发展越来越显示出这种结构的优势。

　　进入 21 世纪，IC 产业的发展速度更是惊人；基于市场和社会发展的需要，数字集成电路正向多元化方向发展。在芯片的市场需求方面，移动通信、多媒体技术等应用的迅速发展，使具有特定功能的差异化专用芯片取代通用型芯片，逐渐成为数字 IC 的主要增长点。在技术方面，出现了新的发展方向。首先，CMOS 模拟技术的发展使得数/模混合单芯片集成技术迅速发展，在设计和成本方面表现出了巨大优势；其次，应用需求使得存储器在 ULSI 芯片中的作用越来越明显，高密度存储器及其 SoC 成为设计的热点；再次，单芯片规模的扩大使得单纯依靠提升频率的发展路线出现技术瓶颈，大规模多内核处理器结构成为通用型芯片和 SoC 芯片的主流设计方式。在设计方法方面，功能复用 IP(Intelligent Property)的设计方式成为 IC 设计和商业化的一种主要方式，极大提高了 ULSI 芯片的设计效率和可扩展性。

随着集成电路规模的迅速扩大和复杂度的不断提高，芯片设计和制造成本不断增加，设计、测试和制造工艺中的环节也随之增多，相应的设计过程变得越来越复杂，因此，设计者希望通过某种手段提高数字集成电路设计、验证的效率和可靠性。

数字集成电路单元从起初的分立元件到单元，然后到寄存器传输级，再到 IP 复用技术；系统级别由原先的印制板系统到当下最为流行的 SoC 片上系统。由图 1.1-1 可以看出，数字集成电路技术的发展速度基本符合摩尔定律，芯片上晶体管的集成数目以每三年翻两番的速度在增长。

超大规模集成电路的发展给设计者和开发者提出了一系列问题，如高层次综合、数/模混合电路描述、仿真验证与形式验证等自动验证手段、数字电路的超深亚微米效应以及设计重用等。这些问题给 EDA 技术的发展提出了一系列新的课题。为了从更高的抽象层次开展设计工作，增强元件模型的可重用性，提高硬件描述设计效率，采用硬件描述语言(Hardware Description Language，HDL)进行数字集成电路设计因此被提了出来。如何自动化、高效率地进行数字电路的设计，是 HDL 产生的出发点，也是其进一步完善和发展的目标。

1.2　硬件描述语言

C、FORTRAN、Pascal 等程序化设计语言极大地提高了计算机软件程序设计的效率和可靠性。因此，在硬件设计领域，设计人员也希望采用程序化设计语言来进行硬件电路的设计。为此，产生了硬件描述语言 HDL。HDL 是一种高级程序设计语言，通过对数字电路和系统进行语言描述，可以对数字集成电路进行设计和验证。利用 HDL，数字集成电路设计工程师可以根据电路结构的特点，采用层次化的设计结构，将抽象的逻辑功能用电路的方式进行实现。为了提高 HDL 对数字电路设计、综合和仿真的能力，Mentor、Cadence、Synopsys 等公司提供了功能强大的 EDA 工具，可以将 HDL 程序综合成为网表，通过自动布局布线工具把网表转换为具体电路布线结构，用以实现专用集成电路(Application Specific Integrated Circuit，ASIC)和现场可编程门阵列(Field Programmable Gate Array，FPGA)。

HDL 发展至今，产生了很多种对于数字集成电路的描述性设计语言，并成功地应用于设计的各个阶段(建模、仿真、验证和综合等)。20 世纪 80 年代至今，已出现了上百种硬件描述语言，它们对设计自动化起到了极大的促进和推动作用，主要有 Gateway Design Automation 公司提出的 Verilog HDL、美国国防部高级研究计划局(DARPA)设计的 VHDL、美国国防部 RPASSP(Rapid Prototyping of Application Specification Signal Processing)计划提出的基于面向对象的 OO VHDL(Object Oriented VHDL)、美国杜克大学的 DE VHDL(Duke

Extended VHDL)和电气电子工程师学会(Institute of Electrical and Electronics Engineers，IEEE)支持的 VITAL 等。

目前，最为常用的硬件描述语言有两种，分别是 Verilog HDL 和 VHDL(VHSIC Hardware Description Language)。其中，VHSIC 是 Very High Speed Integrated Circuit 的缩写，故 VHDL 准确的中文译名应为超高速集成电路硬件描述语言。

Verilog HDL 和 VHDL 都是完备的 HDL 设计和验证语言，具有完整的设计方法和设计规范。它们可以设计和验证超大规模数字集成电路，并且分别在 1995 年和 1987 年被采纳为 IEEE 国际标准。选用哪种语言进行数字集成电路开发，主要取决于设计单位的基础、计划采用的设计方案和 EDA 工具。这两种 HDL 具有较多的共同点：

(1) 能形式化地抽象表示电路的行为和结构；

(2) 支持逻辑设计中层次与范围的描述；

(3) 可借用高级语言的精巧结构来简化电路行为的描述，具有电路仿真与验证机制，以保证设计的正确性；

(4) 支持电路描述由高层到低层的综合转换；

(5) 硬件描述与实现工艺无关(有关工艺参数可通过语言提供的属性包括进去)；

(6) 便于文档管理；

(7) 易于理解和设计重用。

作为两种不同的标准化 HDL，Verilog HDL 和 VHDL 在设计方法和设计范围方面也有一些各自的特点：

(1) 在设计方法方面，VHDL 语法结构紧凑、灵活性差、设计规则烦琐，初学者需要用较长时间掌握它。由于语法规则严谨性高，VHDL 的可综合性和代码一致性很强，适用于规模较大的数字集成电路系统设计。而 Verilog HDL 的语法结构和设计方法灵活，初学者掌握语言的难度较小，设计也较容易进行综合和验证；但是，由于所设计代码风格的多样性，当数字电路规模较大时，代码的管理和系统设计难度较大。当然，作为经验丰富的数字电路设计工程师，采用何种语言进行设计的关键在于对语言和电路的掌握能力和对设计规范的理解程度。

为了发挥两种语言在设计方面各自的优势，EDA 工具厂商提供了 Verilog HDL 和 VHDL 的混合设计、验证和综合方法。因此，设计人员只需掌握其中一种 HDL 即可。

(2) 在设计范围方面，Verilog HDL 和 VHDL 有一个显著的区别：Verilog HDL 可以描述系统级(System)、算法级(Algorithm)、寄存器传输级(RTL)、门级(Gate)和开关级(Switch)电路，VHDL 则不具备开关级电路描述能力。在 FPGA 和 CPLD 等用户可配置数字电路的设计中，由于最小可配置电路是门级电路，没有开关级可配置电路，因此两种语言的设计能力相当。但是在专用数字集成电路设计和开关级描述方面，Verilog HDL 的设计范围比 VHDL 略大一些。

图 1.2-1 是 Verilog HDL 和 VHDL 在电路建模能力方面的比较。随着数字集成电路工艺和设计方法的快速发展，这两种语言也在不断丰富和改进，以满足更大、更高速、更复杂的数字集成电路系统设计的要求。

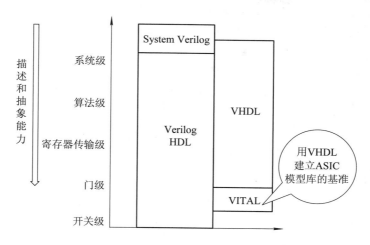

图 1.2-1　Verilog HDL 和 VHDL 建模能力比较

1.3　功能模块的可重用性与 IP 核

　　HDL 的标准化极大地扩展了 Verilog HDL 和 VHDL 的使用范围，并增强了其通用性。目前绝大多数的数字集成电路和 FPGA 的开发都采用了 HDL。这使得 Verilog HDL 和 VHDL 的功能模块积累得越来越多，同时也极大地提高了功能模块的可重用性。

　　由于模块的可重用性对于硬件电路开发效率的提高至关重要，因此业界提出了数字集成电路的软核(Soft Core)、固核(Firm Core)和硬核(Hard Core)的概念。

　　软核一般是指经过功能验证、5000 门以上的可综合 Verilog HDL 或 VHDL 模型。软核通常与设计方法和电路所采用的工艺无关，具有很强的可综合性和可重用性。由软核构成的器件称为虚拟器件，通过 EDA 综合工具可以把它与其他数字逻辑电路结合起来，构成新的功能电路。软核的可重用性大大缩短了设计周期，提高了复杂电路的设计能力。

　　固核通常是指在 FPGA 器件上，经过综合验证、大于 5000 门的电路网表文件。

　　硬核通常是指在 ASIC 器件上，经过验证、正确的、大于 5000 门的电路结构版图掩膜。

　　软核、固核和硬核是目前数字集成电路功能单元模块在不同层级使用的三种形式。由于软核采用可读性较高的可综合 HDL 实现，因此其可维护性和可重用性高，使用也更加灵活和便捷。固核和硬核是针对不同芯片平台的功能单元，性能稳定，不易修改。商用软核通常都有针对不同芯片和工艺而定制的硬核和固核，可以从不同层次提高数字电路功能模块的可重用性。

　　目前，国际设计领域正试图通过建立相应的标准化组织，推广和规范软核的使用方式，如虚拟接口联盟(Virtual Socket Interface Alliance)希望通过接口的标准化来提高 HDL 设计模块的可重用性。

　　软核、固核和硬核的产生和推广，为集成电路的设计和开发提供了一种新的商业模式。

现在，超大规模的 ASIC 和 FPGA 设计更多采用的是不同公司功能模块的组合，通过开发特定功能的部件电路，形成具有特定功能的芯片和系统。相应的内核成为各个公司重要的资产，并拥有特殊的知识产权。

IP 核是具有知识产权核的集成电路芯核的总称，是经过反复验证的、具有特定功能的宏模块，且该模块与芯片制造工艺无关，可以移植到不同的半导体工艺中。到了 SoC 阶段，向用户提供 IP 核服务已经成为可编程逻辑器件提供商的重要任务。在 SoC 芯片的设计生产过程中，芯片的生产厂家只需根据设计需要购入相应功能的 IP 核，再将这些 IP 核按照设计要求进行组合，即可完成所需特定功能的设计，如图 1.3-1 所示。这样可以大大减少设计人力的投入并降低风险，缩短设计周期，确保产品质量。

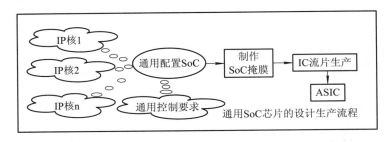

图 1.3-1　采用 IP 核进行开发的 SoC 设计

对于可编程提供商来说，能够提供的 IP 核越丰富，用户的设计就会越方便，其市场占有率就越高。现在，IP 核已经成为系统设计的基本单元，并作为独立设计成果被交换、转让和销售。

目前，全球最大的 IP 核设计公司是英国的 ARM 公司。通过 IP 核的市场推广，不同性能的 ARM 被广泛用于通信、计算机、媒体控制器、工业芯片中，极大地提高了设计的效率。这种商业模式为数字集成电路的发展作出了重要贡献。

1.4　Verilog HDL 的发展和国际标准

Verilog HDL 是一种常用的硬件描述语言，可以从系统级、电路级、门级到开关级等抽象层次进行数字电路系统的建模、设计和验证工作。利用该语言可以设计出简单的门级电路，甚至功能完整的数字电路系统。

从设计之初到目前的广泛应用，Verilog HDL 经过 40 多年的发展，其功能也由最初的数字集成电路设计发展到数字和模拟电路设计(见图 1.4-1)，它已经成为数字电路和数字集成电路中使用最为广泛的设计语言。

Verilog HDL 最初是由 Gateway Design Automation(GDA)公司于 1983 年为其模拟器产品开发的硬件建模语言。作为一种便于使用的专用设计语言，Verilog HDL 被广泛用于模拟器和仿真器中，并逐渐为众多设计者所接受。在随后的几年，Verilog HDL 开始在数字电路设计领域广泛使用。1987 年，Synopsys 公司开始使用 Verilog HDL 作为综合工具的输入，为在数字集成电路上的应用提供了 EDA 综合工具，提高了电路描述性设计方式的效率。

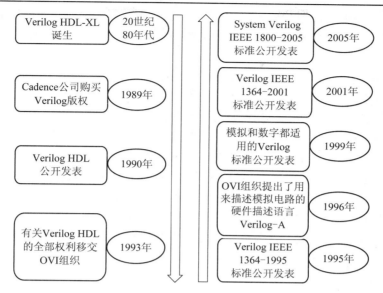

图 1.4-1　Verilog HDL 的发展历史

　　1989 年，Cadence 公司收购了 GDA 公司，Verilog HDL 成为 Cadence 公司的专有设计语言。为了在更大范围内推广和使用 Verilog HDL，1990 年 Cadence 公司决定公开 Verilog HDL，于是成立了 OVI(Open Verilog International)组织，负责促进 Verilog HDL 的发展。

　　1993 年，几乎所有的 ASIC 厂商都开始支持 Verilog HDL，并且认为 Verilog HDL-XL 是最好的仿真器。同时，OVI 组织推出 Verilog HDL 2.0 规范，IEEE 接受了将其作为 IEEE 标准的提案。自此，Verilog HDL 正式成为数字集成电路设计语言的标准(见表 1.4-1)。

表 1.4-1　Verilog HDL 国际标准

名　称	时　间	备　注
Verilog IEEE 1364-1995	1995 年 12 月	基于 Verilog HDL 的优越性，IEEE 制定了 Verilog HDL 的 IEEE 标准，即 Verilog IEEE 1364-1995
Verilog-A	1996 年	Verilog-A 是由 OVI 组织提出的一种硬件描述语言，是模拟电路行业的标准建模语言，来源于 IEEE 1364 Verilog 规范
	1999 年	模拟和数字都适用的 Verilog 标准公开发布
Verilog IEEE 1364-2001	2001 年	IEEE 制定了 Verilog IEEE 1364-2001 标准，并公开发布，其中 HDL 部分相对于 1995 年的标准有较大增强
System Verilog IEEE 1800-2005	2005 年	此标准是继 VHDL 和 Verilog HDL 之后仿真工具支持的语言，它建立在 Verilog HDL 的基础上，是 Verilog IEEE 1364-2001 标准的扩展，兼容 Verilog IEEE 1364-2001，已经成为新一代硬件设计和验证的语言

　　1995 年年底，IEEE 制定了第一个 Verilog HDL 标准 Verilog IEEE 1364-1995。在此基础上，于 2001 年又增加了部分功能，并制定了较为完善的标准 Verilog IEEE 1364-2001。目前

在数字集成电路方面主要采用的就是这两个标准所规定的程序语法和设计规范。

Verilog HDL 在数字集成电路设计上的优越性，使其在硬件设计领域得到了广泛的应用和发展。

在模拟电路设计方面，基于 IEEE 1364 Verilog HDL 规范，提出了模拟电路行业的标准建模语言 Verilog-A，以提高模拟集成电路的程序化设计能力。

在系统级设计方面，传统的设计方法采用 C 语言等高级软件语言进行数学模型的建立和分析，通过定点化设计，将数学模型转变成电路模型，最后采用 HDL 进行电路设计。这种方法的缺点是，数学模型的建立和电路设计是独立的，从而导致设计周期长、需要的人员和软件多，且存在重复性的工作等问题。研究和开发人员希望能将数学模型直接用于数字集成电路的设计，以提高集成电路的设计效率，这就给 EDA 工具厂商提出了新的要求。为了满足这一要求，2005 年诞生了 System Verilog IEEE 1800-2005 标准。该标准建立在 Verilog HDL 的基础上，在系统层次上增强了模型建立和验证的功能，是 Verilog IEEE 1364—2001 标准的扩展，向下兼容 Verilog IEEE 1364-2001，成为新一代硬件设计和验证的语言。关于 System Verilog 语言将在第 8 章介绍。

1.5　Verilog HDL 在数字集成电路设计中的优点

在数字集成电路出现的最初几十年中，数字逻辑电路和系统的设计规模较小，复杂度也低。ASIC、FPGA 和 CPLD 的设计工作采用厂家提供的专用电路图工具，通过连接线将定制电路单元进行互连实现。而随着电路规模的增加，设计人员通常要花费很多的时间做大量重复的手工布线工作，同时为了达到设计目标，对于大量定制单元电路还要求分厂也要熟悉。这种低效率的设计方式持续了很长时间。

Verilog HDL 和 EDA 工具的出现和发展，使得高效率的描述性语言和强大的仿真综合工具得以运用，设计人员则可以将注意力集中于系统、算法和电路结构上，极大地提高了设计输入和验证的效率。

作为最广泛采用的 HDL，Verilog HDL 在硬件描述方面的效率高、灵活性强。图 1.5-1 中的 (a)和(b)分别是 4 位和 32 位总线与逻辑的原理图设计和 Verilog HDL 描述方式的对比。

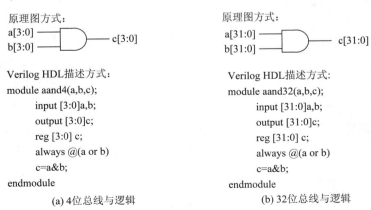

原理图方式：
a[3:0] ──┐
b[3:0] ──┘──── c[3:0]

Verilog HDL描述方式：
module aand4(a,b,c);
　　input [3:0]a,b;
　　output [3:0]c;
　　reg [3:0] c;
　　always @(a or b)
　　c=a&b;
endmodule
(a) 4位总线与逻辑

原理图方式：
a[31:0] ──┐
b[31:0] ──┘──── c[31:0]

Verilog HDL描述方式：
module aand32(a,b,c);
　　input [31:0]a,b;
　　output [31:0]c;
　　reg [31:0] c;
　　always @(a or b)
　　c=a&b;
endmodule
(b) 32位总线与逻辑

图 1.5-1　组合逻辑电路原理图设计和 Verilog HDL 描述方式的对比

图 1.5-2 中的(a)、(b)分别是长度为 4 位和 8 位移位寄存器的原理图设计与 Verilog HDL 描述方式的对比。

原理图方式:

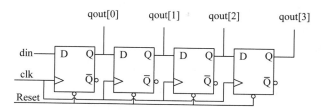

Verilog HDL描述方式:
```
module shiftregist4(clk,din,Reset, qout);
input clk,Reset,din;
output [3:0] qout;
reg [3:0] qout;
always @(posedge clk or posedge Reset)
    begin
     if(Reset) qout<=4'b0000;
    else
        qout[3:0]={qout[2:0], din};
    end
endmodule
```

(a) 4位移位寄存器

原理图方式:

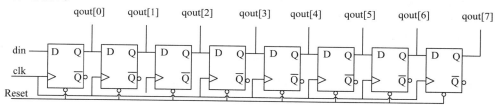

Verilog HDL描述方式:
```
module shiftregist8(clk,din, Reset,qout);
input clk,Reset,din;
output [7:0] qout;
reg [7:0] qout;
always @(posedge clk or posedge Reset)
    begin
     if(Reset) qout<=8'b00000000;
    else
        qout[7:0]={qout[6:0], din};
    end
endmodule
```

(b) 8位移位寄存器

图 1.5-2 时序逻辑电路原理图设计和 Verilog HDL 描述方式的对比

图 1.5-1 和图 1.5-2 分别是典型的组合逻辑电路和时序逻辑电路。从这两个例子可以看到,Verilog HDL 在设计方面有两个突出的能力。第一,可以用较少的语句描述较为复杂的电路。图 1.5-1 和图 1.5-2 中采用一条有效语句即实现了电路设计。第二,Verilog HDL 具有极为灵活的可扩展特性。图 1.5-1 中,Verilog HDL 仅需修改总线的位宽,即可将 4 位总线

与逻辑转变为 32 位总线与逻辑。图 1.5-2 中仅需改变移位信号的长度，就可以实现不同长度移位寄存器的设计。

通过这两个例子可以看到，Verilog HDL 极大地提高了原理图设计的效率，同时提高了设计的灵活性和电路设计管理的有效性。

在功能设计方面，Verilog HDL 采用描述性建模方式，通过行为描述、数据流描述和结构性描述等方式，对电路、输入信号激励和响应监控方式进行设计；同时，提供编程语言接口，通过该接口可以在模拟、验证期间从设计外部访问设计，包括模拟的具体控制和运行。

Verilog HDL 定义了完善的语法规则，对每个语法结构都定义了清晰的模拟、仿真语义。它从 C 语言中继承了多种操作符和结构，具有较强的扩展建模能力。Verilog HDL 的核心子集相对紧凑，可以满足大多数建模应用的要求，容易学习和掌握。当然，应用于数字集成电路设计得较为完整的 Verilog HDL 还有很多的语法规则和使用方式，需要进一步学习。本书主要针对 Verilog HDL 基本语法规则和数字集成电路设计进行介绍，更为专业和细致的内容需要参照相关的国际标准和 EDA 工具的功能说明，以应对越来越复杂的数字集成电路芯片设计和验证工作。

1.6　Verilog HDL 在数字集成电路设计流程中的作用

图 1.6-1 为一般的数字集成电路设计流程。作为一种标准化的硬件电路设计语言，Verilog HDL 在设计和验证中起着重要作用。

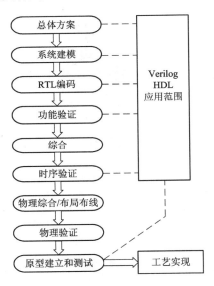

图 1.6-1　数字集成电路设计流程

数字集成电路和 FPGA 设计过程主要分为以下四个阶段：

第一阶段是系统设计阶段，包括总体方案和系统建模两个主要过程。总体方案是对系统进行结构规划、功能分割并进行互连模型系统级规划。系统建模是对总体方案的细化，将总体方案划分为具体的功能模块，并对互连总线等进行较为详细的设计。

第二阶段是数字电路设计和代码编写阶段，即 RTL 代码编写阶段。在这个阶段，设计人员将系统设计的功能模块进行具体的电路设计，并形成可以测试的功能代码。

第三阶段是电路验证阶段，主要包括对硬件描述语言程序代码的功能验证和经过 EDA 综合工具后的时序验证两个部分。Verilog HDL 程序可以对代码的功能进行基本逻辑的初步验证。Verilog HDL 也可以对程序综合后生成的电路进行时序验证，电路的网表也可以用 Verilog HDL 程序形式表示。

第四阶段是集成电路的后端设计阶段，主要通过 EDA 工具进行物理综合、布局布线、物理验证、原型建立和测试，并最终交付工艺实现。

在集成电路的设计流程中，以 Verilog HDL 为代表的 HDL 发挥了很大作用。在第一、二阶段的电路设计过程中，Verilog HDL 主要进行系统级和电路级的设计和验证；在第三、四阶段，对于不同阶段的综合网表和物理电路，Verilog HDL 也被用于电路的验证工作。

因此，Verilog HDL 可用于复杂数字逻辑电路和系统的总体仿真、子系统仿真和具体电路综合等各个设计阶段，在设计流程中具有重要的作用。

本 章 小 结

经过近 40 年的发展和应用，Verilog HDL 已经成为超大规模数字集成电路和 FPGA 等的主要设计语言和设计方法；在设计和验证方面的优越性使其不断完善，极大地提高了数字集成电路的设计能力。

以 HDL 为基础的 IP 技术，进一步提高了设计的效率，并为集成电路产业提供了一种新的合作方式和商业模式。Verilog HDL 在数字集成电路的设计、验证和综合等方面发挥着越来越重要的作用。Verilog HDL 已经成为数字集成电路设计的重要基础，因此要熟练掌握。

思 考 题 和 习 题

1-1　谈谈你对数字集成电路技术的认识。

1-2　什么是硬件描述语言？其主要作用是什么？

1-3　当前，符合 IEEE 标准的硬件描述语言有哪两种？各有什么特点？

1-4　简述用硬件描述语言进行设计的优、缺点。

1-5　为什么说可以用 Verilog HDL 构成非常复杂的电路结构？

1-6　为什么可以用比较抽象的描述来设计具体的电路结构？

1-7　简述进行 IC 设计的方法和设计流程。

1-8　简述 IP 复用技术、软核、硬核、固核的概念。

1-9　简述 System Verilog 的特点以及和 Verilog HDL 的异同。

1-10　列举常见的 IC 设计、仿真、综合等工具的名称。

第 2 章　Verilog HDL 基础知识

2.1　Verilog HDL 的语言要素

Verilog HDL 语法来源于 C 语言基本语法，其基本词法约定与 C 语言的类似。程序的语言要素也称为词法，是由符号、数据类型、运算符和表达式构成的，其中符号包括空白符、注释符、标识符和转义标识符、关键字、数值等。

2.1.1　符号

1. 空白符

空白符包括空格符(\b)、制表符(\t)、换行符和换页符。空白符使代码看起来结构清晰，阅读起来更方便。在编译和综合时，空白符被忽略。

Verilog HDL 程序可以不分行，也可以加入空白符采用多行编写。

例 2.1-1　空白符使用示例。

```
initial begin a = 3'b100; b = 3'b010; end
```

相当于

```
initial
    begin
        a = 3'b100;
        b = 3'b010;
    end
```

2. 注释符

Verilog HDL 中允许插入注释，表明程序代码功能、修改、版本等信息，以增强程序的可读性和帮助管理文档。Verilog HDL 中有以下两种形式的注释：

(1) 单行注释。单行注释以 "//" 开始，Verilog HDL 忽略从此处到行尾的内容。

(2) 多行注释。多行注释以 "/*" 开始，到 "*/" 结束，Verilog HDL 忽略其中的注释内容。需要注意的是，多行注释不允许嵌套，但是单行注释可以嵌套在多行注释中。

例 2.1-2　注释符使用示例。

单行注释：

```
assign a = b & c;                    //单行注释
```

多行注释：

```
assign a[3:0] = b[3:0]&c[3:0];        /*注释行 1
          注释行 2 */
```

非法多行注释：

```
/*注释内容 /*多行注释嵌套多行注释*/ 注释内容*/
```

合法多行注释：

```
/*注释内容 //多行注释嵌套单行注释*/
```

3. 标识符和转义标识符

在 Verilog HDL 中，标识符(Identifier)被用来命名信号、模块、参数等，它可以是任意一组字母、数字、$符号和_(下画线)符号的组合。应该注意的是，标识符的字母区分大小写，并且第一个字符必须是字母或者下画线。

例 2.1-3　以下标识符都是合法的。

```
count

COUNT              //与 count 不同

_CC_G5

B25_78

SIX
```

例 2.1-4　以下标识符都是非法的。

```
30count            //标识符不允许以数字开头

out*               //标识符中不允许包含字符 *

a+b-c              //标识符中不允许包含字符 + 和 -

n@238              //标识符中不允许包含字符@
```

为了使用标识符集合以外的字符或标号，Verilog HDL 规定了转义标识符(Escaped Identifier)。采用转义标识符，可以在一条标识符中包含任何可打印的字符。转义标识符以"\"(反斜线)符号开头，以空白结尾(空白可以是一个空格、一个制表字符或换行符)。

例 2.1-5　以下是合法的转义标识符。

```
\ a+b = c

\7400

\.*.$

\{******}

\~Q

\OutGate      //与 OutGate 相同
```

4. 关键字

Verilog HDL 内部已经使用的词称为关键字或保留字，它是 Verilog HDL 内部的专用词，是事先定义好的确认符，用来组织语言结构。用户不能随便使用这些关键字。需注意的是，所有关键字都是小写的。例如，ALWAYS 不是关键字，它只是标识符，与 always(关键字)是不同的。表 2.1-1 所示为 Verilog HDL 中的常用关键字。

表 2.1-1　Verilog HDL 中的常用关键字

always	end	initial	parameter	signed	triand
and	endattribute	inout	pmos	small	trior
assign	endcase	input	posedge	specify	trireg
attribute	endmodule	integer	primitive	specparam	unsigned
begin	endfunction	join	pull0	strength	vectored
buf	endprimitive	large	pull1	strong0	wait
bufif0	endspecify	macromodule	pullup	strong1	wand
bufif1	endtable	medium	pulldown	supply0	weak0
case	endtask	module	rcmos	supply1	weak1
casex	event	nand	real	table	while
casez	for	negedge	realtime	task	wire
cmos	force	nmos	reg	time	wor
deassign	forever	nor	release	tran	xnor
default	fork	not	repeat	tranif0	xor
defparam	function	notif0	rtran	tranif1	
disable	highz0	notif1	rtranif0	tri	
edge	highz1	or	rtranif1	tri0	
else	if	output	scalared	tri1	

5. 数值

Verilog HDL 中有四种基本的逻辑数值状态[0、1、x(X)、z(Z)]，用数字或字符表达数字电路中传送的逻辑状态和存储信息。其中，x 和 z 都不区分大小写，也就是说，0x1z 与 0X1Z 是等同的。Verilog HDL 中的四值电平逻辑如表 2.1-2 所示。

表 2.1-2　四值电平逻辑

状　态	含　义
0	低电平、逻辑 0 或"假"
1	高电平、逻辑 1 或"真"
x 或 X	不确定或未知的逻辑状态
z 或 Z	高阻态

在数值中，下画线符号"_"除了不能放于数值的首位外，可以随意用在整型数与实型数中，它们对数值大小没有任何改变，只是为了提高可读性。例如，16'b1011000110001100 和 16'b1011_0001_1000_1100 的数值大小是相同的，只是后一种表达方式的可读性更强。

1) 整数及其表示

Verilog HDL 中的整数可以是二进制(b 或 B)、八进制(o 或 O)、十进制(d 或 D)、十六进制(h 或 H)，其基数符号与可以采用的数字字符集如表 2.1-3 所示。

表 2.1-3　数制的基数符号与数字字符集

数　制	基 数 符 号	数 字 字 符 集
二进制	b 或 B	0、1、x、X、z、Z、?、_
八进制	o 或 O	0～7、x、X、z、Z、?、_
十进制	d 或 D	0～9、_
十六进制	h 或 H	0～9、a～f、A～F、x、X、z、Z、?、_

整数的表示形式如下：

　　+/−<size>'<base_format><number>

其中："+/−"是正数和负数标识；size 指换算后的二进制数的宽度；"'"为基数格式表示的固有字符，该字符不能缺省，否则为非法表示形式；base_format 是其基数符号；number 是可以使用的数字字符集，形式上是相应进制格式下的一串数值。

使用整数时需要注意的是：

(1) 较长的数之间可以用下画线来分开，目的是提高可读性，下画线本身没有意义，如 16'b1110_1011_0011_1010，但下画线符号不能用作首字符。

(2) 当数字没有说明位宽时，默认为 32 位。

(3) x 或 z 在二进制中代表 1 位 x 或 z，在八进制中代表 3 位 x 或 z，在十六进制中代表 4 位 x 或 z，其代表的宽度取决于所用的进制。例如：

　　8'b1011xxxx　　　　　　　//等价于 8'hBx

　　8'b1001zzzz　　　　　　　//等价于 8'h9z

(4) 若没有定义一个整数的位宽，其宽度为相应值中定义的位数。例如：

　　'o642　　　　　　　　　　//9 位八进制数

　　'hBD　　　　　　　　　　//8 位十六进制数

(5) 若定义的位宽比实际数的位数大，则在左边用 0 补齐。但如果数的最左边一位为 x 或 z，就相应地用 x 或 z 在左边补齐。例如：

　　10'b101　　　　　　　　　//左边补 0，得 0000000101

　　8'bz0x1　　　　　　　　　//左边补 z，得 zzzzz0x1

如果定义的位宽比实际数的位宽小，那么最左边的位被截断。例如：

　　4'b10111011　　　　　　　//等价于 4'b1011

　　6'hFFFB　　　　　　　　　//等价于 6'h3B

(6) "?"是高阻态 z 的另一种表示符号。在数字的表示中，字符"?"和 Z 或 z 是等价的，可互相替代。例如：4'b???? 等价于 4'bzzzz。

(7) 整数可以带正、负号，并且正、负号应写在最左边。负数表示为二进制的补码形式。例如：−4 等价于 4'b1100。

(8) 如果位宽和进制都缺省，则代表十进制数。例如：−15 代表十进制数 −15。

(9) 数字中不能有空格，但在表示进制的字母两侧可以有空格。

例 2.1-6　下面是一些合法的整数表示。

　　8'b10001101　　　　　　　//位宽为 8 位的二进制数 10001101

8'ha6	//位宽为 8 位的十六进制数 a6
5'o35	//5 位八进制数 35
4'd6	//4 位十进制数 6
4'b1x_01	//4 位二进制数 1x01
5'hx	//5 位十六进制数 x (扩展的 x)，即 xxxxx
4'hz	//4 位十六进制数 z，即 zzzz
8　'h　2A	//在位宽和字符之间以及进制和数值之间可以有空格，但数字之间不能有空格

例 2.1-7　下面是错误的整数表示。

4'd-4	//数值不能为负，负号应放在最左边
3'　b001	//' 和基数 b 之间不允许出现空格
(4+4) 'b11	//位宽不能是表达式形式

2) 实数及其表示

实数有以下两种表示方法：

(1) 十进制表示法。采用十进制格式，小数点两边必须都有数字，否则为非法的表示形式。例如：3.0、4.54、0.2 等都是正确的，而 5.是错误的。

(2) 科学记数法。例如：564.2e2 的值为 56420.0，8.7E2 的值为 870.0(e 不区分大小写)，3E−3 的值为 0.003。

Verilog HDL 还定义了实数转换为整数的方法，实数通过四舍五入转换为最相近的整数。例如：−13.74 转换为整数是 −14，33.27 转换为整数是 33。

例 2.1-8　实数表示示例。

2.7	//十进制记数法
5.2e8	//科学记数法
3.5E-6	//科学记数法可用 e 或 E 表示，其结果相同
5_4582.2158_5896	//使用下画线提高可读性
6.	//非法表示
.3e5	//非法表示

3) 字符串及其表示

字符串是指用双引号括起来的字符序列，它必须包含在同一行中，不能分行书写。若字符串用作 Verilog HDL 表达式或赋值语句中的操作数，则字符串被看作 8 位的 ASCII 值序列，即一个字符对应 8 位的 ASCII 值。例如："hello world"和"An example for Verilog HDL"是标准的字符串类型。

2.1.2　数据类型

在 Verilog HDL 中，常见的数据类型有 wire、tri、tri0、tri1、wand、triand、trireg、trior、wor、supply0、supply1、reg、integer、time、real、parameter。

按照抽象程度，Verilog HDL 的数据类型又可划分为两大类：物理数据类型(主要包括连线型及寄存器型)和抽象数据类型(主要包括整型、时间型、实型及参数型)。

物理数据类型的抽象程度比较低，与实际硬件电路的映射关系比较明显；抽象数据类型则是进行辅助设计和验证的数据类型。

1. 物理数据类型

Verilog HDL 中最主要的物理数据类型是连线型、寄存器型和存储器型，并使用四种逻辑电平和八种信号强度对实际的硬件电路建模。四值逻辑电平是对信号的抽象表示(见表 2.1-2)。信号强度表示数字电路中不同强度的驱动源，用来解决不同驱动强度下的赋值冲突；对逻辑 0 和 1 可以用表 2.1-4 中列出的信号强度值表示，驱动强度从 supply 到 highz 依次递减，例如(supply0，strong1)表示逻辑 0 的驱动程度是 supply，逻辑 1 的驱动程度是 strong。

表 2.1-4　强 度 等 级

信号强度	名　称	类　型	强弱程度
supply	电源级驱动	驱动	最强
strong	强驱动	驱动	
pull	上拉级驱动	驱动	
large	大容性	存储	
weak	弱驱动	驱动	
medium	中性驱动	存储	
small	小容性	存储	
highz	高容性	高阻	最弱

1) 连线型

连线型变量包含多种类型，表 2.1-5 给出了各种连线型数据类型及其功能说明。

表 2.1-5　连线型数据类型及其功能说明

连线型数据类型	功 能 说 明
wire，tri	标准连线型(缺省为该类型)
wor，trior	多重驱动时，具有线或特性的连线型
wand，trand	多重驱动时，具有线与特性的连线型
trireg	具有电荷保持特性的连线型(特例)
tri1	上拉电阻
tri0	下拉电阻
supply1	电源线，用于对电源建模，为高电平 1
supply0	电源线，用于对"地"建模，为低电平 0

连线表示逻辑单元的物理连接，可以对应为电路中的物理信号连线，这种变量类型不能保持电荷(除 trireg 之外)。连线型变量必须有驱动源，一种是连接到一个门或者模块的输出端，另一种是用 assign 连续赋值语句对它进行赋值。若没有驱动源，将保持高阻态 z。

(1) wire 和 tri。

在众多的连线型数据类型中，最常见的是 wire(连线)和 tri(三态线)两种，它们的语法和语义一致。不同之处在于：wire 型变量通常用来表示单个门驱动或连续赋值语句驱动的连线型数据，tri 型变量则用来表示多驱动器驱动的连线型数据，主要用于定义三态的线网。

wire/tri 的真值表如表 2.1-6 所示。

表 2.1-6　wire/tri 的真值表

wire/tri	0	1	x	z
0	0	x	x	0
1	x	1	x	1
x	x	x	x	x
z	0	1	x	z

上述真值表可以理解为，同时有两个驱动强度相同的驱动源来驱动 wire 或 tri 变量时的输出结果。

例 2.1-9　连线型变量示例。

```
wire [2:0]c;
assign c = 3'b0x1;
assign c = 3'b1z1;    //c = 3'bxx1;
```

在上面的例子中，两个驱动源共同决定 c 的值。第一个赋值语句右侧表达式的值为 0x1，第二个赋值语句右侧表达式的值为 1z1，那么 c 的有效值是 xx1。这是因为 0 和 1 同时驱动的结果为 x，x 和 z 同时驱动的结果为 x，而 1 和 1 同时驱动的结果为 1。

(2)　wor 和 trior。

当有多个驱动源驱动 wor 和 trior 型数据时，将产生线或结构，其真值表如表 2.1-7 所示。

表 2.1-7　wor/trior 的真值表

wor/trior	0	1	x	z
0	0	1	x	0
1	1	1	1	1
x	x	1	x	x
z	0	1	x	z

(3)　wand 和 triand。

当有多个驱动源驱动 wand 和 triand 型数据时，将产生线与结构，其真值表如表 2.1-8 所示。

表 2.1-8　wand/triand 的真值表

wand/triand	0	1	x	z
0	0	0	0	0
1	0	1	x	1
x	0	x	x	x
z	0	1	x	z

(4)　tri0 和 tri1。

tri0(tri1)的特征是：若无驱动源驱动，则其值为 0(tri1 的值为 1)。在有多个驱动源的情况下，tri0/tri1 的真值表如表 2.1-9 所示。

表 2.1-9　tri0/tri1 的真值表

tri0/tri1	0	1	x	z
0	0	x	x	0
1	x	1	x	1
x	x	x	x	x
z	0	1	x	0/1

(5) supply0 和 supply1。

supply0 用于对"地"建模，即低电平 0；supply1 用于对电源建模，即高电平 1。例如：supply0 表示 Gnd，supply1 表示 Vcc。

(6) trireg。

trireg 能存储数值(类似于寄存器型数据类型)，并且用于电容节点的建模。当三态寄存器(trireg)的所有驱动源都处于高阻态 z 时，三态寄存器连线将保存作用在线网上的最后一个逻辑值。三态寄存器连线的缺省初始值为 x。

trireg 连线型数据用于模拟电荷存储。电荷量强度可由 small、medium、large 三个关键字来控制。默认的电荷强度为 medium。一个 trireg 连线型数据能够模拟一个电荷存储节点，该节点的电荷量将随时间而逐渐衰减。对于一个 trireg 连线型数据，电荷衰减时间就是定义的仿真延迟时间。

2) 寄存器型

reg 型变量是最常见也是最重要的寄存器型数据类型，它是数据存储单元的抽象类型，其对应的硬件电路元件具有状态保持作用，能够存储数据，如触发器、锁存器等。reg 型变量常用于行为级描述中，由过程赋值语句对其进行赋值。

reg 型数据与 wire 型数据的区别在于，reg 型数据保持最后一次的赋值，而 wire 型数据需要有持续的驱动。一般情况下，reg 型数据的默认初始值为不定值 x，缺省时的位宽为 1 位。

reg 型变量举例：

```
reg a;                    //定义一个 1 位的名为 a 的 reg 型变量
reg [3:0] b;              //定义一个 4 位的名为 b 的 reg 型变量
reg[8:1]c, d, e;          //定义三个名称分别为 c、d、e 的 8 位的 reg 型变量
```

reg 型变量一般为无符号数，若将一个负数赋给 reg 型变量，则自动转换成其二进制补码形式。例如：

```
reg signed[3:0] rega;
rega = -2;                //rega 的值为 1110(14)，是 2 的补码
```

在过程块内被赋值的每一个信号都必须定义成 reg 型，并且只能在 always 或 initial 过程块中赋值，大多数 reg 型信号常常是寄存器或触发器的输出。

2. 连线型和寄存器型数据类型的声明

1) 连线型数据类型的声明

缺省的连线型数据的默认类型为 1 位(标量)wire 类型。Verilog HDL 中禁止对已经声明过的网络、变量或参数再次声明。连线型数据类型声明的一般语法格式如下：

　　　　　　　<net_declaration> <drive_strength><range><delay>[list_of_variables];

其中，drive_strength、range、delay 为可选项，而 list_of_variables 为必选项。

　　说明：

　　(1) net_declaration：连线型数据类型，可以是 wire、tri、tri0、tri1、wand、triand、trior、wor、trireg、supply1、supply0 中的任意一种。

　　(2) drive_strength：连线型变量的驱动强度。对于 trireg 类型，声明的是 charge_strength(电荷强度)。

　　(3) range：指定数据为标量或矢量。若该项默认，则表示数据类型为 1 位的标量；若超过 1 位，则为矢量形式。

　　(4) delay：指定仿真延迟时间。

　　(5) list_of_variables：变量名称，一次可定义多个名称，之间用逗号分开。

　　除了逻辑值外，Verilog HDL 还用强度值来解决数字电路中不同强度的驱动源之间的赋值冲突，强度等级说明见表 2.2-1。如果两个具有不同强度的信号驱动同一个线网，则竞争结果为高强度信号的值；如果两个强度相同的信号之间发生竞争，则结果为不确定值。

　　2) 寄存器型数据类型的声明

　　reg 型数据类型声明的一般语法格式如下：

　　　　　　　reg<range><list_of_register_variables>;

其中，range 为可选项，它指定了 reg 型变量的位宽，缺省时为 1 位。

　　说明：

　　list_of_register_variables：变量名称列表，一次可以定义多个名称，之间用逗号分开。

　　3) 物理数据类型声明示例

　　前面已经了解了连线型数据和寄存器型数据这两种物理数据类型的声明格式，下面举例来说明这两种声明格式的用法。

　　例 2.1-10　物理数据类型声明示例。

reg rega;	//定义一个 1 位的寄存器型变量
reg[7:0] regb;	//定义一个 8 位的寄存器型变量
tri[7:0] tribus;	//定义一个 8 位的三态总线
tri0[15:0] busa;	//定义一个 16 位的连线型变量，处于三态时为下拉电阻
tri1[31:0] busb;	//定义一个 32 位的连线型变量，处于三态时为上拉电阻
reg scalared[1:4]b;	//定义一个 4 位的标量型寄存器矢量
wire(pull1, strong0)c = a+b;	//定义一个对"1"的驱动强度是 pull、对"0"的驱动强度是 strong 的 1 位连线型变量 c
trireg(large) storeline;	//定义一个具有大强度的电荷存储功能的存储线

3. 存储器型

　　存储器型(memory)本质上还是寄存器型变量阵列，只是 Verilog HDL 中没有多维数组，所以就用 reg 型变量建立寄存器组(数组)来实现存储器的功能，也就是扩展的 reg 型数据地址范围。存储器型变量可以描述 RAM 型、ROM 型存储器以及 reg 文件。数组中的每一个单元通过一个数组索引进行寻址。

存储器型变量的一般声明格式如下：

  reg <range1><name_of_register><range2>;

其中，range1 和 range2 都是可选项，缺省时都为 1。

说明：

(1) range1：存储器中寄存器的位宽，格式为[msb:lsb]。

(2) range2：寄存器的个数，格式为[msb:lsb]，即有 msb−lsb+1 个。

(3) name_of_register：变量名称列表，一次可以定义多个名称，之间用逗号分开。

例 2.1-11　存储器型变量声明示例。

  reg[7:0] mem1[255:0];　　//定义了一个有 256 个 8 位寄存器的存储器 mem1，地址范围是 0～255

  reg[15:0]mem2[127:0], reg1, reg2;　//定义了一个具有 128 个 16 位寄存器的存储器 mem2 和

             //2 个 16 位的寄存器 reg1 和 reg2

注意 memory 型和 reg 型数据的区别。一个由 n 个 1 位寄存器构成的存储器和一个 n 位寄存器的意义是不同的。

例 2.1-12　存储器型变量与寄存器型变量的比较。

  reg[n-1:0] a;　　　　　　　　//表示一个 n 位的寄存器 a

  reg mem1[n-1:0];　　　　　　//表示一个由 n 个 1 位寄存器构成的存储器 mem1

一个 n 位的寄存器可以在一条赋值语句里进行整体赋值，而一个完整的存储器则不行。例如，对于上例可以进行"reg a = 0;"的赋值操作，而不能进行"mem1 = 0;"的赋值操作。

如果想对存储器中的存储单元进行读/写操作，则必须指定该单元在存储器中的地址。

例 2.1-13　存储器型变量的赋值。

  mem1[2] = 0;　　　　　　　　//给 mem1 存储器中的第 3 个存储单元(寄存器)赋值 0

另外，进行寻址的地址索引可以是表达式，这样就可以对存储器中的不同单元进行操作。

4. 抽象数据类型

除了物理数据类型外，Verilog HDL 还提供了整型(integer)、时间型(time)、实型(real)及参数型(parameter)等几种抽象数据类型。它们只是纯数学的抽象描述，不能与实际的硬件电路相映射。

1) 整型

整型数据常用于对循环控制变量的说明，在算术运算中被视为二进制补码形式的有符号数。除了寄存器型数据被当作无符号数来处理之外，整型数据与 32 位寄存器型数据在实际意义上相同。

整型数据的声明格式如下：

  integer<list_of_register_variables>;

例 2.1-14　整型数据声明示例。

  integer index;　　　　　　　//简单的 32 位有符号整数

  integer i[31:0]　　　　　　　//定义了整型数组，它有 32 个元素

2) 时间型

时间型数据与整型数据类似，只是它是 64 位的无符号数。时间型数据主要用于处理模拟时间的存储与计算，常与系统函数$time 一起使用。

时间型数据的声明格式如下：

  time<list_of_register_variables>;

例如：

  time a, b;   //定义了两个 64 位的时间型变量

3) 实型

Verilog HDL 支持实型常量与变量。实型数据在机器码表示法中是浮点型数值，可用于对延迟时间的计算。

实型数据的声明格式如下：

  real<list_of_variables>;

例如：

  real stime;   //定义了一个实型数据

4) 参数型

在 Verilog HDL 中，参数是一个非常重要的数据类型，属于常量，在仿真开始之前就被赋值，在仿真过程中保持不变。采用参数定义方法，可以提高程序的可读性和可维护性。参数常用来定义延迟时间和变量的位宽。

参数型数据的定义格式如下：

  parameter 参数名 1 = 表达式 1，参数名 2 = 表达式 2，…，参数名 n = 表达式 n;

其中，表达式既可以是常数，也可以是常量表达式，即表达式中是常数或之前定义过的参数。参数定义完后，程序中出现的所有的参数名都将被替换为相对应的表达式。

例 2.1-15　参数的定义。

  parameter BYTE=8, BIT=1;

  parameter PI = 3.14, LOAD = 4'b1101;

  parameter DELAY = (BYTE+BIT)/2;

另外，对于同一个模块来说，参数一旦被定义，就不能够通过其他语句对它重新赋值。下例是错误的，因为 a 被重复赋值。

```
module para1(…);
    parameter a = 1, b = 2;
    …
    if(…)   a = 3;
    …
endmodule
```

若要改变参量的值，可通过模块之间的参数传递来实现，这将在后面模块的引用部分详细介绍。

2.1.3　运算符

Verilog HDL 的运算符主要针对数字逻辑电路制定，覆盖范围广泛。Verilog HDL 中的运算符及其运算优先级如表 2.1-10 所示。不同的综合开发工具在执行这些优先级时可能有微小的差别，因此在书写程序时建议用括号来控制运算的优先级，以有效避免错误，同时

增加程序的可读性。

表 2.1-10　Verilog HDL 中的运算符和优先级

运　算　符	功　　能	优 先 级 别
！、～	反逻辑、位反相	高
＊、／、％	乘、除、取模	
＋、－	加、减	
＜＜、＞＞	左移、右移	
＜、＜=、＞、＞=	小于、小于等于、大于、大于等于	
==、!=、===、!==	等、不等、全等、非全等	
&	按位与	
^、^～	按位逻辑异或和同或	
|	按位逻辑或	
&&	逻辑与	
||	逻辑或	
?:	条件运算符，唯一的三目运算符，等同于 if-else	
{}、{{}}	连接和复制运算符	低

1. 算术运算符

Verilog HDL 中常用的算术运算符有五种，分别是加法(+)、减法(−)、乘法(*)、除法(/)和取模(%)。这五种运算符都属于双目运算符。符号"+""−""*""/"分别表示常用的加、减、乘、除四则运算；% 是取模运算，如"6%3"的值为 0，"7%4"的值为 3。

在算术运算符的使用中，要注意如下问题：

(1) 算术运算结果的位宽。算术表达式结果的长度由最长的操作数决定。在赋值语句下，算术运算结果的长度由等号操作符左端的目标长度决定。

例 2.1-16　算术运算示例。

```
reg[3:0]A, B, C;
reg[5:0]D;
A = B+C;
D = B+C;
```

第一个加法中，表达式"B + C"的位宽由 B、C 中最长的位宽决定，为 4 位，但结果位宽由 A 决定，为 4 位；第二个加法中，右端表达式的位宽同样由 B、C 中最长的位宽决定，为 4 位，但结果的位宽由 D 决定，为 6 位。在第一个赋值语句中，加法操作的溢出部分被丢弃；而在第二个赋值语句中，任何溢出的位存储在 D[5:4]中。

(2) 有符号数和无符号数的使用。在设计中要注意到哪些操作数应该是无符号数，哪些应该是有符号数。

无符号数值一般存储在线网、reg(寄存器)型变量及普通(没有符号标记 s)的基数格式表示的整型数中。

有符号数值一般存储在整型变量、十进制形式的整数、有符号的 reg(寄存器)型变量及有符号的线网中。

例 2.1-17 算术运算程序示例。

```
module arith_tb;
    reg[3:0]a;
    reg[2:0]b;
    initial
        begin
            a = 4'b1111;              //15
            b = 4'b011;               //3
            $display("%b", a*b);      //乘法运算，结果为 4'b1101，高位被舍去
                                      //等于 45 的低四位
            $display("%b", a/b);      //除法运算，结果为 4'b0101
            $display("%b", a+b);      //加法运算，结果为 4'b0010
            $display("%b", a-b);      //减法运算，结果为 4'b1100
            $display("%b", a%b);      //取模运算，结果为 4'b0000
        end
endmodule
```

2. 关系运算符

关系运算符也是双目运算符，是对两个操作数的大小进行比较。关系运算符有大于(>)、小于(<)、大于等于(>=)和小于等于(<=)几种。

在进行关系比较时，如果成立则结果为 1'b1，否则返回的结果为 0'b0；若不确定则返回结果为不定值(x)。例如：10>15 的结果为假(0)，20 > 18 的结果为真(1)，而 4'b1101 < 4'hx 的结果为不定值(x)。

需注意的是，若操作数长度不同，则长度短的操作数应在左边用 0 补齐。例如：'b1001 >= 'b101100 等价于 'b001001 >= 'b101101，结果为假(0)。

例 2.1-18 关系运算程序示例。

```
module rela_tb;
    reg[3:0]a, b, c, d;
    initial
        begin
            a = 3;
            b = 6;
            c = 1;
            d = 4'hx;
            $display(a<b);            //结果为真(1)
            $display(a>b);            //结果为假(0)
```

```
        $display(a <= c);        //结果为假(0)
        $display(d <= a);        //结果为不定值(x)
    end
endmodule
```

3. 相等关系运算符

相等关系运算符是对两个操作数进行比较，比较的结果有三种，即真(1)、假(0)和不定值(x)。Verilog HDL 中有四种相等关系运算符：等于(==)、不等于(!=)、全等(===)、非全等(! ==)。

这四种运算符都是双目运算符，要求有两个操作数，并且这四种相等运算符的优先级别是相同的。"=="和"!="称为逻辑等式运算符，其结果由两个操作数的值决定，由于操作数中某些位可能是不定值 x 和高阻态值 z，所以结果可能为不定值 x。

"==="和"!=="运算符则不同，它是对操作数进行按位比较，两个操作数必须完全一致，其结果才是 1，否则为 0。若两个操作数对应位同时出现不定值 x 和高阻值 z，则可认为是相同的。"==="和"!=="运算符常用于 case 表达式的判别，所以又称为"case 等式运算符"。

表 2.1-11 列出了"=="和"==="的真值表，可帮助读者理解两者的区别。

表 2.1-11 相等运算符的真值表

(a) "==" 运算符的真值表

==	0	1	x	z
0	1	0	x	x
1	0	1	x	x
x	x	x	x	x
z	x	x	x	x

(b) "===" 运算符的真值表

===	0	1	x	z
0	1	0	0	0
1	0	1	0	0
x	0	0	1	0
z	0	0	0	1

例 2.1-19 相等关系运算示例。

```
module equal_tb;
    reg[3:0]a, b, c, d;
    initial
    begin
        a = 4'b0xx1;
        b = 4'b0xx1;
        c = 4'b0011;
        d = 2'b11;
        $display(a==b);          //结果为不定值(x)
        $display(c==d);          //结果为真(1)
        $display(a===b);         //结果为真(1)
        $display(c===d);         //结果为真(1)
    end
endmodule
```

4. 逻辑运算符

逻辑运算符有三种，分别是逻辑与(&&)、逻辑或(||)和逻辑非(!)。其中逻辑与、逻辑或是双目运算符，逻辑非为单目运算符。

逻辑运算符的操作数只能是逻辑 0 或者逻辑 1。三种逻辑运算符的真值表如表 2.1-12 所示。

表 2.1-12 逻辑运算符的真值表

a	b	!a	!b	a&&b	a||b
1	1	0	0	1	1
1	0	0	1	0	1
0	1	1	0	0	1
0	0	1	1	0	0

在逻辑运算符的操作过程中，如果操作数仅有 1 位，那么 1 就代表逻辑真，0 就代表逻辑假；如果操作数是由多位组成的，则当操作数每一位都是 0 时才是逻辑 0 值，只要有某一位为 1，这个操作数就是逻辑 1 值。例如：寄存器变量 a、b 的初值分别为 4'b1110 和 4'b0000，则 !a = 0，!b = 1，a&&b = 0，a || b = 1。

需注意的是，若操作数中存在不定态 x，并且其他位都是 0，则逻辑运算的结果也是不定态，例如：a 的初值为 4'b1100，b 的初值为 4'b00x0，则 !a = 0，!b = x，a&&b = x，a || b = 1。

5. 按位运算符

数字逻辑电路中，信号与信号之间的运算称为位运算。Verilog HDL 提供了五种类型的位运算符：按位取反(~)、按位与(&)、按位或(|)、按位异或(^)、按位同或(^~)。

按位运算符对其自变量的每一位进行操作。例如：表达式 A|B 的结果是 A 和 B 的对应位相或的值。表 2.1-13～表 2.1-15 给出了按位与、按位或和按位异或运算符的真值表。

表 2.1-13 按位与运算符的真值表

&	0	1	x	z
0	0	0	0	0
1	0	1	x	x
x	0	x	x	x
z	0	x	x	x

表 2.1-14 按位或运算符的真值表

|	0	1	x	z
0	0	1	x	x
1	1	1	1	1
x	x	1	x	x
z	x	1	x	x

表 2.1-15　按位异或运算符的真值表

^	0	1	x	z
0	0	1	x	x
1	1	0	x	x
x	x	x	x	x
z	x	x	x	x

需要注意的是，两个不同长度的数进行位运算时，会自动地将两个操作数按右端对齐，位数少的操作数会在高位用 0 补齐；然后逐位进行运算，运算结果的位宽与操作数中的位宽较大者相同。

例 2.1-20　按位运算程序示例。

```
module bit_tb;
    reg[2:0]a;
    reg[4:0]b;
    initial
        begin
            a = 5'b101;            //运算的时候 a 自动变为 5'b00101
            b = 5'b11101;
            $display("%b", ~a);    //结果为 5'b11010
            $display("%b", ~b);    //结果为 5'b00010
            $display("%b", a&b);   //结果为 5'b00101
            $display("%b", a|b);   //结果为 5'b11101
            $display("%b", a^b);   //结果为 5'b11000
        end
endmodule
```

6. 归约运算符

归约运算符按位进行逻辑运算，属于单目运算符。由于这一类运算符运算的结果是产生 1 位逻辑值，因而被形象地称为缩位运算符。

Verilog HDL 中，缩位运算符包括 &(与)、|(或)、^ (异或)以及相应的非操作 ~&、~|、~^、^~。归约运算符的操作数只有一个。

归约运算符的运算过程是：设 a 是一个 4 位的寄存器型变量，它的 4 位分别是 a[0]、a[1]、a[2] 和 a[3]。当对 a 进行缩位运算时，先对 a[0] 和 a[1] 进行缩位运算，产生 1 位的结果，再将这个结果与 a[2] 进行缩位运算，接着是 a[3]，最后产生 1 位的操作结果。

例 2.1-21　归约运算程序示例。

```
module cut_tb;
    reg[5:0]a;
    initial
        begin
```

```
        a = 6'b101011;
        $display("%b", &a);          //结果为 1'b0，缩位与可用于变量中是否有 0 的判断
        $display("%b", |a);          //结果为 1'b1，缩位或可用于变量中是否有 1 的判断
        $display("%b", ^a);          //结果为 1'b0，缩位异或可用于变量的奇校验
      end
  endmodule
```

7. 移位运算符

移位运算符有两种：左移位运算符(<<)和右移位运算符(>>)。移位运算过程是将左边(右边)的操作数向左(右)移，所移动的位数由右边的操作数来决定，然后用 0 来填补移出的空位。

例 2.1-22　移位运算程序示例。

```
    module shift_tb;
        reg[5:0]a, b, c, d;
        reg[7:0]e;
        initial
          begin
              a = 6'b101101;
              b = a<<2;
              c = a>>3;
              d = a<<7;
              e = a<<2;
              $display("%b", b);      //结果为 6'b110100
              $display("%b", c);      //结果为 6'b000101
              $display("%b", d);      //结果为 6'b000000
              $display("%b", e);      //结果为 8'b10110100
          end
    endmodule
```

从上例可以看出，a 在移位后，用 0 填补了空出的位。进行移位运算时应当注意移位前后变量的位数。

8. 条件运算符

条件运算符(? :)是 Verilog HDL 里唯一的三目运算符，它根据条件表达式的值来选择应执行的表达式，其表达形式如下：

<条件表达式>?<表达式 1>:<表达式 2>

其中，条件表达式的运算结果有真(1)、假(0)和不定态(x)三种。当条件表达式的结果为真时，执行表达式 1；当条件表达式的结果为假时，执行表达式 2。

如果条件表达式的运算结果为不定态 x，则模拟器将按位对表达式 1 的值与表达式 2 的值进行比较，位与位的比较按表 2.1-16 的规则产生每个结果位，从而构成条件表达式的结果。

表 2.1-16　条件表达式为不定态时的结果产生规则

? :	0	1	x	z
0	0	x	x	x
1	x	1	x	x
x	x	x	x	x
z	x	x	x	x

例 2.1-23　条件运算程序示例。

```
module mux2(in1, in2, sel, out);
    input[3:0]in1, in2;
    input sel;
    output[3:0]out;
    wire[3:0]out;
    assign out = (!sel)?in1:in2;      //sel 为 0 时 out 等于 in1，反之为 in2
endmodule
```

例 2.1-23 描述了一个 2 选 1 的数据选择器，图 2.1-1 是其电路结构。

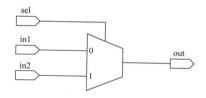

图 2.1-1　2 选 1 数据选择器电路结构

若该数据选择器的 sel 端为不定态 x，则 out 端由 in1 和 in2 按位运算的结果得出。若 in1 = 4'b0011，in2 = 4'b0101，则按照上述真值表得出 out = 4'b0xx1。

9. 连接和复制运算符

Verilog HDL 中还有两个特殊的运算符：连接运算符({})和复制运算符({{}})。

连接运算符是把位于大括号({})中的两个或两个以上信号或数值用逗号(,)分隔的小表达式按位连接在一起，最后用大括号括起来表示一个整体信号或数值，形成一个大的表达式。其格式如下：

{信号 1 的某几位，信号 2 的某几位，…，信号 n 的某几位}

复制运算符({{{}}})将一个表达式放入双重花括号中，复制因子放在第一层括号中。它为复制一个常量或变量提供了一种简便的方法。

例 2.1-24　连接和复制运算程序示例。

```
module con_rep_tb;
    reg [2:0]a;
    reg [3:0]b;
    reg [7:0]c;
    reg [4:0]d;
```

```
        reg [5:0]e;
        initial
            begin
                a = 3'b101;
                b = 4'b1110;
                c = {a, b};                    //连接操作
                d = {a[2:1], b[2:0]};          //连接操作
                e = {2{a}};                    //复制操作
                $display("%b", c);             //结果为 8'b01011110
                $display("%b", d);             //结果为 5'b10110
                $display("%b", e);             //结果为 6'b101101
            end
        endmodule
```

2.2　模　　块

模块(module)是 Verilog HDL 的基本单元，它代表一个基本的功能块，用于描述某个设计的功能或结构，以及与其他模块通信的外部端口。一个电路的设计不是一个模块的设计，而是多个模块的组合，因此一个模块的设计只是一个系统设计中某个层次的设计。

图 2.2-1 是一个基本的模块结构组成。

图 2.2-1　基本的模块结构组成

从图 2.2-1 中可以看出，一个模块主要包括模块的开始与结束、模块端口定义、模块数据类型说明和模块逻辑功能描述几个基本部分。

(1) 模块的开始与结束：模块在语言形式上是以关键词 module 开始、以关键词 endmodule 结束的一段程序，其中模块开始语句必须以分号结束。模块的开始部分包括模块名(name)和端口列表(port_list)，模块名是模块唯一的标识符，而端口列表是由模块各个输入、输出和双向端口变量组成的一张列表，这些端口用来与其他模块进行连接(不妨理解为集成电路的引脚)。

(2) 模块端口定义：定义端口列表里的变量哪些是输入(input)、输出(output)和双向端口(inout)以及位宽。

(3) 模块数据类型说明：包括 wire、reg、memory 和 parameter 等数据类型，以说明模块中所用到的内部信号、调用模块等的声明语句和功能定义语句。一般来说，module 的 input 缺省定义为 wire 类型；output 信号可以是 wire 类型，也可以是 reg 类型(条件是在 always

或 initial 语句块中被赋值)；inout 一般为 tri(三态线)类型，表示有多个驱动源。

(4) 模块逻辑功能描述：产生各种逻辑(主要是组合逻辑和时序逻辑)，主要包括 initial 语句、always 语句、其他子模块实例化语句、门实例化语句、用户自定义原语(UDP)实例化语句、连续赋值语句(assign)、函数(function)和任务(task)。

由上述模块的结构组成可以看出，模块在概念上可等同于一个器件，比如通用器件(与门、三态门等)或通用宏单元(计数器、ALU、CPU)等。一个模块可在另一个模块中被调用，一个模块代表了一个特定功能块。

一个电路设计可由多个模块组合而成，因此一个模块的设计只是一个系统设计中某个层次的设计。模块设计可采用多种建模方式，一般包括行为描述方式、结构描述方式以及混合描述方式(混合使用结构描述和行为描述)。

通过下例的 Verilog HDL 设计的简单模块，可结合模块结构体会 Verilog HDL 代码和电路图的含义。

例 2.2-1　上升沿 D 触发器的设计示例。

```
module dff(din, clk, q);
        input din, clk;
        output q;
        reg q;
        always@(posedge clk)
                q <= din;
endmodule
```

其中，"module dff(din, clk, q);"和"endmodule"标志着模块的开始和结束，"input din, clk;"和"output q;"为端口定义部分，"reg q;"为数据类型说明部分，"always@(posedge clk)"和"q<=din;"为逻辑功能描述部分。

该例描述了一个简单的 D 触发器，图 2.2-2 是其电路图，虚线框里的部分可以理解为模块的概念，它是一

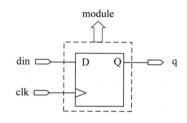

图 2.2-2　D 触发器电路

个具有 D 触发器功能的模块，两边的 din、clk 和 q 是模块的输入和输出端口。

2.3　端　口

端口是模块与外界或其他模块沟通的信号线。模块的端口可以是输入端口(input)、输出端口(output)或输入/输出(双向)端口(inout)。

缺省状态下，端口类型都默认为 wire 类型。需要注意的是，在某一端口的类型声明中，类型声明的长度必须和端口声明的长度一致。

一个模块往往具有多个端口，它们是本模块和其他模块进行联系的标志。在模块定义格式中，"模块端口列表"列出了模块具有的外部可见端口，该"模块端口列表"内的每一个端口项都代表着一个模块端口。

Verilog HDL 中有如下三种端口声明方式。

输入端口：

  input[信号位宽-1:0] 端口名 1；

输出端口：

  output[信号位宽-1:0]端口名 1；

输入/输出端口：

  inout[信号位宽-1:0]端口名 1；

  端口声明语句的作用对象必须是与模块端口相连的模块内部变量，而不能是端口名(端口名和内部变量标识符同名的情况除外)。模块内部对端口进行的输入/输出操作是通过端口表达式中出现的内部变量进行的(这些变量与对应的端口相连)，所以在模块内部必须对这些内部变量的输入/输出特性进行说明。

  当模块被引用时，在引用的模块中，有些信号需要输入到被引用的模块中，有些信号需要从被引用的模块中取出。在引用模块时其端口可以用如下两种方法连接。

  (1) 在引用时，严格按照模块定义的端口顺序来连接，不用标明源模块定义时规定的端口名。其格式如下：

  模块名(连接端口 1 信号名，连接端口 2 信号名，…)；

  (2) 在引用时用"．"标明源模块定义时规定的端口名。其格式如下：

  模块名(.端口 1 名(连接信号 1 名)，.端口 2 名(连接信号 2 名)，…)；

  这样表示的好处在于可以用端口名与被引用模块的端口对应，不必严格按端口顺序对应，提高了程序的可读性和可移植性。

  模块引用属于 Verilog HDL 的结构建模部分，其详细内容将在下一章介绍。

本 章 小 结

  本章主要介绍了 Verilog HDL 的基本语法。通过语言要素和基本使用方法的学习，可为后续基本逻辑电路和复杂数字电路的设计提供必要的基础。Verilog HDL 的语法、数据类型和基本设计框架具有一定的特殊性，它们与实际数字硬件电路中的组合逻辑、时序逻辑、存储器和开关等相对应。熟练掌握本章内容是学习后续章节的必要基础。

思考题和习题

2-1 Verilog HDL 中，基本的语言要素有哪些？

2-2 Verilog HDL 中，空白符总是可以忽略的吗？

2-3 Verilog HDL 中，插入注释的方法有哪两种？

2-4 下列标识符哪些是合法的？哪些是非法的？

  always，2_1mux，\din，\wait，_qout，$data，data$，c#out，\@out

2-5 下列数字的表示方法是否正确？若正确，则分别表示多少？

  5'd20，'B10，4'b10x1，'dc10，5'b101，6'HAAFB

2-6 已知"a = 1'b1; b = 3'b011;"那么{a, b}是多少？

2-7　Verilog HDL 中，数据类型通常可以分为几类？每一类又包含哪些具体的数据类型？

2-8　从电路的角度分析 wire 和 reg 型数据的区别。

2-9　Verilog HDL 中，若连线型变量的驱动强度说明被省略，则默认的驱动强度是什么？

2-10　能否对 memory 型数据进行位选择和域选择？

2-11　Verilog HDL 中，定义参数 parameter 有什么作用？

2-12　运算符"~"和"!"以及"&&"和"&"有什么区别？

2-13　相等运算符(==)和全等运算符(===)有什么区别？各在什么场合使用？

2-14　任意抽象的符合语法的 Verilog HDL 模块是否都可以通过综合工具转变为电路结构？

2-15　一般来说，模块由哪些部分构成？每一部分又由哪些语句构成？

2-16　端口有哪几种？模块的端口是如何描述的？

第 3 章　Verilog HDL 程序设计语句和描述方式

3.1　数据流建模

在数字电路中，输入信号经过组合逻辑电路传送到输出端类似于数据流动，而不会在其中存储。通过连续赋值语句可以对这种特性进行建模，这种建模方式通常称为数据流建模。

Verilog HDL 中的数据流建模方式是比较简单的行为建模，它只有一种描述方式，即通过连续赋值语句进行逻辑描述。其最基本的语句是由关键词 assign 引导的。

对于连续赋值语句，只要输入端操作数的值发生变化，该语句就重新计算并刷新赋值结果。通常可以使用连续赋值语句来描述组合逻辑电路，而不需要用门电路和互连线。连续赋值的目标类型主要是标量线网和向量线网，标量线网如"wire a, b;"，向量线网如"wire [3:0]a, b;"。

连续赋值语句只能用来对连线型变量进行驱动，而不能对寄存器型变量进行赋值，它可以采取显式连续赋值语句和隐式连续赋值语句两种赋值方式。

1. 显式连续赋值语句

显式连续赋值语句的语法格式如下：

    <net_declaration><range><name>;

    assign #<delay><name> = assignment expression;

这种格式的连续赋值语句包含两条语句：第一条语句是对连线型变量进行类型说明的语句；第二条语句是对这个连线型变量进行连续赋值的赋值语句。赋值语句是由关键词 assign 引导的，它能够用来驱动连线型变量，而且只能对连线型变量进行赋值，主要用于对 wire 型变量进行赋值。

2. 隐式连续赋值语句

隐式连续赋值语句的语法格式如下：

    <net_declaration><drive_strength><range>#<delay><name> = assignment expression;

这种格式的连续赋值语句把连线型变量的说明语句以及对该连线型变量进行连续赋值的语句结合到同一条语句内。利用它可以在对连线型变量进行类型说明的同时实现连续赋值。

上述两种格式中：

•　"net_declaration(连线型变量类型)"可以是除了 trireg 类型外的任何一种连线型数据类型。

- "range(变量位宽)"指明了变量数据类型的宽度，格式为[msb:lab]，缺省时为 1 位。
- "drive_strength(赋值驱动强度)"是可选的，它只能在"隐式连续赋值语句"格式中指定。它用来对连线型变量受到的驱动强度进行指定。它是由"对 1 驱动强度"和"对 0 驱动强度"两项组成的。驱动强度的概念在上一章的数据类型中已经说明，比如语句"wire(weak0，strong1)out = in1&in2；"内的"(weak0，strong1)"就表示该语句指定的连续赋值对连线型变量"out"的驱动强度是：赋"0"值时的驱动强度为"弱(weak)"，而赋"1"值时的驱动强度为"强(strong)"。如果在格式中缺省了"赋值驱动强度"这一项，则驱动强度默认为(strong1，strong0)。
- "delay(延时量)"项也是可选的，它指定了赋值表达式内信号发生变化时刻到连线型变量取值被更新时刻之间的延迟时间量。其语法格式如下：

　　　　#(delay1，delay2，delay3)

其中，delay1、delay2、delay3 都是一个数值，"delay1"指明了连线型变量转移到"1"状态时的延时值(称为上升延时)；"delay2"指明了连线型变量转移到"0"状态时的延时值(称为下降延时)；"delay3"指明了连线型变量转移到"高阻 Z"状态时的延时值(称为关闭延时)。如果没有定义 delay，则缺省值为 0。

例 3.1-1　显式连续赋值语句示例。

```
module example1_assignment(a, b, m, n, c, y);
        input[3:0] a, b, m, n;
        output[3:0] c, y;
        wire[3:0] a, b, m, n, c, y;
        assign y = m|n;
        assign #(3, 2, 4) c = a&b;
endmodule
```

该例中包含了两个显式赋值语句，分别用来实现组合逻辑中的"或"和"与"逻辑，其赋值目标是连线型变量 c 和 y，它们的位宽都为 4 位。连续赋值语句指定用表达式"m|n"和"a&b"的取值分别对连线型变量 y 和 c 进行连续驱动。

其中，"assign y = m | n；"没有指定延时量；而"assign #(3, 2, 4) c = a&b；"指定的延时量为"(3, 2, 4)"，它指明了从信号 a 或 b 发生变化时刻到变量 c 被更新时刻之间的延迟时间量，即上升延时为 3 个时间单位，下降延时为 2 个时间单位，关闭延时为 4 个时间单位。

由于是显式赋值语句，因此并未出现"驱动强度"这一项，所以连线型变量 y 和 c 受到的驱动强度默认都是"(strong1，strong0)"。

例 3.1-2　隐式连续赋值语句示例。

```
module example2_assignment(a, b, m, n, c, y, w);
        input[3:0] a, b, m, n;
        output[3:0] c, y, w;
        wire[3:0] a, b, m, n;
        wire[3:0] y = m|n;
        wire[3:0] #(3, 2, 4) c = a&b;
        wire(strong0, weak1)[3:0] #(2, 1, 3) w = (a^b)&(m^n);
```

endmodule

由该例可以看出，在对 y 和 c 这两个变量进行隐式赋值后，其实现的组合逻辑功能与例 3.1-1 中的显式赋值语句所实现的功能相同。另外，在对变量 w 进行隐式赋值时多了一个驱动强度的定义。对于变量 w：赋"0"值时的驱动强度较强，为 strong；赋"1"值时的驱动强度较弱，为 weak。比如，当 0 和 1 共同驱动变量 w 时，由于 0 定义的驱动强度较强，所以 w 为 0。

3. 连续赋值语句使用中的注意事项

(1) 赋值目标只能是线网类型(wire)。

(2) 在连续赋值中，只要赋值语句右边表达式的任何一个变量有变化，表达式立即被计算，计算的结果立即赋给左边的信号(若没有定义延时量)。

(3) 连续赋值语句不能出现在过程块中。

(4) 多个连续赋值语句之间是并行关系，因此与位置顺序无关。

(5) 连续赋值语句中的延时具有硬件电路中惯性延时的特性，任何小于其延时量的信号变化脉冲都将被滤除掉，不会出现在输出端口。

3.2 行 为 级 建 模

Verilog HDL 支持设计者从电路外部行为的角度对其进行描述，因此行为级建模是从一个层次很高的抽象角度来表示电路的。其目标不是对电路的具体硬件结构进行说明，它是为了综合以及仿真的目的而进行的。在这个层次上，设计数字电路更类似于使用一些高级语言(如 C 语言)进行编程，而且 Verilog HDL 行为级建模的语法结构与 C 语言也非常相似。Verilog HDL 提供了许多行为级建模语法结构，为设计者的使用提供了很大的灵活性。

行为描述常常用于复杂数字逻辑系统的顶层设计中，也就是通过行为级建模把一个复杂的系统分解成可操作的若干个模块，每个模块之间的逻辑关系通过行为模块的仿真加以验证。这样就能把一个大的系统合理地分解为若干个较小的子系统，然后再将每个子系统用可综合风格的 Verilog HDL 模块(门级结构或 RTL 级、算法级、系统级的模块)加以描述。同时，行为级建模也可以用来生成仿真测试信号，对已设计的模块进行检测。

本节将详细介绍行为级建模结构以及各种高级语句的语法格式和用法。

图 3.2-1 给出了 Verilog HDL 行为描述中模块的构成框架。

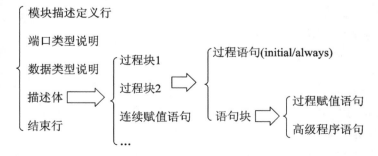

图 3.2-1　Verilog HDL 行为描述中模块的构成框架

3.2.1　过程语句

Verilog HDL 中的过程块是由过程语句组成的。过程语句有两种，即 initial 过程语句和 always 过程语句。

1．initial 过程语句

initial 过程语句的语法格式是：

```
initial
    begin
        语句 1；
        语句 2；
        …
        语句 n；
    end
```

initial 过程语句在进行仿真时从模拟 0 时刻开始执行，它在仿真过程中只执行一次，在执行完一次后该 initial 过程语句就被挂起，不再执行。如果一个模块中存在多个 initial 过程语句，则每个 initial 过程语句都是同时从 0 时刻开始并行执行的。initial 过程语句内的多条行为语句可以是顺序执行的，也可以是并行执行的。

initial 过程语句通常用于仿真模块中对激励向量的描述，或用于给寄存器变量赋初值。

例 3.2-1　用 initial 过程语句对变量 A、B、C 进行赋值。

```
module initial_tb1;
    reg A, B, C;
        initial
            begin
                        A = 0; B = 1; C = 0;
            #100        A = 1; B = 0;
            #100        A = 0; C = 1;
            #100        B = 1;
            #100        B = 0; C = 0;
            end
    endmodule
```

在 ModelSim 仿真环境下的仿真结果如图 3.2-2 所示。

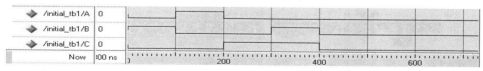

图 3.2-2　例 3.2-1 中 initial 语句赋值波形

2．always 过程语句

从语法描述角度而言，相对于 initial 过程语句，always 过程语句的触发状态是一直存在的，只要满足 always 后面的敏感事件列表，就执行语句块。其语法格式如下：

```
always@(<敏感事件列表>)
        语句块;
```

其中，敏感事件列表就是触发条件，只有当触发条件满足时，其后的语句块才能被执行。也就是说，只要该列表中变量的值发生改变，就会引发块内语句的执行。因此，敏感事件列表中应列出影响块内取值的所有信号。若有两个或两个以上信号，则它们之间可以用"or"连接，也可以用逗号","连接。敏感信号可以分为两种类型：一种为边沿敏感型，一种为电平敏感型。对于时序电路，事件通常是由时钟边沿触发的。为表达边沿这个概念，Verilog HDL 提供了 posedge 和 negedge 两个关键字分别描述信号的上升沿和下降沿。例如：

@(a)	//当信号 a 的值发生改变时
@(a or b)	//当信号 a 或信号 b 的值发生改变时
@(posedge clock)	//当 clock 的上升沿到来时
@(negedge clock)	//当 clock 的下降沿到来时
@(posedge clk or negedge reset)	//当 clk 的上升沿到来或 reset 的下降沿(低电平有效)到来时

3. 过程语句使用中的注意事项

过程语句具有很强的功能，Verilog HDL 的大多数高级程序语句都是在过程中使用的。它既可以描述时序逻辑电路，也可以描述组合逻辑电路。采用过程语句进行程序设计时，Verilog HDL 有一定的设计要求和规范。

在信号的形式定义方面，无论是对时序逻辑电路还是对组合逻辑电路进行描述，Verilog HDL 都要求在过程语句(initial 和 always)中被赋值信号必须定义为 reg 类型。

敏感事件列表是 Verilog HDL 中的一个关键性设计，如何选取敏感事件作为过程的触发条件，在 Verilog HDL 程序中有一定的设计要求：

(1) 采用过程语句对组合电路进行描述时，需要把全部的输入信号列入敏感事件列表。

(2) 采用过程语句对时序电路进行描述时，需要把时间信号和部分输入信号列入敏感事件列表。

应当注意的是，不同的敏感事件列表会产生不同的电路形式。

例 3.2-2　用 initial 语句产生测试信号。

```
module initial_tb2;
        reg S1;                 //被赋值信号定义为 reg 类型
        initial
            begin
                    S1 = 0;
                    #100 S1 = 1;
                    #200 S1 = 0;
                    #50   S1 = 1;
                    #100 $finish;
            end
    endmodule
```

例 3.2-3　用 always 语句描述 4 选 1 数据选择器。

　　4 选 1 数据选择器是一种典型的组合逻辑电路，其 Verilog HDL 程序代码如下：

```
module mux4_1(out, in0, in1, in2, in3, sel);
        output out;
        input in0, in1, in2, in3;
        input[1:0] sel;
        reg out;                                    //被赋值信号定义为 reg 类型
        always @(in0 or in1 or in2 or in3 or sel)   //敏感事件列表
            case(sel)
                2'b00:      out = in0;
                2'b01:      out = in1;
                2'b10:      out = in2;
                2'b11:      out = in3;
                default:    out = 2'bx;
            endcase
endmodule
```

　　例 3.2-3 是一个 always 块引导的电平触发事件。只要任意时刻有一个敏感事件列表里的信号发生变化，都会执行后面的 case 语句。

　　例 3.2-4　用 always 语句描述同步置数、同步清零计数器。

```
module counter1(out, data, load, rst, clk);
        output[7:0] out;
        input[7:0] data;
        input load, clk, rst;
        reg[7:0] out;
        always @(posedge clk)              // clk 上升沿触发
            begin
                if(!rst) out = 8'h00;          //同步清零，低电平有效
                else if(load) out = data;      //同步置数
                else out = out + 1;
            end
endmodule
```

　　例中，posedge clk 表示以时钟信号 clk 的上升沿作为触发条件。而敏感事件列表中没有列出输入信号 load、rst，这是因为它们是同步置数、同步清零的；这些信号要起作用，就必须等待时钟的上升沿到来。

　　例 3.2-5　用 always 过程语句描述异步清零计数器。

```
module counter2(rst, clk, out);
        output[7:0] out;
        input clk, rst;
        reg[7:0] out;
        always @(posedge clk or negedge rst)          //clk 上升沿和 rst 低电平清零有效
```

```
        begin
            if(!rst)                              //异步清零
                out = 0;
            else out = out+1;
        end
    endmodule
```

例中，敏感事件列表中有 posedge clk 和 negedge rst 两个敏感事件。当 negedge rst 出现时过程语句也会执行，这是对异步电路的一种直观描述，Verilog HDL 综合工具将会把这个代码综合成异步清零的电路，所选择的器件和连接关系与例 3.2-4 的结果完全不同。

3.2.2　语句块

在 Verilog HDL 过程语句的使用中，当语句数超过一条时，需要采用语句块。语句块就是由块标识符 begin-end 或 fork-join 界定的一组行为描述语句。语句块就相当于给块中的一组行为描述语句进行打包，使之在形式上类似于一条语句。语句块的具体功能是通过语句块中所包含的描述语句的执行而得以实现的。当语句块中只包含一条语句时，可以直接写这条语句，此时块标识符可以缺省。

语句块包括串行语句块(begin-end)和并行语句块(fork-join)两种。

1. 串行语句块

串行语句块采用的是关键字"begin"和"end"，其中的语句按串行方式顺序执行，可以用于可综合电路程序和仿真测试程序。其语法格式是：

```
begin:块名
        块内声明语句；
        语句 1；
        语句 2；
        …
        语句 n；
    end
```

其中，块名即该块的名字，当块内有变量时必须有块名，否则在编译时将出现语法错误。块内声明语句是可选的，可以是参数说明语句、integer 型变量声明语句、reg 型变量声明语句、time 型变量声明语句和事件(event)说明语句。

串行语句块的特点：

(1) 串行语句块中的每条语句依据块中的排列次序逐条执行。块中每条语句给出的延迟时间都是相对于前一条语句执行结束的相对时间。

(2) 串行语句块的起始执行时间就是串行语句块中第一条语句开始执行的时间；串行语句块的结束时间就是块中最后一条语句执行结束的时间。

2. 并行语句块

并行语句块采用的是关键字"fork"和"join"，其中的语句按并行方式执行，只能用于仿真测试程序，不能用于可综合电路程序。其语法格式是：

```
fork:块名
        块内声明语句;
        语句 1;
        语句 2;
        ...
        语句 n;
    join
```

并行语句块的特点:

(1) 块内语句是同时执行的,即程序流程控制指令一进入到该并行语句块,块内语句就同时开始执行。

(2) 块内每条语句的延迟时间是相对于程序流程控制指令进入到块内的仿真时间。

3. 语句块的使用

例 3.2-6 分别采用串行语句块和并行语句块产生图 3.2-3 所示的信号波形。

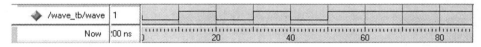

图 3.2-3 信号波形

(1) 采用串行语句块的 Verilog HDL 程序代码如下:

```
module wave_tb1;
    reg wave;
    parameter T = 10;
    initial
        begin
                wave = 0;
        #T      wave = 1;
        #T      wave = 0;
        #T      wave = 1;
        #T      wave = 0;
        #T      wave = 1;
        end
    endmodule
```

(2) 采用并行语句块的 Verilog HDL 程序代码如下:

```
module wave_tb2;
    reg wave;
    parameter T = 10;
    initial
        fork
                wave = 0;
        #T      wave = 1;
```

```
        #(2*T)          wave = 0;
        #(3*T)          wave = 1;
        #(4*T)          wave = 0;
        #(5*T)          wave = 1;
    join
endmodule
```

从该例可以看到，采用串行语句块和并行语句块都可以产生相同的测试信号，具体采用哪种语句进行设计主要取决于设计者的习惯。需要说明的是，在对于电路的描述性设计中，部分综合工具不支持并行语句块，因此主要采用串行语句块进行设计。

表 3.2-1 对比了串行语句块和并行语句块，用以帮助读者理解二者的区别和联系。

表 3.2-1　串行语句块和并行语句块对比

语句块	串行语句块(begin-end)	并行语句块(fork-join)
执行顺序	按照语句顺序执行	所有语句均在同一时刻执行
语句前面延迟时间的意义	相对于前一条语句执行结束的相对时间	相对于并行语句块启动的时间
起始时间	首句开始执行的时间	转入并行语句块的时间
结束时间	最后一条语句执行结束的时间	执行时间最长的那条语句执行结束的时间
行为描述的意义	电路中的数据在时钟及控制信号的作用下，沿数据通道中各级寄存器传送的过程	电路上电后，各电路模块同时开始工作的过程

3.2.3　过程赋值语句

过程块中的赋值语句称为过程赋值语句。过程性赋值是在 initial 语句或 always 语句内的赋值，它只能对寄存器数据类型的变量赋值。对于多位宽的寄存器变量(矢量)，还可以只对其中的某一位或某几位进行赋值。对于存储器类型的，则只能通过选定的地址单元，对某个单元进行赋值。还可以将前述各类变量用连接符拼接起来，构成一个整体，作为过程赋值语句的左端。

过程赋值语句有阻塞赋值语句和非阻塞赋值语句两种。

1. 阻塞赋值语句

阻塞赋值语句的操作符号为"="，其语法格式是：

　　变量 = 表达式；

例如：

　　b = a；

当一个语句块中有多条阻塞赋值语句时，如果前面的赋值语句没有完成，则后面的语句就不能被执行，仿佛被阻塞了一样，因此称为阻塞赋值方式。

阻塞赋值语句的特点：

(1) 在串行语句块中，各条阻塞赋值语句将按照排列顺序依次执行；在并行语句块中的各条阻塞赋值语句则同时执行，没有先后之分。

(2) 执行阻塞赋值语句的顺序是，先计算等号右端表达式的值，然后立刻将计算的值赋给左边的变量，与仿真时间无关。

2. 非阻塞赋值语句

非阻塞赋值语句的操作符号为 "<="，其语法格式是：

　　变量 <= 表达式；

例如：

　　b <= a;

如果在一个语句块中有多条非阻塞赋值语句，则后面语句的执行不会受到前面语句的限制，因此称为非阻塞赋值方式。

非阻塞赋值语句的特点：

(1) 在串行语句块中，各条非阻塞赋值语句的执行没有先后之分，排在前面的语句不会影响到后面语句的执行，各条语句并行执行。

(2) 执行非阻塞赋值语句的顺序是，先计算右端表达式的值，然后待延迟时间的结束后，再将计算的值赋给左边的变量。

阻塞赋值语句和非阻塞赋值语句可以用于数字逻辑电路设计和测试仿真程序中。在数字逻辑电路设计中，阻塞赋值语句和非阻塞赋值语句对于电路的描述差别很大，使用不同的赋值语句，产生的电路差异可能很大。

例 3.2-7　试分析下面两段 Verilog HDL 程序所描述的电路结构。

程序(1)：

```
module block1(din, clk, out1, out2);
        input din, clk;
        output out1, out2;
        reg out1, out2;
        always@(posedge clk)
                begin
                        out1 = din;
                        out2 = out1;
                end
endmodule
```

程序(2)：

```
module non_block1(din, clk, out1, out2);
        input din, clk;
        output out1, out2;
        reg out1, out2;
        always@(posedge clk)
                begin
                        out1 <= din;
                        out2 <= out1;
                end
endmodule
```

在这两个程序中，基本描述相同，不同的是程序(1)采用了阻塞赋值语句，而程序(2)采用了非阻塞赋值语句。

在执行阻塞赋值语句的过程中，din 的值先传给 out1，然后 out1 的值再传给 out2，等价于：

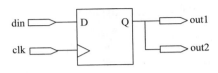

> out1 = din;
> out2 = din;

因此，程序(1)描述了一个寄存器，其电路结构如图 3.2-4 所示。

图 3.2-4　程序(1)的电路结构

在执行非阻塞赋值语句的过程中，din 的值传给 out1，同时 out1 上一个时钟保存的值传给 out2。因此，程序(2)描述了 2 个寄存器，其电路结构如图 3.2-5 所示。

如果采用阻塞赋值语句描述图 3.2-5 所示电路，则其 Verilog HDL 程序代码如下：

```
module block2(din, clk, out1, out2);
    input din, clk;
    output out1, out2;
    reg out1, out2;
    always@(posedge clk)
        begin
            out2 = out1;
            out1 = din;
        end
endmodule
```

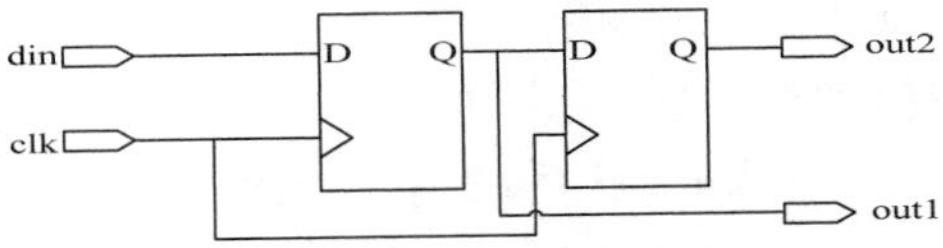

图 3.2-5　程序(2)的电路结构

可以看到，这两种赋值语句在 Verilog HDL 程序设计中的方式是不一样的，因此在使用时要仔细考虑电路的结构，选用合适的赋值方式。下面再举一个较为复杂的例子，帮助进一步理解阻塞赋值语句和非阻塞赋值语句的使用技巧。

例 3.2-8　试分析下面两段 Verilog HDL 程序所描述的电路结构。

程序(1)：

```
module block3(a, b, c, clk, sel, out);
    input a, b, c, clk, sel;
    output out;
    reg out, temp;
    always@(posedge clk)
        begin
            temp = a&b;
            if(sel) out = temp|c;
            else out = c;
        end
endmodule
```

程序(2)：

```
module non_block2(a, b, c, clk, sel, out);
```

```
    input a, b, c, clk, sel;
    output out;
    reg out, temp;
    always@(posedge clk)
        begin
            temp <= a&b;
            if(sel) out <= temp|c;
            else out <= c;
        end
endmodule
```

程序(1)和程序(2)分别采用了阻塞赋值语句和非阻塞赋值语句，所对应的电路分别如图 3.2-6 和图 3.2-7 所示。程序(2)采用了非阻塞赋值语句，实际上产生的是两级流水线的设计。虽然采用这两种语句的逻辑功能相同，但是电路的时序和形式差异很大，这一点也是初学者应该注意的。

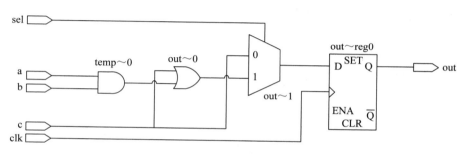

图 3.2-6　程序(1)的电路结构

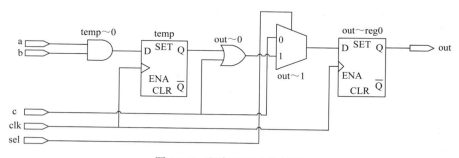

图 3.2-7　程序(2)的电路结构

3.2.4　过程连续赋值语句

过程连续赋值可以在 always 和 initial 过程语句中对连线型和寄存器型变量类型进行赋值操作。在 Verilog HDL 中，过程连续赋值语句有两种类型：赋值、重新赋值语句(assign、deassign)和强制、释放语句(force、release)。值得注意的是，过程连续赋值不能够对寄存器型变量进行位操作，例如，执行"assign c[1] = 1;"语句时将会出现错误。

1. 赋值语句和重新赋值语句

赋值语句和重新赋值语句采用的关键字是"assign"和"deassign"，语法格式分别是：

　　　　assign <寄存器型变量> = <赋值表达式>;

和

　　　　deassign <寄存器型变量>;

赋值语句只能对寄存器型变量赋值，而不可用于对连线型变量赋值；重新赋值语句用于释放 assign 对寄存器型变量的连续赋值，作用后，该寄存器变量仍将保持 deassign 语句执行前的原有取值。也就是说，使用 assign 给寄存器型变量赋值之后，该值将一直保持在这个寄存器上，直至遇到 deassign。若在不同过程块中，过程赋值语句和 assign 过程连续赋值语句同时对同一变量赋值，则变量取 assign 过程赋值语句得到的结果，即过程连续赋值语句的优先级高于普通的过程赋值语句。

例 3.2-9　使用 assign 和 deassign 设计异步清零 D 触发器。

```
module assign_dff(d, clr, clk, q);
        input d, clr, clk;
        output q;
        reg q;
        always@(clr)
            begin
                if(!clr)
                    assign q = 0;              //时钟沿到来时，d 的变化对 q 无效
                else
                    deassign q;
            end
        always@(negedge clk) q = d;
endmodule
```

该例中，如果 clr 为 0，则 assign 赋值语句使 q 清 0。此时，不管时钟和 d 如何变化，对 q 都没有影响。如果 clr 变为 1，deassign 重新赋值语句被执行，这就使得 assign 强制赋值方式被取消，以后 clk 将能够对 q 产生影响。deassign 语句是一条撤销过程连续赋值的语句。执行后，原来由 assign 语句对变量进行的过程连续赋值操作将失效，寄存器变量被过程连续赋值的状态将解除。

2. 强制语句和释放语句

强制语句和释放语句采用的关键字是"force"和"release"，可以对连线型和寄存器型变量进行赋值操作，force 语句的优先级高于 assign 语句。其语法格式分别是：

　　　　force <寄存器或连线型变量> = <赋值表达式>;

和

　　　　release<寄存器或连线型变量>;

当 force 语句对寄存器型变量赋值时，变量的当前值被 force 覆盖，因而限制了其他驱动源的作用，直至遇到 release(释放语句，作用类似于 deassign)语句，变量才得以释放，被

重新赋值。这种语句主要用于 Verilog HDL 仿真测试程序中，便于对某种信号进行临时性的赋值和测试。

例 3.2-10　force 和 release 使用示例。

```
module force_release(a, b, out);
    input a, b;
    output out;
    wire out;
    and (out, a, b);
    initial
            begin
                force out = a|b;
                #5;
                release out;
            end
endmodule
module release_tb;
    reg a, b;
    wire out;
    force_release U1(a, b, out);
    initial
        begin
            a = 1;
            b = 0;
        end
endmodule
```

例中 force 语句是对连线型变量 out 进行赋值操作。在执行测试模块时，在 0 时刻，主模块中的门级模块(2 输入与门)的引用语句和 initial 语句同时执行，所以 force 语句强制生效，因此，out 的值为 1(out = a | b)，而不是 0(out = a&b)；在第 5 时间单位时刻，由于执行 release 语句，因此中止了 force 语句的连续赋值，此时恢复了门级模块的引用，out 的值为 0(out = a&b)。

3.2.5　条件分支语句

Verilog HDL 的条件分支语句有两种：if 语句和 case 语句。

1．if 语句

if 语句就是判断所给的条件是否满足，然后根据判断的结果确定下一步的操作。条件语句只能在 initial 和 always 语句引导的语句块中使用，模块的其他部分都不能使用。if 语句有三种形式：

形式 1：
　　if(条件表达式)语句块;

形式 2：
if(条件表达式)
　　语句块 1;
else
　　语句块 2;

形式 3：
if(条件表达式 1)
　　语句块 1;
else if(条件表达式 2)
　　语句块 2;
　　…
else if(条件表达式 i)
　　语句块 i;
else
　　语句块 n;

　　形式 1 中，当条件表达式成立(逻辑值为 1)时，执行后面的语句块；当条件表达式不成立时，后面的语句块不被执行。例如：

　　　　if(a>b) out = din;

表示当 a > b 时，out 为 din。

　　形式 2 中，当条件表达式成立时，执行后面的语句块 1，然后结束条件语句的执行；当条件表达式不成立时，执行 else 后面的语句块 2，然后结束条件语句的执行。

　　例 3.2-11　if-else 使用示例(1)。

```
module mux2_1(a, b, sel, out);
    input a, b, sel;
    output out;
    reg out;
    always@(a, b, sel)
        begin
            if(sel)    out = a;
            else       out = b;
        end
endmodule
```

　　当 sel 为真(1)时，输出端 out 得到 a 的值；当 sel 为假(0)时，输出端 out 得到 b 的值。这是一个典型的 2 选 1 数据选择器。

　　形式 3 是多路选择控制，执行的过程是：首先判断条件表达式 1，若为真则执行语句块 1，若为假则继续判断条件表达式 2，然后再选择是否执行语句块 2，依次类推。从条件表达式 1 到条件表达式 n 的排列顺序可以看出这种形式的条件语句是分先后次序的，本身隐含着一种优先级关系。在实际使用中，有时就需要利用这一特性来实现优先级控制，但有时则要注意避免它给不需要优先级的电路设计带来的影响。

　　例 3.2-12　if-else 使用示例(2)。

```
module compare_a_b(a, b, out);
    input a, b;
    output [1:0]out;
    reg [1:0]out;
```

```
always@(a, b)
    begin
        if(a>b)      out = 2'b01;
        else if(a == b)    out = 2'b10;
        else   out = 2'b11;
    end
endmodule
```

该例中，首先判断 a 是否大于 b，然后判断 a 是否等于 b，蕴含了优先级的特性。这种特性会在综合后的电路中体现出来。

在 if 语句中允许一个或多个 if 语句的嵌套使用，其语法格式是：

```
if(条件表达式 1)
    if(条件表达式 2)         //内嵌的 if 语句
        语句块 1；
    else
        语句块 2；
else
    if(条件表达式 3)         //内嵌的 if 语句
        语句块 3；
    else
        语句块 4；
```

注意：三种形式的 if 语句在 if 后面都有"表达式"，一般为逻辑表达式或关系表达式。系统对表达式的值进行判断，若为 0、x、z，则按"假"处理；若为 1，则按"真"处理，执行指定的语句块。例如：

```
if(a)        等价于    if(a == 1)
if(!a)       等价于    if(a != 1)
```

由于 if-else 分支语句中的 else 分支是可选的，所以当嵌套的 if 结构中省略 else 时，可能会造成混淆。解决这个问题的方法是：总是将 else 分支与前面最近的没有被关联的 if 语句关联起来。在下面的例子中有 2 个 if 语句，但只有 1 个 else 分支，根据上述就近原则，这个 else 和内部的 if (rega > regb) 关联构成完整的 if-else 结构。

```
if (index > 0)
    if (rega > regb)
        result = rega;
    else
        result = regb;
```

如果希望 else 分支和外部的 if (index > 0) 关联，可通过使用 begin-end 块语句强制进行。例如：

```
if (index > 0)
    begin
```

```
        if (rega > regb)
          result = rega;
      end
  else
      result = regb;
```

此时外部 if 分支内的块语句只有 "if (rega > regb) result = rega;"，显然，else 分支不属于这个语句块，那么它只能和外部的 if 关联。在嵌套的 if 结构中使用 begin-end 完成 else 分支的正确关联，是一种良好的编程习惯。

2. case 语句

case 语句也是一种可实现多路分支选择控制的语句，但比 if-else 语句更为方便和直观。一般的，case 语句多用于多条件译码电路的设计，如描述译码器、数据选择器、状态机及微处理器的指令译码等。case 语句的语法格式是：

```
case(控制表达式)
    值 1：语句块 1
    值 2：语句块 2
    ···
    值 n：语句块 n
    default：语句块 n+1
endcase
```

case 语句的执行过程是：当 case 语句中控制表达式的值与值 1 相同时，执行语句块 1；当控制表达式的值与值 2 相同时，执行语句块 2；依次类推。如果控制表达式的值与上面列出的值 1 到值 n 都不相同，则执行 default 后面的语句块 n + 1。

用 case 语句对控制表达式和其后的值进行的比较，必须是一种全等比较，必须保证两者的对应位全等。case 语句的真值表如表 3.2-2 所示。

表 3.2-2　　case 语句的真值表

case	0	1	x	z
0	1	0	0	0
1	0	1	0	0
x	0	0	1	0
z	0	0	0	1

注意：

(1) 值 1 到值 n 必须各不相同，一旦判断到与某值相同并执行相应的语句块后，case 语句的执行即结束。

(2) 如果某几个连续排列的值项执行的是同一条语句，则这几个值项间可用逗号间隔，而将语句放在这几个值项的最后一项中。

(3) default 选项相当于 if-else 语句中的 else 部分，可依据需要使用或者不使用，当前面已经列出了控制表达式的所有可能值时，default 可以省略。

(4) case 语句的所有表达式的值的位宽必须相等，因为只有这样，控制表达式和分支表达式才能进行对应位的比较。

例 3.2-13　用 case 语句描述 BCD 数码管译码。

```
module BCD_decoder(out, in);
    output[6:0]out;
    input[3:0]in;
    reg[6:0]out;
    always@(in)
        begin
            case(in)
                4'b0000:out = 7'b1111110;
                4'b0001:out = 7'b0110000;
                4'b0010:out = 7'b1101101;
                4'b0011:out = 7'b1111001;
                4'b0100:out = 7'b0110011;
                4'b0101:out = 7'b1011011;
                4'b0110:out = 7'b1011111;
                4'b0111:out = 7'b1110000;
                4'b1000:out = 7'b1111111;
                4'b1001:out = 7'b1111011;
                default:out = 7'b0;
            endcase
        end
endmodule
```

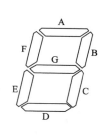

字形	输 入	输　出
	in	ABCDEFG
0	0000	1 1 1 1 1 1 0
1	0001	0 1 1 0 0 0 0
2	0010	1 1 0 1 1 0 1
3	0011	1 1 1 1 0 0 1
4	0100	0 1 1 0 0 1 1
5	0101	1 0 1 1 0 1 1
6	0110	1 0 1 1 1 1 1
7	0111	1 1 1 0 0 0 0
8	1000	1 1 1 1 1 1 1
9	1001	1 1 1 1 0 1 1

(a)　　　　　(b)

图 3.2-8　BCD 数码管及其真值表

BCD 数码管及其真值表如图 3.2-8 所示。

在使用 case 语句时，应包含所有的状态，如果未包含完全，那么缺省项必须写出来，否则将产生锁存器，这在同步时序电路设计中是不允许的。

例 3.2-14　case 语句使用示例。

程序(1)：会产生锁存器的 case 语句。

```
module latch_case(a, b, sel, out);
    input a, b;
    input [1:0]sel;
    output out;
    reg out;
    always@(a, b, sel)
        case(sel)
            2'b00:out = a;
            2'b11:out = b;
        endcase
endmodule
```

程序(2)：不会产生锁存器的 case 语句。

```
module non_latch_case(a, b, sel, out);
    input a, b;
    input [1:0]sel;
    output out;
    reg out;
    always@(a, b, sel)
        case(sel)
            2'b00:out = a;
            2'b11:out = b;
            default:out = 0;
        endcase
endmodule
```

除了 case 语句以外，还有 casez、casex 这两种功能类似的条件分支语句，相应的真值表如表 3.2-3 所示。

表 3.2-3　case 语句的真值表

(a)　casez					(b)　casex			
casez	0	1	x	z	casex	0	1	x	z
0	1	0	0	1	0	1	0	1	1
1	0	1	0	1	1	0	1	1	1
x	0	0	1	1	x	1	1	1	1
z	1	1	1	1	z	1	1	1	1

　　casez 与 casex 语句是 case 语句的两种特殊形式，三者的表示形式完全相同，唯一的差别是三个关键词 case、casez、casex 的不同。在 casez 语句中，如果比较的双方(控制表达式与值项)有一方的某一位的值是 z，那么这一位的比较就不予考虑，即认为这一位的比较结果永远是真，因此只需关注其他位的比较结果。而在 casex 语句中，则把这种处理方式进一步扩展到对 x 的处理，即如果比较的双方(控制表达式与值项)有一边的某一位的值是 z 或 x，那么这一位的比较就不予考虑。

3.2.6　循环语句

　　Verilog HDL 中规定了四种循环语句，分别是 forever、repeat、while 和 for 语句。与条件分支语句一样，循环语句也是一种高级程序语句，多用于测试仿真程序设计。

1. forever 语句

　　关键字"forever"所引导的循环语句表示永久循环。永久循环中不包含任何条件表达式，只执行无限循环，直至遇到系统任务$finish。如果需要从 forever 循环中退出，则可以使用 disable 语句。forever 语句的语法格式是：

　　　　forever 语句或语句块；

　　forever 语句连续不断地执行后面的语句或语句块，常用来产生周期性的波形，作为仿真激励信号。它与 always 语句的不同之处在于，它不能独立写在程序中。forever 语句一般用在 initial 过程语句中，如果在 forever 语句中没有加入时延控制，forever 语句将在 0 时延后无限循环下去。

例 3.2-15　用 forever 语句产生时钟信号。

```
module forever_tb;
    reg clock;
    initial
        begin
            clock = 0;
            forever #50 clock = ~clock;
        end
endmodule
```

2. repeat 语句

关键字"repeat"所引导的循环语句表示执行固定次数的循环。其语法格式是：

```
repeat(循环次数表达式)
    语句或语句块(循环体);
```

其中，"循环次数表达式"用于指定循环次数，它必须是一个常数、一个变量或者一个信号。如果循环次数是变量或者信号，则循环次数是循环开始执行时变量或者信号的值，而不是循环执行期间的值。

repeat 语句的执行过程为：先计算出循环次数表达式的值，并将它作为循环次数保存起来；接着执行后面的语句块(循环体)，语句块执行结束后，将重复执行次数减去一次，再接着重新执行下一次的语句块操作；如此重复，直至循环执行次数被减为 0 时，结束整个循环过程。

例 3.2-16　使用 repeat 语句产生固定周期数的时钟信号。

```
module repeat_tb;
    reg clock;
    initial
        begin
            clock = 0;
            repeat(8)    clock = ~clock;
        end
endmodule
```

例中，循环体所预先设置的循环次数为 8 次，相应产生 4 个时钟周期信号。

3. while 语句

关键字"while"所引导的循环语句表示的是一种"条件循环"。while 语句根据条件表达式的真假来确定循环体的执行，当指定的条件表达式取值为真时才会重复执行循环体，否则就不执行循环体。其语法格式是：

```
while(条件表达式)    语句或语句块;
```

其中，"条件表达式"表示循环体得以继续重复执行时必须满足的条件，它常常是一个逻辑表达式。在每一次执行循环体之前都要对这个条件表达式是否成立进行判断。

while 语句的执行过程可以描述为：先判断条件表达式是否为真，如果为真，则执行后面的语句，接着再回来判断条件表达式是否仍为真，只要是真，再执行语句，直至某一次执行完语句后，判断出条件表达式的值为非真，则结束循环过程。为保证循环过程的正常结束，通常在循环体内部必定有一条语句用以改变条件表达式的值，使其逐次趋于假。

例 3.2-17　使用 while 语句产生时钟信号。

```
module while_tb;
    reg clock;
    initial
        begin
            clock = 0;
            while(1)
            #50   clock = ~clock;
        end
endmodule
```

4．for 语句

关键字"for"所引导的循环语句也表示一种"条件循环"，只有在指定的条件表达式成立时才进行循环。其语法格式是：

　　　　for(循环变量赋初值；循环结束条件；循环变量增值)　　语句块；

for 语句的执行过程是：先给"循环变量赋初值"，然后判断"循环结束条件"，若其值为真，则执行 for 语句中指定的语句块，然后进行"循环变量增值"操作，这一过程进行到循环结束条件满足时，for 循环语句结束。

例 3.2-18　使用 for 语句产生时钟信号。

```
module for_clk;
    reg clk;
    integer i;
    initial
        begin
            clk = 0;
            for(i = 0; i >= 0; i = i+1)
            #50 clk = ~clk;
        end
endmodule
```

应该说明的是，for 循环语句也可以用于可综合电路的设计，当采用 for 循环语句进行计算和赋值的描述时，可以综合得到逻辑电路。

例 3.2-19　用 Verilog HDL 设计一个 8 位移位寄存器。

程序(1)：采用赋值语句实现。

```
module shift_regist1(Q, D, rst, clk);
    output [7:0] Q;
```

```
    input D, rst, clk;
    reg [7:0] Q;
    always @(posedge clk)
        if (!rst)    Q <= 8'b000000;
        else    Q <= {Q[6:0], D};
endmodule
```

程序(2)：采用 for 语句实现。

```
module shift_regist2(Q, D, rst, clk);
    output [7:0] Q;
    input D, rst, clk;
    reg [7:0] Q;
    integer i;
    always @(posedge clk)
        if (!rst) Q <= 8'b000000;
        else
        begin
            for (i = 7; i > 0; i = i-1)    Q[i] <= Q[i-1];
            Q[0] <= D;
        end
endmodule
```

这两种描述方式是相同的，因此产生的电路是完全相同的，综合后的结果如图 3.2-9 所示。

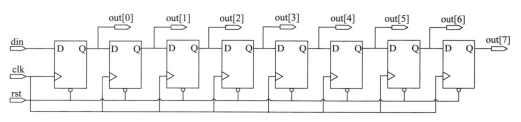

图 3.2-9　例 3.2-19 综合后的结果

3.3　结 构 化 建 模

　　结构描述方式就是将硬件电路描述成一个分级子模块系统，通过逐层调用这些子模块构成功能复杂的数字逻辑电路和系统的一种描述方式。在这种描述方式下，组成硬件电路的各个子模块之间的相互层次关系以及相互连接关系都需要说明。由于任何硬件电路在结构上都是由一级级不同层次的若干功能单元组成的，所以结构描述方式很适合用来对电路的结构特点进行说明，这也是"结构描述方式"这种叫法的由来。结构描述方式的描述目标是电路的层次结构，组成硬件电路的各层功能单元将被描述成各个级别的子模块。

　　根据所调用子模块的不同抽象级别，可以将模块的结构描述方式分成如下三类：

　　(1) 模块级建模：通过调用由用户设计生成的低级子模块来对硬件电路结构进行说明。

这种情况下的模块由低级模块的实例组成。

(2) 门级建模：通过调用 Verilog HDL 内部的基本门级元件来对硬件电路的结构进行说明。这种情况下的模块由基本门级元件的实例组成。

(3) 开关级建模：通过调用 Verilog HDL 内部的基本开关元件来对硬件电路的结构进行说明。这种情况下的模块由基本开关级元件的实例组成。

3.3.1　模块级建模

模块级建模就是通过调用由用户自己描述产生的 module 模块来对硬件电路结构进行说明，并设计出电路。上一章已经对模块的概念进行了说明，下面主要介绍如何调用模块进行模块级建模。

模块级建模方式可以把一个模块看成是由其他模块像积木一样搭建而成的。模块中被调用模块属于低一层次的模块。如果当前模块不再被其他模块所调用，那么这个模块一定是所谓的顶层模块。在对一个硬件系统的描述中，必定有而且只能有一个顶层模块。

1．模块调用方式

在 Verilog HDL 中，模块可以被任何其他模块调用，这种调用实际上是将模块所描述的电路进行复制并连接。一个模块可以调用多个模块，这些模块可以是相同的，也可以是不同的，语法要求在同一模块中被调用模块的实例名不能不同。模块调用的基本语法格式是：

　　　　模块名<参数值列表> 实例名(端口名列表);

其中，"模块名"是在 module 定义中给定的模块名，它指明了被调用的是哪一个模块；"参数值列表"是可选项，它是将参数值传递给被调用模块实例中的各个参数；"实例名"是模块被调用到当前模块的标志，用来索引层次化模块建模中被调用模块的位置；"端口名列表"是被调用模块实例各端口相连的外部信号。

例 3.3-1　简单的模块调用示例。

```
module and_2(a, b, c);              //2 输入与门模块
    input a, b;
    output c;
        assign c = a&b;
endmodule
module logic(in1, in2, q);          //顶层模块
    input in1, in2;
    output q;
        and_2 U1(in1, in2, q);      //模块的调用
endmodule
```

该例采用模块调用的方式实现了简单的逻辑运算，包括两个模块。其中第一个 and_2 是自定义的 2 输入与门模块，为底层模块；而第二个模块 logic 是顶层模块，用来调用 and_2 模块。其中"and_2 U1(in1, in2, q);"是模块实例语句，实现对 2 输入模块的调用，采用的是端口的位置对应方式。其中 in1、in2、q 分别与 2 输入与门模块中的 a、b、c 相连接。

如果同一个模块在当前模块中被调用几次，则需要用不同的实例名加以标识，但可在

同一条模块调用语句中被定义，只要各自的实例名和端口名列表相互间用逗号隔开即可，基本语法格式如下：

　　　　模块名　　　<参数值列表> 实例名 1(端口名列表 1)，

　　　　　　　　　　<参数值列表> 实例名 2(端口名列表 2)，

　　　　　　　　　　· · ·

　　　　　　　　　　<参数值列表> 实例名 n(端口名列表 n)；

　　在上面的格式中，"模块名"就是被调用的模块，"参数值列表"是可选项，"实例名"代表生成的模块实例，实例名必须各不相同，"端口名列表"指明了模块实例与外部信号的连接。上面的整个实例语句实现了对模块的 n 次调用，将生成 n 个模块实例。

　　如在例 3.3-1 中，如果想调用更多的 2 输入与门实现更复杂的功能，可以使用如下的多条模块实例语句：

　　　　and_2　U1(a1, b1, out1)，

　　　　　　　U2(a2, b2, out2)，

　　　　　　　· · ·

　　　　　　　Un(an, bn, outn)；

　　当需要对同一个模块进行多次调用时，还可以采用阵列调用的方式对模块进行调用。阵列调用的语法格式如下：

　　　　<被调用模块名><实例阵列名>[阵列左边界:阵列右边界](<端口连接表>)；

其中，"阵列左边界"和"阵列右边界"是两个常量表达式，用来指定调用后生成的模块实例阵列的大小。

　　例 3.3-2　使用阵列调用方式的模块实例语句进行结构描述。

```
module AND(andout, ina, inb);              //基本的与门模块
    input ina, inb;
    output andout;
        assign andout = ina&inb;
endmodule
module   ex_arrey(out, a, b);              //顶层模块，用来调用与门模块
    input[15:0] a, b;
    output [15:0] out;
    wire [15:0] out;
            AND   AND_ARREY[15:0](out, a, b);
endmodule
```

　　例中，"ex_arrey"模块是一个结构描述模块，该模块对"AND"子模块通过阵列调用方式进行调用。其中[15:0]定义了实例阵列的大小，它指明该实例阵列包括 16 个实例的调用。其中模块调用语句等价于如下几条语句：

　　　　AND　AND_ARREY15(out[15], a[15], b[15])；

　　　　...

　　　　AND　AND_ARREY1(out[1], a[1], b[1])；

　　　　AND　AND_ARREY0(out[0], a[0], b[0])；

可以看出，通过采用阵列调用方式，可以极大地简化程序，节约资源，使程序结构一目了然。

2．模块端口对应方式

在模块级建模方式中，被调用模块需要将模块的输入和输出信号连接到调用模块中。在 Verilog HDL 中有两种模块调用端口对应方式，即端口位置对应方式和端口名对应方式。

1）端口位置对应方式

端口位置对应方式是被调用的模块按照一定的顺序出现在端口连接表中的一种模块调用方式。其语法格式如下：

模块名<参数值列表> 实例名(<信号名 1>，<信号名 2>，…，<信号名 n>);

其中，端口名列表中的这些信号将与所调用模块定义的端口依次连接，如信号名 1 与所调用模块端口列表中的第一个端口相连接，信号名 2 与所调用端口列表中的第二个端口相连接，依次类推。

例 3.3-3　采用模块级建模方式用 1 bit 半加器构成 1 bit 全加器。

```
module halfadder(a, b, s, c);         //半加器模块
    input a, b;
    output c, s;
        assign s = a^b;
        assign c = a&b;
endmodule
module fulladder(p, q, ci, co, sum); //全加器模块
    input p, q, ci;
    output co, sum;
    wire w1, w2, w3;
        halfadder   U1(p, q, w1, w2);
        halfadder   U2(ci, w1, sum, w3);
        or U3(co, w2, w3);
endmodule
```

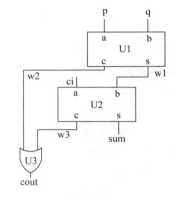

图 3.3-1　由 1 bit 半加器构成的 1 bit
全加器电路结构

其模块化电路结构如图 3.3-1 所示。

在模块实例引用语句中，halfadder 是模块的名称，U1、U2 是实例名称，并且端口是按照位置对应关联的。在第一个模块实例引用中，信号 p 与模块 halfadder 的端口 a 连接，信号 q 与端口 b 连接，信号 w1 与端口 s 连接，信号 w2 与端口 c 连接。第二个模块实例引用中的对应关系与第一个模块实例相似。

若端口列表中的某一项的"信号名"缺省，则表示这一项所对应的模块端口未被连接(悬空)。在实际电路设计过程中，常常需要将不需要使用的端口悬空，可通过缺省该信号名来实现。比如将例 3.3-3 中的模块实例语句改为以下的模块实例语句：

halfadder   U1(p, q, , w2);

端口列表中第三项的信号名是缺省的，这种情况表明该项对应的模块端口(端口列表中的第

三个端口 s)是悬空的。

2) 端口名对应方式

端口名对应方式是 Verilog HDL 允许的另一种模块调用方式。其语法格式如下：

模块名 <参数值列表> 实例名(.端口名1<信号名1>，.端口名2<信号名2>，…，.端口名n<信号名n>);

在这种方式中，模块定义时的端口名和调用时的实际连接信号名之间的一一对应关系被显式地表示出来。由于端口之间的对应关系已十分明确，因而在这种情况下，调用时端口名的排列顺序可以随意改变。需要注意的是，在模块引用时用"."标明所调用模块定义的端口名。

例 3.3-4　端口名对应方式的模块调用示例。

```
module dff(d, clk, clr, q);              //D 触发器模块，是被调用的模块，属于底层模块
    input d, clk, clr;
    output q;
    reg q;
    always@(posedge clk or negedge clr)
        begin
            if(!clr)
                q = 0;
            else
                q = d;
        end
endmodule
module shifter_D(din, clock, clear, out);  //顶层模块，用来调用底层模块
    input din, clock, clear;
    output [3:0]out;
        dff U1(.q(out[0]), .d(din), .clk(clock), .clr(clear));
        dff U2(.q(out[1]), .d(out[0]), .clk(clock), .clr(clear));
        dff U3(.q(out[2]), .d(out[1]), .clk(clock), .clr(clear));
        dff U4(.q(out[3]), .d(out[2]), .clk(clock), .clr(clear));
endmodule
```

其模块化电路结构如图 3.3-2 所示。

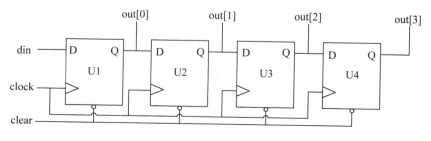

图 3.3-2　例 3.3-4 的模块化电路结构

　　例 3.3-4 是一个标准的模块级建模的例子，对于模块 dff，是用行为建模定义的一个上升沿异步清零的 D 触发器。在模块 shifter_D 中，描述的是一个 4 位的移位寄存器，它是利用 4 次调用模块 dff 实现的，采用了端口名对应方式进行模块的调用。其中，模块 dff 是底层模块，是被调用的模块；相对来说，模块 shifter_D 就是顶层模块，用来调用 dff 模块。

　　对于第一个模块实例语句 "dff U1(.q(out[0]), .d(din), .clk(clock), .clr(clear));"，被调用模块名是 "dff"，实例名是 "U1"，端口连接表是 "(.q(out[0]), .d(din), .clk(clock), .clr(clear))"，它表示模块实例 U1 的各个信号将分别与模块 dff 中的端口 q、d、clk、clr 相连接，与它们的顺序没有关系。后面几个模块实例语句与此类似。

　　在端口名对应方式下，如果端口连接表内某一项的信号端口是缺省的(在 "信号名" 位置处只出现一对空括号 "( )")，那么这一项的端口名所代表的端口处于悬空状态。比如将例 3.3-4 中的模块实例语句改为下面的模块实例语句：

　　　　dff U4(.q( ), .d(out[2]), .clk(clock), .clr(clear));

端口列表中第一项内的信号名是缺省的(空括号)，表明端口 "q" 悬空。

　　3) 不同端口位宽的匹配

　　在端口和端口表达式之间存在着一种隐含的连续赋值语句，因此当端口和端口表达式的位宽不一致时，会进行端口匹配，其采用的位宽匹配规则与连续赋值时使用的规则相同。

　　例 3.3-5　模块调用时不同位宽的匹配问题。

```
module ex1(a, b);
    input [6:1]a;
    output [3:0]b;
    ...
endmodule
module test;
    wire[5:3]c;
    wire[5:1]d;
        ex1 U1(.a(c), .b(d));
        ...
endmodule
```

　　例 3.3-5 中，c[3]、c[4]、c[5]分别与 a[1]、a[2]、a[3]相连接，输入端口 a 剩余的位没有连接；同样，d[1]、d[2]、d[3]、d[4]分别接到输出端口 b 的 b[0]、b[1]、b[2]、b[3]上。其连接对应关系见图 3.3-3。

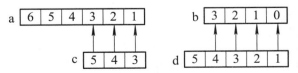

图 3.3-3　端口匹配

3. 分级名

结构描述中一个重要的概念就是"分级名"。对于顶层模块，分级名就是模块名；对于非顶层模块，分级名是调用时带有绝对路径的"实例名"。除模块外，任务、函数、有名块、信号名等都构成了一个新的层次并以分级名出现，从而形成了一个树状分层结构。

例 3.3-6   结构描述的分级名示例。

```
module bottom(in);              module middle(stim1,stim2);         module top;
    input in;                       input stim1,stim2;                  reg stim1,stim2;
    always @(posedge in)
    begin: keep                     bottom amod(stim1),                 middle a(stim1,stim2);
        reg hold;                          bmod(stim2);              endmodule
        hold=in;                 endmodule
    end
endmodule
```

在顶层模块 top 中，有两个信号 stim1、stim2 以及由模块 middle 实例化的子模块 a；在中间层模块 middle 中，有两个端口 stim1、stim2 以及由模块 bottom 实例化的两个子模块 amod 和 bmod；在底层模块 bottom 中，有一个端口 in 和一个 always 有名块 keep；在有名块 keep 中有个局部变量 hold。这些模块、有名块和信号构成了一个树状分层结构，如图 3.3-4 所示。

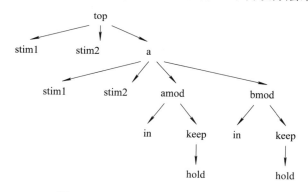

图 3.3-4   例 3.3-6 构成的树状分层结构

在这个分层结构中，出现的分级名有：

模块名：top   top.a   top.a.amod   top.a.bmod

有名块名：top.a.amod.keep   top.a.bmod.keep

信号线名：top.stim1   top.stim2   top.a.stim1   top.a.stim2   top.a.amod.in   top.a.bmod.in   top.a.amod.keep.hold   top.a.bmod.keep.hold

从上述分级名中可以明显看出：若一个信号或模块以分级名的形式出现在一个电路系统中，那么这个名称具有唯一性。在测试中就可以利用分级名唯一性这个特点，将系统中任何一个层次中的任何一个信号在顶层进行监测，如在 top 模块中打印底层 keep 有名块内的 hold 信号，可写出 $display("hold=%b", a.amod.keep.hold)。

4．模块参数值

当一个模块在另一个模块的内部被实例引用时，较高层次的模块能够通过调用较低层次的模块来改变低层次模块的参数值。这个功能在实际的设计中很有用，能够提高模块的使用率，降低程序的复杂度，使程序简化。比如设计加法器时，加法器的位数可以由模块内的参数来确定。在调用这个加法器模块时，只需修改参数的值，就可得到不同位数的加法器，非常方便。

通过下面两种途径可以改变模块实例的参数值。

1) 使用带有参数的模块实例语句修改参数值

在这种方法中，模块实例本身就能指定新的参数值。其语法格式如下：

     模块名<参数值列表>调用名(端口名列表);

其中，"参数值列表"又分为位置对应和名称对应两种方式。

例 3.3-7 模块调用改变参数值示例。

```
module para1(C, D);
        parameter a = 1;
        parameter b = 1;
        . . .
endmodule
module para2;
        . . .
        para1    #(4, 3)    U1(C1, D1);              //语句 1
        para1    #(.b(6), .a(5))    U2(C2, D2);       //语句 2
        . . .
endmodule
```

例 3.3-6 通过在模块 para2 中对模块 para1 进行引用，改变了模块 para1 中的参数值。其中语句 1 是利用位置对应方式将 4 传给 a、3 传给 b 的，这和模块 para1 中定义参数的先后顺序有关；语句 2 则是利用名称对应方式将 6 传给 b、5 传给 a 的，此时和模块 para1 中定义参数的顺序无关。

2) 使用参数重定义语句 defparam 修改参数值

参数重定义语句 defparam 的语法格式如下：

```
defparam    参数名 1 = 参数值 1,
            参数名 2 = 参数值 2,
            . . .
            参数名 n = 参数值 n;
```

需要注意的是，"参数名"必须采用分级名的形式，才能锁定需要修改的参数。

例 3.3-8 使用 defparam 语句修改参数值。

```
module halfadder(a, b, s, c);               //半加器模块 halfadder
        input a, b;
```

```
        output c, s;
        parameter xor_delay = 2, and_delay = 3;
            assign #xor_delay s = a^b;
            assign #and_delay c = a&b;
    endmodule
    module fulladder(p, q, ci, co, sum);            //全加器模块 fulladder
        input p, q, ci;
        output co, sum;
        parameter or_delay = 1;
        wire w1, w2, w3;
                halfadder        U1(p, q, w1, w2);
                halfadder        U2(ci, w1, sum, w3);
                or #or_delay     U3(co, w2, w3);
     endmodule
    module top1(top1a, top1b, top1s, top1c);                //修改半加器模块参数的模块 top1
        input top1a, top1b;
        output top1s, top1c;
            defparam  U1.xor_delay = 4,
                    U1.and_delay = 5;
        //名为 U1 的半加器实例中对参数 xor_delay 和参数 and_delay 值进行修改
        halfadder U1(top1a, top1b, top1s, top1c);
    endmodule
    module top2(top2p, top2q, top2ci, top2co, top2sum);  //修改全加器模块参数的模块 top2
        input top2p, top2q, top2ci;
        output top2co, top2sum;
                defparam U2.U1.xor_delay = 6,     //在名为 U2 的全加器实例中，分别对半加器 U1 实例
                                                  //中的参数 xor_delay 和半加器 U2 实例中的参数 and_
                        U2.U2.and_delay = 7;      //delay 的值进行修改
                U2.or_delay = 5;                  //名为 U2 的全加器实例中对参数 or_delay 值进行修改
            fulladder U2(top2p, top2q, top2ci, top2co, top2sum);
    endmodule
```

3.3.2　门级建模

1. Verilog HDL 基本门级元件的类型

Verilog HDL 中内置有 26 个基本元件，其中 14 个是门级元件，12 个为开关级元件。这些基本元件及其分类见表 3.3-1。

表 3.3-1　Verilog HDL 中内置的基本元件及其分类

类　型		元　件
基本门	多输入门	and, nand, or, nor, xor, xnor
	多输出门	buf, not
三态门	允许定义驱动强度	bufif0, bufif1, notif0, notif1
MOS 开关	无驱动强度	nmos, pmos, cmos rnmos, rpmos, rcmos
双向开关	无驱动强度	tran, tranif0, tranif1 rtran, rtranif0, rtranif1
上拉、下拉电阻	允许定义驱动强度	pullup, pulldown

　　这里重点介绍门级元件。Verilog HDL 中丰富的门级元件为电路的门级结构提供了方便。Verilog HDL 中常用的内置门级元件见表 3.3-2。

表 3.3-2　Verilog HDL 中常用的内置门级元件

类别	关键字	符号示意图	门名称	类别	关键字	符号示意图	门名称
多输入门	and		与门	多输出门	buf		缓冲器
	nand		与非门		not		非门
	or		或门	三态门	bufif1		四种三态门
	nor		或非门		bufif0		
	xor		异或门		notif1		
	xnor		异或非门		notif0		

2. 门级模块调用

多输入门元件调用的语法格式如下：

　　　　元件名<实例名>(<输出端口>，<输入端口 1>，<输入端口 2>，…，<输入端口 n>);

例如：

　　　　and A1 (out1, in1, in2);

　　　　or O2 (a, b, c, d);

　　　　xor X1(x_out, p1, p2);

多输出门元件调用的语法格式如下：

　　　　元件名<实例名>(<输出端口 1>，<输出端口 2>，…，<输出端口 n>，<输入端口>);

例如：

　　　　not NOT_1 (out1, out2, in);

buf BUF_1 (bufout1, bufout2, bufout3, bufin);

三态门元件调用的语法格式如下：

元件名<实例名>(<数据输出端口>，<数据输入端口>，<控制输入端口>);

例如：

bufif1 BF1 (data_bus, mem_data, enable);

bufif0 BF0 (a, b, c);

notif1 NT1 (out, in, ctrl);

notif0 NT0 (addr, a_bus, select);

例 3.3-9　调用门级元件实现图 3.3-5 所示的 2 线—4 线译码器。

module decoder2_4(in0, in1, en, out0, out1, out2, out3);

　　output out0, out1, out2, out3;

　　input in0, in1, en;

　　wire wire1, wire2;

　　　　not　　U1(wire1, in0),

　　　　　　　　U2(wire2, in1);

　　　　nand　 U3(out0, en, wire1, wire2),

　　　　　　　　U4(out1, en, wire1, in1),

　　　　　　　　U5(out2, en, in0, wire2),

　　　　　　　　U6(out3, en, in0, in1);

endmodule

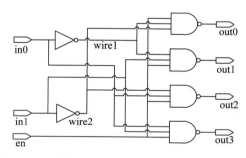

图 3.3-5　用基本门实现的 2 线—4 线译码器

3.3.3　开关级建模

　　开关级建模指的是用输入、输出为模拟信号的晶体管搭建硬件模型。Verilog HDL 提供了开关级建模方式，主要用于 ASIC 设计。在开关级建模方式下，硬件结构采用开关级描述方式，晶体管的输入、输出均被限定为数字信号。此时，晶体管表现为通断形式的开关。由于 Verilog HDL 采用四值逻辑系统，因此 Verilog HDL 描述的开关的输入、输出可以为 0、1、z 或 x。

　　Verilog HDL 提供了十几种开关级基本元件，它们是实际的 MOS 管的抽象表示。这些开关级基本元件分为两大类：一类是 MOS 开关，一类是双向开关。每一大类又可分为电阻型(前缀用 r 表示)和非电阻型。本节主要以非电阻型开关为例，介绍 MOS 开关和双向开关。

1) MOS 开关

MOS 开关模拟了实际的 MOS 器件的功能，包括 nmos、pmos、cmos 三种。

nmos 和 pmos 开关的实例化语言格式如下：

> nmos/pmos 实例名(out，data，control)；

coms 开关的实例化语言格式如下：

> cmos 实例名(out，data，ncontrol，pcontrol)；

2) 双向开关

MOS 开关只提供了信号的单向驱动能力，为了模拟实际的具有双向驱动能力的门级开关，Verilog HDL 提供了双向开关。双向开关的每个引脚都被声明为 inout 类型，可以作为输入来驱动另一个引脚，也可以作为输出被另一个引脚驱动。

双向开关包括无条件双向开关(tran)和有条件双向开关(tranif0、tranif1)。

无条件双向开关的实例化语言格式如下：

> tran 实例名(inout1，inout2)；

有条件双向开关的实例化语言格式如下：

> tranif0/tranif1 实例名(inout1，inout2，control)；

表 3.3-3 列出了 Verilog HDL 提供的开关级元件。

表 3.3-3　Verilog HDL 提供的开关级元件

开关类别	关键字	符号示意图	功 能 说 明
MOS开关	nmos	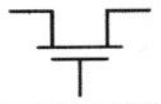	当控制信号为高时，开关导通，否则关闭
	pmos	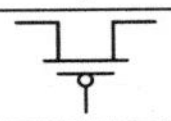	当控制信号为低时，开关导通，否则关闭
	cmos	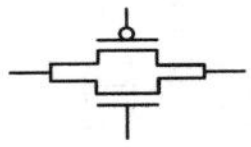	nmos控制信号和pmos控制信号互补，当nmos控制信号为高时，开关导通，否则关闭
双向开关	tran		两端可以互相驱动，且随时保持一致
	tranif0		当控制端为低时，两端才能互相驱动
	tranif1		当控制端为高时，两端才能互相驱动

例 3.3-10　基本的 nmos 开关电路示例。

```
module aNMOS(din, ctr, out);
    input din, ctr;
    output out;
        nmos U1(out, din, ctr);
endmodule
```

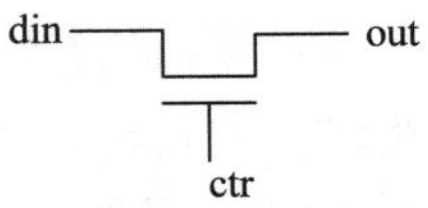

图 3.3-6　nmos 开关电路

nmos 开关电路如图 3.3-6 所示。

当 ctr 为高电平时，输入 din 传到输出端 out；当 ctr 为低电平时，输入、输出断开。这是最基本的 nmos 开关，pmos 开关与此类似。

例 3.3-11　cmos 开关级 2 输入与非门示例。

2 输入与非门的 cmos 电路如图 3.3-7 所示，其 Verilog HDL 程序代码如下：

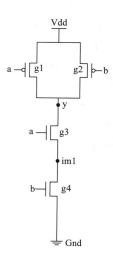

```
module nnand2(a, b, y);
    input a, b;
    output y;
    supply0 Gnd;
    supply1 Vdd;    //supply0 和 supply1 为内部参
                    //量，分别表示低电平和高电平
    wire im1;
        pmos g1(y, Vdd, a);
        pmos g2(y, Vdd, b);
        nmos g3(y, im1, a);
        nmos g4(im1, Gnd, b);
endmodule
```

图 3.3-7　2 输入与非门的 cmos 电路

本 章 小 结

本章主要介绍了 Verilog HDL 程序设计语句和描述方式，给出了各种高级程序设计语句的概念和用法，并且详细描述了 Verilog HDL 的三大建模方式(数据流建模、行为级建模、结构化建模)。这些内容是后续复杂数字电路设计的基础。

思考题和习题

3-1　举例说明连续赋值语句和过程赋值语句的区别。连续赋值语句能否放在过程块里？

3-2　试用连续赋值语句描述一个 4 选 1 的数据选择器。

3-3　Verilog HDL 中常用的复位方式有哪些？如何描述同步和异步复位？

3-4　举例说明 always 过程块和 initial 过程块的区别。

3-5　简述 begin-end 语句块和 fork-join 语句块的区别，并写出习题 3-5 图信号对应的程序代码。

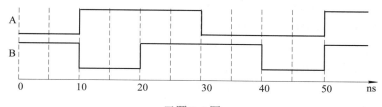

习题 3-5 图

3-6　试分析下面两段代码的区别与联系。

代码 1：

```
always@(posedge clk)
    begin
            for(i = 0; i <= 63; i = i+1)
            mem[i] = i;
    end
```

代码 2：

```
initial
    begin
            for(i = 0; i <= 63; I = i+1)
            begin
                mem[i] = i;
                @(posedge clk)
            end
    end
```

3-7　举例说明阻塞赋值语句和非阻塞赋值语句的区别。

3-8　分别用阻塞赋值语句和非阻塞赋值语句描述习题 3-8 图所示移位寄存器的电路。

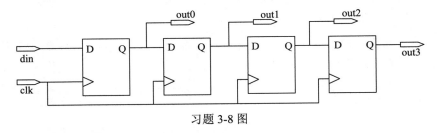

习题 3-8 图

3-9　画出以下 Verilog HDL 程序所描述的电路，并分析电路结构。

```
module program_if(a, b, c, d, sel, z);
    input a, b, c, d;
    input [3:0] sel;
    output z;
    reg z;
    always @(a or b or c or d or sel)
        begin
                if (sel[3])         z = d;
                else if (sel[2])    z = c;
                else if (sel[1])    z = b;
                else if (sel[0])    z = a;
                else                z = 0;
        end
endmodule
```

3-10　简述 case、casex 和 casez 之间的异同。

3-11　在串行块和并行块中，forever 语句是否影响其后语句的运行？

3-12　Verilog HDL 模块的结构描述方式有哪三种？

3-13　根据下面的 Verilog HDL 程序，画出电路图，并说明它所完成的功能。

```
module circuit(a, b, c);
    input a, b;
    output c;
        wire a1, a2, anot, bnot;
        and U1(a1, a, b);
        and U2(a2, anot, bnot);
        not (anot, a);
        not (bnot, b);
        or (c, a1, a2);
endmodule
```

3-14　试用 Verilog HDL 门级描述方式描述习题 3-14 图所示的电路。

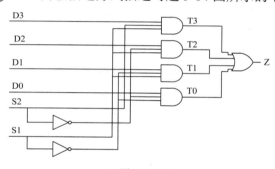

习题 3-14 图

第 4 章　Verilog HDL 数字逻辑电路设计方法

4.1　Verilog HDL 的设计思想和可综合特性

在数字集成电路设计过程中，设计者使用 Verilog HDL 进行关键性步骤的开发和设计。其基本过程是：先使用 Verilog HDL 对硬件电路进行描述性设计，再利用 EDA 综合工具将其综合成一个物理电路，然后进行功能验证、定时验证和故障覆盖验证。

与计算机软件所采用的高级程序语言(C 语言)类似，Verilog HDL 是一种高级程序设计语言，程序编写较简单，设计效率很高。然而，它们面向的对象和设计思想却完全不同。

软件高级程序语言用于对通用型处理器(如 CPU)编程，主要是在固定硬件体系结构下的软件化程序设计。处理器的体系结构和功能决定了可以用于编程的固定指令集，设计人员的工作是调用这些指令，在固化的体系结构下实现特定的功能。

Verilog HDL 和 VHDL 等硬件描述语言对电路的设计是将基本的最小数字电路单元(如门单元、寄存器、存储器等)通过连接方式，构成具有特定功能的硬件电路。在数字集成电路中，这种最小的单元是工艺厂商提供的设计标准库或定制单元；在 FPGA 中，这种最小的单元是芯片内部已经布局的基本逻辑单元。设计人员通过描述性语言调用和组合这些基本逻辑单元实现特定的功能，其基本的电路是灵活的。

Verilog HDL 给设计者提供了几种描述电路的方式。设计者可以使用结构描述方式把逻辑单元互连在一起进行电路设计，也可以采用抽象描述方式对大规模复杂电路进行设计，如对有限状态机、数字滤波器、总线和接口电路的描述等。

由于硬件电路的设计目标是最终产生的电路，因此 Verilog HDL 程序设计的正确性需要通过对综合后电路的正确性进行验证来实现。逻辑上相同的电路在物理电路中的形式有可能完全不同。对于 Verilog HDL 程序设计而言，数字电路的描述性设计具有一定的设计模式，这与 C 语言等高级软件程序设计是不同的。

例 4.1-1 是对模 256(8 bit)计数器的两种描述。程序(1)是通常的 Verilog HDL 对计数器的描述方式，通过改变计数器状态寄存器组的位宽和进位条件，可以实现对不同计数器的硬件电路设计。程序(2)是初学者经常使用的一种错误描述方式，刚开始编写 Verilog HDL 程序时经常会套用 C 语言等高级程序设计的模式，这样往往得不到目标数字电路的功能。

例 4.1-1　用 Verilog HDL 设计模 256(8 bit)计数器。

程序(1)　可综合程序描述方式：

```
module counter (count, clk, reset);
    output [7:0] count;
    input clk, reset;
    reg [7:0] count;
    reg out;
        always @(posedge clk)
            if (!reset) count <= 0;
            else if (count == 8'b11111111) count <= 0;
            else count <= count+1;
endmodule
```

程序(2)　常见的错误描述方式：

```
module counter (count, clk, reset);
    output [7:0] count;
    input reset, clk;
    reg [7:0] count;
    reg out;
    integer i;
        always @(posedge clk)
            begin
                if (!reset) count <= 0;
                else
                    for (i = 0; i <= 255; i = i+1)
                        count <= count+1;
            end
endmodule
```

Verilog HDL 电路描述方式的多样性决定了电路设计的多样性。例 4.1-2 是对一个多路选择器的设计，程序(1)采用的是真值表的形式，程序(2)采用的是逻辑表达式的形式，程序(3)采用的是基本逻辑单元的结构性描述形式。

例 4.1-2　用 Verilog HDL 设计数字多路选择器。

程序(1)　采用真值表形式的程序代码：

```
module MUX (out, data, sel);
    output out;
    input [3:0] data;
    input [1:0] sel;
    reg out;
        always @(data or sel)
            case (sel)
                2'b00 : out = data[0];
```

```
                2'b01 : out = data[1];

                2'b10 : out = data[2];

                2'b11 : out = data[3];

        endcase
    endmodule
```

程序(2)　采用逻辑表达式形式的程序代码：

```
    module MUX (out, data, sel);

        output out;

        input [3:0] data;

        input [1:0] sel;

        wire w1, w2, w3, w4;

            assign w1 = (~sel[1])&(~sel[0])&data[0];

            assign w2 = (~sel[1])&sel[0]&data[1];

            assign w3 = sel[1]&(~sel[0])&data[2];

            assign w4 = sel[1]&sel[0]&data[3];

            assign out = w1|w2|w3|w4;

    endmodule
```

程序(3)　采用结构性描述形式的程序代码：

```
    module MUX (out, data, sel);

        output out;

        input [3:0] data;

        input [1:0] sel;

        wire w1, w2, w3, w4, w5, w6;

            not     U1 (w1, sel[1]);

                    U2 (w2, sel[0]);

            and     U3 (w3, w1, w2, data[0]);

                    U4 (w4, w1, sel[0], data[1]);

                    U5 (w5, sel[1], w2, data[2]);

                    U6 (w6, sel[1], sel[0], data[3]);

            or      U7 (out, w3, w4, w5, w6);

    endmodule
```

　　Verilog HDL 主要用于电路设计和验证，部分语言是为电路的测试和仿真制定的，因此其语言分为用于电路设计的可综合性语言和用于测试仿真的不可综合性语言。对于可综合性语言，EDA 综合工具可以将其综合为物理电路，而对于其中的部分语言，EDA 工具的综合性很差，设计人员往往得不到与设计思想相符合的物理电路。

　　在 Verilog HDL 中，哪些语句能被综合工具支持和具体的综合工具有关，但是绝大多数 Verilog HDL 语句的可综合性具有普遍性，表 4.1-1 总结了一般综合工具所共有的支持或不支持 Verilog HDL 的语法结构。

表 4.1-1　Verilog HDL 语法综合性一览表

语　法			是否支持	备　　注
数据类型	物理类型	连线型 wire、tri、supply、supply0	支持	其他类型不一定支持
		寄存器型 reg	支持	
		存储器型	支持	
	抽象类型	integer	支持	
		real	不支持	
		time	不支持	
		parameter	支持	defparam 参数修改语句不一定支持
运算符	算术运算符	+ - * /	支持	不支持操作数是 real 型
	关系运算符	< > <= >=	支持	
	相等运算符	== !=	支持	
		=== !==	不支持	
	逻辑运算符	&& ‖ !	支持	
	按位运算符	~ &	^ ^~	支持	
	归约运算符	&	^ ~& ~| ^~	支持	
	移位运算符	>> <<	支持	
	条件运算符	? :	支持	
	连接和复制运算符	{} {{}}	支持	
行为描述	过程语句	initial	忽略	
		always	支持	
	语句块	begin-end	支持	
		fork-join	不支持	
	连续赋值语句	assign	支持	延时和驱动强度忽略
	过程赋值语句	阻塞性赋值，非阻塞性赋值	支持	不支持一个变量既用阻塞性赋值又用非阻塞性赋值方式；延时忽略
	过程连续赋值语句	assign-deassign force-release	不支持	
	分支语句	if-else case	支持	
	循环语句	forever, while, repeat,	不支持	
		for	支持	循环次数固定

语　　法		是否支持	备　　注
门级建模	基本门　　and, nand, nor, or, xor, xnor, buf, not	支持	延时和驱动强度忽略
	三态门　　bufif1, bufif0, notif1, notif0	支持	
	MOS 开关　　nmos, pmos, cmos, rnmos, rpmos, rcmos	不支持	
	双向开关　　tran, tranif0, tranif1, rtran, rtranif0, rtranif1	不支持	
	上拉下拉电阻　　pulldown, pullup	不支持	

正是由于 Verilog HDL 的特殊性，初学者往往很难把握可综合电路的设计方法，得不到最终期望的电路，这也是采用 Verilog HDL 进行设计所面临的一个困难。为了解决这一问题，降低 Verilog HDL 的设计门槛，EDA 工具厂商正努力设计综合性工具，使综合性工具能够适应 C 语言程序设计思想，但这需要一个很长的过程。

现阶段，作为设计人员，熟练掌握 Verilog HDL 程序设计的多样性和可综合性是至关重要的。作为数字集成电路的基础，基本数字逻辑电路的设计是进行复杂电路设计的前提。本章通过数字电路中基本逻辑电路的 Verilog HDL 程序设计进行介绍，要求读者掌握基本逻辑电路的可综合性设计，为具有特定功能的复杂电路的设计打下基础。

逻辑电路可以分成两大类：一类是组合逻辑电路，简称组合电路；另一类是时序逻辑电路，简称时序电路。本章将分别从这两种电路的原理和 Verilog HDL 程序设计方法出发，对数字逻辑电路的基本功能电路进行设计，这也是复杂数字集成电路系统设计的基础。

4.2　组合电路的设计

组合电路的特点是电路中任意时刻的稳态输出仅仅取决于该时刻的输入，而与电路原来的状态无关。组合电路没有记忆功能，只有从输入到输出的通路，没有从输出到输入的回路。

组合电路的设计需要从以下几个方面考虑：首先，所用的逻辑器件数目最少，器件的种类最少，且器件之间的连线最简单，这样的电路称为"最小化"电路。其次，为了满足速度要求，应使级数尽量少，以减少门电路的延时；电路的功耗应尽可能地小，工作时稳定可靠。

组合电路的描述方式有四种：真值表、逻辑代数、结构描述、抽象描述。采用 Verilog HDL 进行组合电路设计主要采用的就是这几种方式。下面结合具体的实例简单介绍这四种描述方式。

例 4.2-1　设计一个拥有 3 个裁判的表决电路，当两个或两个以上裁判同意时，判决器输出 "1"，否则输出 "0"。

方法 1：真值表。

真值表是对电路功能最直接和简单的描述方式。根据电路的功能，可以通过真值表直接建立起输出与输入之间的逻辑关系。例 4.2-1 有三个输入端 A、B、C 和一个输出端 OUT，其真值表如表 4.2-1 所示。

表 4.2-1　例 4.2-1 真值表

A	B	C	OUT
0	0	0	0
0	0	1	0
0	1	0	0
1	0	0	0
0	1	1	1
1	0	1	1
1	1	0	1
1	1	1	1

在 Verilog HDL 中，可以使用 case 语句对电路进行描述性设计，表 4.2-1 的真值表设计代码如下：

```
module design1(OUT, A, B, C);
    output OUT;
    input A, B, C;
    reg OUT;
        always @(A or B or C)
        case ({A, B, C})
            3'b000 : OUT = 0;
            3'b001 : OUT = 0;
            3'b010 : OUT = 0;
            3'b100 : OUT = 0;
            3'b011 : OUT = 1;
            3'b101 : OUT = 1;
            3'b110 : OUT = 1;
            3'b111 : OUT = 1;
        endcase
endmodule
```

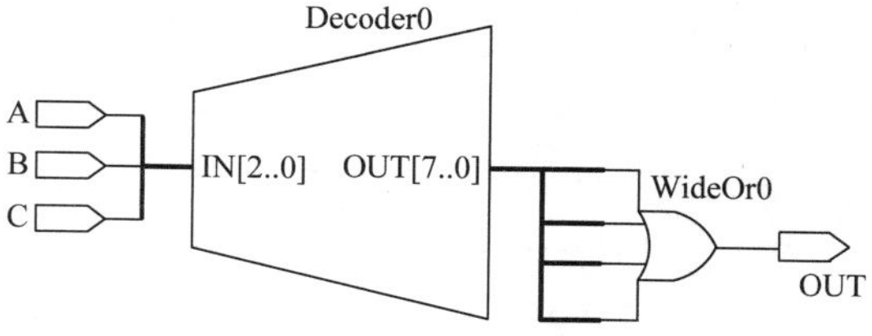

图 4.2-1　真值表方式设计的电路结构

真值表描述方式本质上是最小项表达式，该描述方式设计的电路结构如图 4.2-1 所示。

方法 2：逻辑代数。

组合电路的另一种表达方法是逻辑代数，其主要思想是将真值表用卡诺图来表示，然

后化简电路，得出逻辑函数表达式。图 4.2-2 是例 4.2-1
的卡诺图。

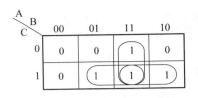

通过对卡诺图的化简，可以得到组合电路逻辑输出
与输入之间的逻辑函数表达式：

$$OUT = AB + BC + AC \qquad (4.2\text{-}1)$$

图 4.2-2　例 4.2-1 的卡诺图

根据逻辑函数表达式可以很方便地写出采用逻辑代
数方式的 Verilog HDL 程序代码：

```
module design2(OUT, A, B, C);
    output OUT;
    input A, B, C;
        assign OUT = (A&B)|(B&C)|(A&C);
endmodule
```

方法 3：结构描述。

结构描述是对电路最直接的表示。早期的数字电路设计通常采用的原理图设计实际上
就是一种结构描述方式。Verilog HDL 同样可以采
用结构描述方式对数字电路进行设计。图 4.2-3 是
公式(4.2-1)表示的基本电路单元构成的电路结构。

其 Verilog HDL 程序代码如下：

```
module design3(OUT, A, B, C);
    output OUT;
    input A, B, C;
    wire w1, w2, w3;
        and U1 (w1, A, B);
        and U2 (w2, B, C);
        and U3 (w3, A, C);
        or U4 (OUT, w1, w2, w3);
endmodule
```

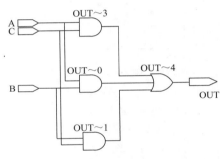

图 4.2-3　逻辑表达式(4.2-1)的电路结构

方法 4：抽象描述。

除了以上 3 种方法，Verilog HDL 还提供了以抽象描述进行电路设计的方法，可以直接
从电路功能出发，编写代码。例如判决器的设计是将三个输入的判决相加，当判决成功时，
相加器之和大于 1，即表示投票成功。采用这种描述方式的 Verilog HDL 程序代码如下：

```
module design4(OUT, A, B, C);
    output OUT;
    input A, B, C;
    wire [1:0] sum;
    reg OUT;
        assign sum = A+B+C;
        always @(sum)
            if (sum>1) OUT = 1;
```

else OUT = 0;

endmodule

可以看到,以上 4 种 Verilog HDL 描述方式都可以对表决电路进行设计。这里应该指出的是,Verilog HDL 程序是对逻辑电路功能的描述性设计,并非最终得到的电路。EDA 综合工具可以将 Verilog HDL 程序综合成物理电路形式,通过电路优化,从而得到符合设计要求的最简化电路。采用 Synplify 软件对上面 4 种方式中任一种方式设计的 Verilog HDL 程序进行综合(采用 Altera 公司的 Stratix II 器件),可以得到相同的最简化电路,如图 4.2-4 所示。

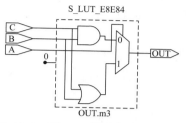

图 4.2-4　例 4.2-1 综合优化后的电路

Verilog HDL 对同一个电路有不同风格的描述,对于简单的电路,其各种描述之间的差异不大。但对于复杂的电路,不同风格的代码综合出的电路将会不同,生成的电路的性能也会不同。因此 Verilog HDL 是与电路对应的,要求设计者在编写代码时对所设计电路应有清楚的认识,这需要平时大量的积累。下面以典型的组合电路为例,分别对 Verilog HDL 基本数字逻辑组合电路的设计方法进行说明。

4.2.1　数字加法器

数字加法器是一种较为常用的逻辑运算器件,被广泛用于计算机、通信和多媒体数字集成电路中。广义的加法器包括加法器和减法器,在实际系统中加法器的输入通常采用的是补码形式,因此就电路结构而言,加法电路和减法电路是一样的,只不过输入信号采用的是补码输入。

例 4.2-2　2 输入 1 bit 信号全加器。

如果运算考虑了来自低位的进位,那么该运算就为全加运算。实现全加运算的电路称为全加器。2 输入 1 bit 信号全加器的真值表如表 4.2-2 所示。

代数逻辑表示为

$$SUM = A \oplus B \oplus C\_IN \tag{4.2-2}$$
$$C\_OUT = AB + (A \oplus B)C\_IN \tag{4.2-3}$$

其对应的电路如图 4.2-5 所示。

表 4.2-2　2 输入 1 bit 信号全加器真值表

A	B	C_IN	SUM	C_OUT
0	0	0	0	0
0	0	1	1	0
0	1	0	1	0
0	1	1	0	1
1	0	0	1	0
1	0	1	0	1
1	1	0	0	1
1	1	1	1	1

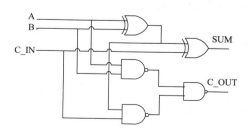

图 4.2-5　2 输入 1 bit 全加器电路

Verilog HDL 可以用不同的描述方式写出 1 bit 全加器，其综合电路是相同的，仅仅是描述风格不同。在此给出两种不同的风格：利用连续赋值语句实现和利用行为描述方式实现。

(1) 利用连续赋值语句实现。

```
module one_bit_fulladder(SUM, C_OUT, A, B, C_IN);
    input     A, B, C_IN;
    output    SUM, C_OUT;
        assign    SUM = (A^B)^C_IN;
        assign    C_OUT = (A&B)|((A^B)&C_IN);          //全加器的输出
endmodule
```

(2) 利用行为描述方式实现。

```
module one_bit_fulladder(SUM, C_OUT, A, B, C_IN);
    output    SUM, C_OUT;
    input     A, B, C_IN;
        assign    {C_OUT, SUM} = A+B+C_IN;
endmodule
```

采用行为描述方式可以提高设计的效率，对于一个典型的多位加法器的行为描述设计，仅需改变代码中输入和输出信号的位宽即可。例如一个 2 输入 8 bit 加法器，可以采用下面的 Verilog HDL 程序代码实现。

```
module eight_bits_fulladder(SUM, C_OUT, A, B, C_IN);
    output[7:0]    SUM;
    output         C_OUT;
    input [7:0]    A, B;
    input          C_IN;
        assign {C_OUT, SUM} = A+B+C_IN;
endmodule
```

例 4.2-3　4 位超前进位加法器示例。

超前进位加法器是一种高速加法器，每级进位由附加的组合电路产生，高位的运算不需等待低位运算完成，因此可以提高运算速度。

对于输入信号位宽为 N 的全加器，其进位信号是

$$C\_OUT = C_N \tag{4.2-4}$$

输出的加法结果是

$$SUM\_OUTN_{n-1} = P_{n-1} \oplus C_{n-1} \qquad n \in [N, \ 1] \tag{4.2-5}$$

超前进位标志信号是

$$\begin{cases} C_n = G_{n-1} + P_{n-1}C_{n-1} & n \in [N, 1] \\ C_0 = C\_IN \end{cases} \tag{4.2-6}$$

进位产生函数是

$$G_{n-1} = A_{n-1}B_{n-1} \qquad n \in [N, \ 1] \tag{4.2-7}$$

进位传输函数是

$$P_{n-1} = A_{n-1} \oplus B_{n-1} \qquad n \in [1, \ N] \tag{4.2-8}$$

上述公式中 N 为加法器位数，在 4 位加法器中，N = 4。由此可以推出各级进位信号表达式，并构成快速进位逻辑电路。

$$\begin{cases} C_1 = G_0 + P_0 C_0 \\ C_2 = G_1 + P_1 G_0 + P_1 P_0 C_0 \\ C_3 = G_2 + P_2 G_1 + P_2 P_1 G_0 + P_2 P_1 P_0 C_0 \\ C_4 = G_3 + P_3 G_2 + P_3 P_2 G_1 + P_3 P_2 P_1 G_0 + P_3 P_2 P_1 P_0 C_0 \end{cases} \tag{4.2-9}$$

4 位超前进位加法器的电路如图 4.2-6 所示。

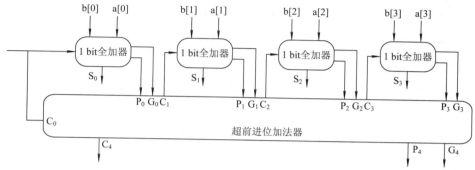

图 4.2-6　4 位超前进位加法器的电路

4 位超前进位加法器对应的 Verilog HDL 程序代码如下：

```
module four_bits_fast_addder (sum_out, c_out, a, b, c_in);
    input [3:0]    a, b;              //加数，被加数
    input          c_in;             //来自前级的进位
    output [3:0]   sum_out;          //和
    output         c_out;            //进位输出
    wire [4:0]     g, p, c;          //产生函数、传输函数和内部进位
        assign c[0] = c_in;
        assign p = a | b;
        assign g = a&b;
        assign c[1] = g[0] | (p[0]&c[0]);
        assign c[2] = g[1] | (p[1]&(g[0] | (p[0]&c[0])));
        assign c[3] = g[2] | (p[2]&(g[1] | (p[1]&(g[0] | (p[0]&c[0])))));
        assign c[4] = g[3] | (p[3]&(g[2] | (p[2]&(g[1] | (p[1]&(g[0]|(p[0]&c[0])))))));
        assign sum_out = p^c[3:0];
        assign c_out = c[4];
endmodule
```

4.2.2　数据比较器

数据比较器用来对两个二进制数的大小进行比较，或检测逻辑电路是否相等。数据比较器包含两部分功能：一是比较两个数的大小；二是检测两个数是否一致。

例 4.2-4　4 位数据比较器示例。

多位数据比较器的比较过程由高位到低位逐位进行，而且只有在高位相等时，才进行低位比较。在 4 位数据比较器中进行 $A_3A_2A_1A_0$ 和 $B_3B_2B_1B_0$ 的比较时，首先比较最高位 A_3 和 B_3。如果 $A_3 > B_3$，那么不管其他几位数为何值，结果均为 $A > B$；若 $A_3 < B_3$，结果为 $A < B$。如果 $A_3 = B_3$，就必须通过比较低一位 A_2 和 B_2 来判断 A 和 B 的大小。如果 $A_2 = B_2$，还必须通过比较更低一位 A_1 和 B_1 来判断大小，直到最后一位的比较。如果完全相等，则由前一级结果 C 确定。

为了便于扩展，比较器一般带有扩展端口。在输入端会有 $C_{A>B}$、$C_{A=B}$、$C_{A<B}$ 三个端口，将低一级的输出连接到对应的输入端，当高一级的数据完全相等时，输出则依据 $C_{A>B}$、$C_{A=B}$、$C_{A<B}$ 这三个扩展端口决定。4 位数据比较器的真值表如表 4.2-3 所示。

表 4.2-3　4 位数据比较器的真值表

输　　　入							输　　出		
A_3　B_3	A_2　B_2	A_1　B_1	A_0　B_0	$C_{A>B}$	$C_{A=B}$	$C_{A<B}$	$F_{A>B}$	$F_{A=B}$	$F_{A<B}$
$A_3 > B_3$	x　x	x　x	x　x	x	x	x	1	0	0
$A_3 < B_3$	x　x	x　x	x　x	x	x	x	0	0	1
$A_3 = B_3$	$A_2 > B_2$	x　x	x　x	x	x	x	1	0	0
$A_3 = B_3$	$A_2 < B_2$	x　x	x　x	x	x	x	0	0	1
$A_3 = B_3$	$A_2 = B_2$	$A_1 > B_1$	x　x	x	x	x	1	0	0
$A_3 = B_3$	$A_2 = B_2$	$A_1 < B_1$	x　x	x	x	x	0	0	1
$A_3 = B_3$	$A_2 = B_2$	$A_1 = B_1$	$A_0 > B_0$	x	x	x	1	0	0
$A_3 = B_3$	$A_2 = B_2$	$A_1 = B_1$	$A_0 < B_0$	x	x	x	0	0	1
$A_3 = B_3$	$A_2 = B_2$	$A_1 = B_1$	$A_0 = B_0$	$C_{A>B}$	$C_{A=B}$	$C_{A<B}$	$C_{A>B}$	$C_{A=B}$	$C_{A<B}$

用 $F[2:0]$ 表示比较结果 $\{F_{A>B}, F_{A=B}, F_{A<B}\}$，$C[2:0]$ 表示前一级比较结果 $\{C_{A>B}, C_{A=B}, C_{A<B}\}$，采用描述方式的 Verilog HDL 程序代码如下：

```
module four_bits_comp1(F, A, B, C);
    parameter comp_width = 4;
    output [2:0] F;
    input [2:0] C;
    input [comp_width-1:0] A;
    input [comp_width-1:0] B;
    reg [2:0] F;
        always @(A or B or C)
            if (A>B)            F = 3'b100;
            else if (A<B)       F = 3'b001;
            else                F = C;
    endmodule
```

4.2.3　数据选择器

数据选择器又称多路选择器(Multiplexer，简称 MUX)，它有 n 位地址输入、2^n 位数据输入、1 位数据输出。每次在输入地址的控制下，从多路输入数据中选择一路输出，其功能类似于一个单刀多掷开关，见图 4.2-7。在 ASIC 和 FPGA 的器件库中，通常都有不同输入端口的多路选择器，可以利用这些选择器构成功能更加复杂的数据选择电路。

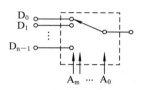

图 4.2-7　数据选择器框图及等效开关

例 4.2-5　8 选 1 数据选择器示例。

8 选 1 数据选择器可以由多个 2 选 1 数据选择器构成，也可以采用抽象描述方式进行设计；可以采用 2 选 1 数据选择器串行连接，也可以用树形连接分成三级实现。

(1) 多个 2 选 1 数据选择器的结构级描述(见图 4.2-8)。

```
module mux8to1_2(d_out, d_in, sel);
    output    d_out;
    input [7:0]    d_in;
    input [2:0]    sel;
    wire[3:0]    w1;
    wire[1:0]    w2;
        assign w1 = sel[0]? {d_in[7], d_in[5], d_in[3], d_in[1]} :{d_in[6], d_in[4], d_in[2], d_in[0]};
        assign w2 = sel[1]? {w1[3], w1[1]} :{w1[2], w1[0]};
        assign d_out = sel[2]?w2[1]:w2[0];
endmodule
```

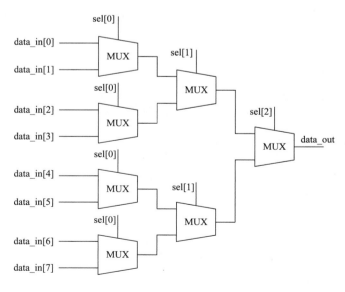

图 4.2-8　树形连接的 8 选 1 数据选择器电路

(2) 抽象描述方式。多路选择器的设计可以采用 case 语句直接进行设计。在这种设计方式中，只需考虑选择信号列表就可以实现功能更为复杂的数据选择器。

```
module mux8to1(out, sel, data_in);
    output out;
    input [7:0] data_in;
    input [3:0] sel;
    reg out;
        always @ (data_in or sel)
          case (sel)
            3'b000 : out = data_in[0];
            3'b001 : out = data_in[1];
            3'b010 : out = data_in[2];
            3'b011 : out = data_in[3];
            3'b100 : out = data_in[4];
            3'b101 : out = data_in[5];
            3'b110 : out = data_in[6];
            3'b111 : out = data_in[7];
          endcase
endmodule
```

4.2.4　数字编码器

用文字、符号或数码表示特定对象的过程称为编码。在数字电路中用二进制代码表示有关的信号称为二进制编码。实现编码操作的电路叫作编码器。编码器读取一个多位输入并把它编码成一个不同的、通常会比较短的比特流。因此它可以实现一个输出比输入少的真值表。

例 4.2-6　3 位二进制 8 线—3 线编码器示例。

用 n 位二进制代码对 $N = 2^n$ 个一般信号进行编码的电路，叫作二进制编码器。例如 $n = 3$ 表示可以对 8 个一般信号进行编码。这种编码器的特点是：任何时刻只允许输入一个有效信号，不允许同时出现两个或两个以上的有效信号。假设编码器规定高电平为有效电平，则在任何时刻只有一个输入端为高电平，其余输入端为低电平。同理，如果规定低电平为有效电平，则在任何时刻只有一个输入端为低电平，其余输入端为高电平。因而其输入是一组有约束(互相排斥)的变量。

图 4.2-9　3 位二进制 8 线—3 线
编码器框图

图 4.2-9 是 3 位二进制 8 线—3 线编码器框图，它的输入是 $I_0 \sim I_7$，为 8 个高电平有效信号，输出是 3 位二进制代码 F_2、F_1、F_0。输入与输出的对应关系如表 4.2-4 所示。

表 4.2-4 3 位二进制 8 线—3 线编码器真值表

输 入								输 出		
I_0	I_1	I_2	I_3	I_4	I_5	I_6	I_7	F_2	F_1	F_0
1	0	0	0	0	0	0	0	0	0	0
0	1	0	0	0	0	0	0	0	0	1
0	0	1	0	0	0	0	0	0	1	0
0	0	0	1	0	0	0	0	0	1	1
0	0	0	0	1	0	0	0	1	0	0
0	0	0	0	0	1	0	0	1	0	1
0	0	0	0	0	0	1	0	1	1	0
0	0	0	0	0	0	0	1	1	1	1

采用抽象描述方式的 Verilog HDL 程序代码如下：

```verilog
module code_8to3(F, I);
    output [2:0] F;
    input [7:0] I;
    reg [2:0] F;
        always @ (I)
        case (I)
            8'b00000001: F = 3'b000;
            8'b00000010: F = 3'b001;
            8'b00000100: F = 3'b010;
            8'b00001000: F = 3'b011;
            8'b00010000: F = 3'b100;
            8'b00100000: F = 3'b101;
            8'b01000000: F = 3'b110;
            8'b10000000: F = 3'b111;
            default : F = 3'bx;
        endcase
endmodule
```

例 4.2-7 8 线—3 线优先编码器示例。

二进制编码器要求任何时刻只有一个输入信号有效，若同时有两个或更多个输入信号有效，将造成输出混乱，因此二进制编码器在使用过程中有一定局限性。克服这种局限性的一种方法是采用优先编码器。优先编码器允许多个输入信号同时有效，但它只对其中优先级别最高的有效输入信号编码，对级别低的输入信号不予理睬。优先编码器常用于优先中断系统和键盘编码。8 线—3 线优先编码器的逻辑符号如图 4.2-10 所示，它有 8 个输

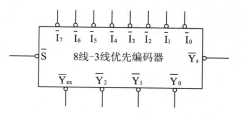

图 4.2-10 8 线—3 线优先编码器的
逻辑符号

入端 $\bar{I}_0 \sim \bar{I}_7$，低电平为输入有效电平；3 个输出端 $\bar{Y}_0 \sim \bar{Y}_2$，低电平为输出有效电平。此外，为了便于电路的扩展和使用的灵活，还设置有使能端 $\bar{S}$、选通输出端 $\bar{Y}_s$ 和扩展端 $\bar{Y}_{ex}$。8 线—3 线优先编码器的真值表见表 4.2-5。

表 4.2-5　8 线—3 线优先编码器的真值表

输　入									输　出				
$\bar{S}$	$\bar{I}_0$	$\bar{I}_1$	$\bar{I}_2$	$\bar{I}_3$	$\bar{I}_4$	$\bar{I}_5$	$\bar{I}_6$	$\bar{I}_7$	$\bar{Y}_2$	$\bar{Y}_1$	$\bar{Y}_0$	$\bar{Y}_s$	$\bar{Y}_{ex}$
1	x	x	x	x	x	x	x	x	1	1	1	1	1
0	x	x	x	x	x	x	x	0	0	0	0	1	0
0	x	x	x	x	x	x	0	1	0	0	1	1	0
0	x	x	x	x	x	0	1	1	0	1	0	1	0
0	x	x	x	x	0	1	1	1	0	1	1	1	0
0	x	x	x	0	1	1	1	1	1	0	0	1	0
0	x	x	0	1	1	1	1	1	1	0	1	1	0
0	x	0	1	1	1	1	1	1	1	1	0	1	0
0	0	1	1	1	1	1	1	1	1	1	1	1	0
0	1	1	1	1	1	1	1	1	1	1	1	0	1

功能表说明：$\bar{S} = 1$ 时，电路处于禁止工作状态，此时无论 8 个输入为何种状态，3 个输出端均为高电平，$\bar{Y}_s$ 和 $\bar{Y}_{ex}$ 也为高电平，编码器不工作。当 $\bar{S} = 0$ 时，电路处于正常工作状态，允许 $\bar{I}_0 \sim \bar{I}_7$ 中同时有几个输入端为低电平，即同时有几路编码输入信号有效。在 8 个输入端中，$\bar{I}_7$ 的优先权最高，$\bar{I}_0$ 的优先权最低。当 $\bar{I}_7 = 0$ 时，无论其他输入端有否有效输入信号(功能表中以 x 表示)，输出端只输出 $\bar{I}_7$ 的编码，即 $\bar{Y}_2\bar{Y}_1\bar{Y}_0 = 000$；当 $\bar{I}_7 = 1$，$\bar{I}_6 = 0$ 时，无论其余输入端有否有效输入信号，只对 $\bar{I}_6$ 进行编码，输出为 $\bar{Y}_2\bar{Y}_1\bar{Y}_0 = 001$，其余状态依次类推。表中输出信号 $\bar{Y}_2\bar{Y}_1\bar{Y}_0$ 在三种输入情况下都为 111，此时用 $\bar{Y}_s$ 和 $\bar{Y}_{ex}$ 的不同状态来区别，即如果 $\bar{Y}_2\bar{Y}_1\bar{Y}_0 = 111$ 且 $\bar{Y}_s \bar{Y}_{ex} = 10$，则表示电路处于工作状态，而且 $\bar{I}_0$ 有编码信号输入；如果 $\bar{Y}_2\bar{Y}_1\bar{Y}_0 = 111$ 且 $\bar{Y}_s \bar{Y}_{ex} = 01$，则表示电路处于工作状态，但没有输入编码信号。由于没有输入编码信号时 $\bar{Y}_s = 0$，因此 $\bar{Y}_s$ 也可以称为"无编码输入信号"。

8 线—3 线优先编码器的 Verilog HDL 程序代码如下：

```
module mux8to3_p(data_out, Ys, Yex, sel, data_in);
    output [2:0] data_out;
    output Ys, Yex;
    input [7:0] data_in;
    input sel;
    reg [2:0] data_out;
    reg Ys, Yex;
        always @ (data_in or sel)
          if (sel) {data_out, Ys, Yex} = {3'b111, 1'b1, 1'b1};
          else
```

```
      begin
        casex (data_in)
          8'b0??????? : {data_out, Ys, Yex} = {3'b000, 1'b1, 1'b0};
          8'b10?????? : {data_out, Ys, Yex} = {3'b001, 1'b1, 1'b0};
          8'b110????? : {data_out, Ys, Yex} = {3'b010, 1'b1, 1'b0};
          8'b1110???? : {data_out, Ys, Yex} = {3'b011, 1'b1, 1'b0};
          8'b11110??? : {data_out, Ys, Yex} = {3'b100, 1'b1, 1'b0};
          8'b111110?? : {data_out, Ys, Yex} = {3'b101, 1'b1, 1'b0};
          8'b1111110? : {data_out, Ys, Yex} = {3'b110, 1'b1, 1'b0};
          8'b11111110 : {data_out, Ys, Yex} = {3'b111, 1'b1, 1'b0};
          8'b11111111 : {data_out, Ys, Yex} = {3'b111, 1'b0, 1'b1};
        endcase
      end
  endmodule
```

例 4.2-8　二进制转化十进制 8421BCD 编码器示例。

将十进制数 0、1、2、3、4、5、6、7、8、9 这 10 个信号编成二进制代码的电路叫作二进制转化十进制编码器。其输入代表的是 0~9 这 10 个数字的状态信息，有效信号为 1(即某信号为 1 时，则表示要对它进行编码)，输出是相应的 BCD 码，因此也称 10 线—4 线编码器。它和二进制编码器一样，任何时刻只允许输入一个有效信号。

式(4.2-10)为 8421BCD 编码器的逻辑表达式，对应的真值表见表 4.2-6。

$$\begin{cases} D = Y_8 + Y_9 = \overline{\overline{Y_8} \cdot \overline{Y_9}} \\ C = Y_4 + Y_5 + Y_6 + Y_7 = \overline{\overline{Y_4} \cdot \overline{Y_5} \cdot \overline{Y_6} \cdot \overline{Y_7}} \\ B = Y_2 + Y_3 + Y_6 + Y_7 = \overline{\overline{Y_2} \cdot \overline{Y_3} \cdot \overline{Y_6} \cdot \overline{Y_7}} \\ A = Y_1 + Y_3 + Y_5 + Y_7 + Y_9 = \overline{\overline{Y_1} \cdot \overline{Y_3} \cdot \overline{Y_5} \cdot \overline{Y_7} \cdot \overline{Y_9}} \end{cases} \qquad (4.2\text{-}10)$$

表 4.2-6　8421BCD 编码器的真值表

十进制数	D	C	B	A
$0(Y_0)$	0	0	0	0
$1(Y_1)$	0	0	0	1
$2(Y_2)$	0	0	1	0
$3(Y_3)$	0	0	1	1
$4(Y_4)$	0	1	0	0
$5(Y_5)$	0	1	0	1
$6(Y_6)$	0	1	1	0
$7(Y_7)$	0	1	1	1
$8(Y_8)$	1	0	0	0
$9(Y_9)$	1	0	0	1

可以看到，对于这样规模的电路，可以用逻辑代数方式和结构描述方式进行电路设计，但是效率不高。通过对功能的抽象描述，在综合工具的帮助下，可以得到期望的电路。其 Verilog HDL 程序代码如下：

```verilog
module BCD8421(data_out, data_in);
    output [3:0] data_out;
    input [8:0] data_in;
    reg [3:0] data_out;
        always @ (data_in)
            case (data_in)
                9'b000000000 : data_out = 4'b0000;
                9'b000000001 : data_out = 4'b0001;
                9'b000000010 : data_out = 4'b0010;
                9'b000000100 : data_out = 4'b0011;
                9'b000001000 : data_out = 4'b0100;
                9'b000010000 : data_out = 4'b0101;
                9'b000100000 : data_out = 4'b0110;
                9'b001000000 : data_out = 4'b0111;
                9'b010000000 : data_out = 4'b1000;
                9'b100000000 : data_out = 4'b1001;
                default : data_out = 4'b0000;
            endcase

endmodule
```

例 4.2-9 8421BCD 十进制余 3 码编码器示例。

与 8421BCD 编码一样，余 3 码也是一种 BCD 编码，这种编码的特点是：用余 3 码进行十进制加法运算时，若两数之和是 10，正好等于二进制数的 16，则从高位自动产生进位信号。因此可以使用余 3 码简化计算。在 8421BCD 码上加 3 就得到了余 3 码。表 4.2-7 是余 3 码的真值表与 8421BCD 码的对比，图 4.2-11 是 8421BCD 码转余 3 码编码器的逻辑符号及功能。

表 4.2-7 余 3 码与 8421BCD 码的真值表对比

十进制数	8421BCD 码	余 3 码	十进制数	8421BCD 码	余 3 码
0	0000	0011	5	0101	1000
1	0001	0100	6	0110	1001
2	0010	0101	7	0111	1010
3	0011	0110	8	1000	1011
4	0100	0111	9	1001	1100

图 4.2-11　8421BCD 码转余 3 码编码器的逻辑符号及功能

和 8421BCD 码编码器一样，余 3 码编码器也可以通过查找表的方式进行描述，仅需改变表 4.2-6 中真值表的内容即可。另外，也可以通过 8421BCD 码加"3"的方式得到，Verilog HDL 程序代码如下：

```verilog
module code_change(B_out, B_in);
    output [3:0] B_out;
    input [3:0] B_in;
        assign B_out = B_in+2'b11;
endmodule
```

4.2.5　数字译码器

译码是编码的逆过程，它将二进制代码所表示的信息翻译成相应的状态信息。实现译码功能的电路称为译码器。这里只介绍二进制译码器。

N 位二进制译码器有 N 个输入端和 2^N 个输出端，一般称为 N 线—2^N 线译码器。常见的译码器有 2 线—4 线译码器、3 线—8 线译码器和 4 线—16 线译码器。

图 4.2-12 为 2 线—4 线译码器的逻辑电路及逻辑符号，其真值表如表 4.2-8 所示。图中，A_1、A_0 为地址输入端，A_1 为高位。$\overline{Y}_0$、$\overline{Y}_1$、$\overline{Y}_2$、$\overline{Y}_3$ 为状态信号输出端，非号表示低电平有效。E 为使能端(或称选通控制端)，低电平有效。当 E = 0 时，允许译码器工作，$\overline{Y}_0 \sim \overline{Y}_3$ 中只允许一个为有效电平输出；当 E = 1 时，禁止译码器工作，所有输出 $\overline{Y}_0 \sim \overline{Y}_3$ 均为高电平。一般使能端有两个用途：一是引入选通脉冲，以抑制冒险脉冲的发生；二是用来扩展输入的变量数(功能扩展)。

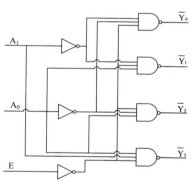

图 4.2-12　2 线—4 线译码器的
逻辑电路及逻辑符号

表 4.2-8　2 线—4 线译码器的真值表

E	A_1	A_0	$\overline{Y}_0$	$\overline{Y}_1$	$\overline{Y}_2$	$\overline{Y}_3$
1	x	x	1	1	1	1
0	0	0	0	1	1	1
0	0	1	1	0	1	1
0	1	0	1	1	0	1
0	1	1	1	1	1	0

从表中可以看出，当 E = 0 时，2 线—4 线译码器的输出函数分别为 $\overline{Y}_0 = \overline{\overline{A}_1\overline{A}_0}$，$\overline{Y}_1 = \overline{\overline{A}_1 A_0}$，$\overline{Y}_2 = \overline{\overline{A}_1 A_0}$，$\overline{Y}_3 = \overline{\overline{A}_1 A_0}$，如果用 $\overline{Y}_i$ 表示 i 端的输出，m_i 表示输入地址变量 A_1、A_0 的一个最小项，则输出函数可写成 $\overline{Y}_i = \overline{Em_i}$ (i = 0，1，2，3)。可见，译码器的每一个输出函数对应输入变量的一组取值，当使能端有效(E = 0)时，它正好是输入变量最小项的非。因此变量译码器也称最小项发生器。

同编码器一样，译码器的级联扩展也可使用同样的方法，其 Verilog HDL 程序代码如下：

```
module decode_2to4(Y, E, A);
    output [3:0] Y;
    input [1:0] A;
    input E;
        assign Y[0] = ~(~E&~A[1]&~A[0]);
        assign Y[1] = ~(~E&~A[1]&A[0]);
        assign Y[2] = ~(~E&A[1]&~A[0]);
        assign Y[3] = ~(~E&A[1]&A[0]);
endmodule
```

也可以采用抽象描述方式进行设计，其 Verilog HDL 程序代码如下：

```
module decode_2to4(Y, E, A);
    output [3:0] Y;
    input [1:0] A;
    input E;
    reg [3:0] Y;
        always @(E or A)
            casex ({E, A})
                3'b1?? : Y = 4'b0000;
                3'b000 : Y = 4'b0001;
                3'b001 : Y = 4'b0010;
                3'b010 : Y = 4'b0100;
                3'b011 : Y = 4'b1000;
                default : Y = 4'b0000;
            endcase
endmodule
```

采用抽象描述方式的优势是不需要对电路化简，根据相对固定的设计模式，可以直接得到所需要的电路。

4.2.6　奇偶校验器

奇偶校验器的功能是检测数据中所含"1"的个数是奇数还是偶数。在计算机和一些数字通信系统中，常用奇偶校验器来检查数据传输和数码记录中是否存在错误。

奇偶校验包含两种方式：奇校验和偶校验。奇校验保证传输的数据和校验位中"1"的总数为奇数。如果数据中包含奇数个"1"，则校验位置"0"；如果数据中包含偶数个"1"，则校验位置"1"。例如，数据 1100111 中包含 5 个"1"，若采用奇校验，则校验位为"0"，于是将"11001110"传输给接收机。

偶校验保证传输的数据和校验位中"1"的总数为偶数。如果数据中包含奇数个"1"，则校验位置"1"；如果数据中包含偶数个"1"，则校验位置"0"。例如：数据 1100111 中包含 5 个"1"，若采用偶校验，则校验位为"1"，于是将"11001111"传输给接收机。

奇偶校验只能检测部分传输错误，它不能确定错误发生在哪位或哪几位，所以不能进行错误校正。当数据发生错误时，只能重新发送数据。

奇偶校验一般用在能够重新操作的计算机硬件中，例如：SCSI 总线和微处理器中的高速缓存，在发生错误时，这些部件可以丢掉数据，获取重发数据。

例 4.2-10　8 bit 奇偶校验器示例。

8 bit 奇偶校验器的原理图如图 4.2-13 所示。

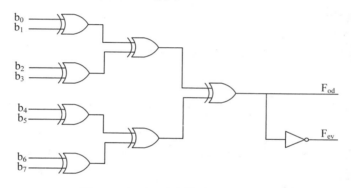

图 4.2-13　8 bit 奇偶校验器的原理图

图 4.2-13 中，校验器的输入 $b_0 \sim b_7$ 由 7 bit 数据和 1 bit 校验位组成。F_{od} 为判奇输出，F_{ev} 为判偶输出。当采用奇校验时，$F_{od} = 1$，$F_{ev} = 0$；当采用偶校验时，$F_{od} = 0$，$F_{ev} = 1$。

输出表达式为

$$\begin{cases} F_{od} = b_0 \oplus b_1 \oplus b_2 \oplus b_3 \oplus b_4 \oplus b_5 \oplus b_6 \oplus b_7 \\ F_{ev} = \overline{b_0 \oplus b_1 \oplus b_2 \oplus b_3 \oplus b_4 \oplus b_5 \oplus b_6 \oplus b_7} \end{cases} \qquad (4.2\text{-}11)$$

例如：采用奇校验检测"1100111"，数据包含 5 个"1"，校验位为"0"，校验器的输入 $b_0 \sim b_7$ 为"11001110"，$F_{od} = 1$，$F_{ev} = 0$。

在 Verilog HDL 中，可以采用结构描述方式，也可以采用抽象描述方式。

(1) 结构描述方式：

```
module checker (Fod, Fev, b);
    output Fod, Fev;
    input [7:0] b;
    wire w1, w2, w3, w4, w5, w6;
```

```
        xor U1 (w1, b[0], b[1]);
        xor U2 (w2, b[2], b[3]);
        xor U3 (w3, b[4], b[5]);
        xor U4 (w4, b[6], b[7]);
        xor U5 (w5, w1, w2);
        xor U6 (w6, w3, w4);
        xor U7 (Fod, w5, w6);
        not U8 (Fev, Fod);
    endmodule
```

(2) 抽象描述方式：

```
module checker (Fod, Fev, b);
    output Fod, Fev;
    input [7:0] b;
        assign Fod = ^b;
        assign Fev = ~Fod;
endmodule
```

4.3 时序电路的设计

与组合逻辑电路不同，时序逻辑电路的输出不仅与当前时刻输入变量的取值有关，而且与电路的原状态(即过去的输入情况有关)。

图 4.3-1 是时序逻辑电路的结构框图。与组合逻辑电路相比，时序逻辑电路有两个特点：① 时序逻辑电路包括组合逻辑电路和存储电路两部分，存储电路具有记忆功能，通常由触发器组成；② 存储电路的状态反馈到组合逻辑电路输入端，与外部输入信号共同决定组合逻辑电路的输出。组合逻辑电路的输出除包括外部输出外，还包括连接到存储电路的内部输出，它将控制存储电路状态的转移。

图 4.3-1 时序逻辑电路的结构框图

图 4.3-1 中，$X(x_1, x_2, \cdots, x_n)$是外部输入信号；$Q(q_1, q_2, \cdots, q_j)$是存储电路的状态输出，也是组合逻辑电路的内部输入；$Z(z_1, z_2, \cdots, z_m)$为外部输出信号；$Y(y_1, y_2, \cdots, y_k)$为存储电路的激励信号，也是组合逻辑电路的内部输出。在存储电路中，每一位输出 $q_i(i = 1,$

2，…，j)称为一个状态变量，j 个状态变量可以组成 2^j 个不同的内部状态。时序逻辑电路对于输入变量历史情况的记忆反映在状态变量的不同取值上，即不同的内部状态代表不同的输入变量的历史情况。

以上四组信号之间的逻辑关系可用以下三个方程组来描述：

$$
\begin{cases}
z_1^n = f_1(x_1^n, x_2^n, \cdots, x_n^n, q_1^n, q_2^n, \cdots, q_j^n) \\
z_2^n = f_2(x_1^n, x_2^n, \cdots, x_n^n, q_1^n, q_2^n, \cdots, q_j^n) \\
\quad\quad\quad\quad\quad\quad\vdots \\
z_m^n = f_m(x_1^n, x_2^n, \cdots, x_n^n, q_1^n, q_2^n, \cdots, q_j^n)
\end{cases}
\tag{4.3-1}
$$

$$
\begin{cases}
y_1^n = g_1(x_1^n, x_2^n, \cdots, x_n^n, q_1^n, q_2^n, \cdots, q_j^n) \\
y_2^n = g_2(x_1^n, x_2^n, \cdots, x_n^n, q_1^n, q_2^n, \cdots, q_j^n) \\
\quad\quad\quad\quad\quad\quad\vdots \\
y_k^n = g_k(x_1^n, x_2^n, \cdots, x_n^n, q_1^n, q_2^n, \cdots, q_j^n)
\end{cases}
\tag{4.3-2}
$$

$$
\begin{cases}
q_1^{n+1} = h_1(y_1^n, y_2^n, \cdots, y_n^n, q_1^n, q_2^n, \cdots, q_j^n) \\
q_2^{n+1} = h_2(y_1^n, y_2^n, \cdots, y_n^n, q_1^n, q_2^n, \cdots, q_j^n) \\
\quad\quad\quad\quad\quad\quad\vdots \\
q_j^{n+1} = h_j(y_1^n, y_2^n, \cdots, y_n^n, q_1^n, q_2^n, \cdots, q_j^n)
\end{cases}
\tag{4.3-3}
$$

式(4.3-1)是输出方程，式(4.3-2)是驱动方程(或称为激励方程)，式(4.3-3)是状态方程。方程中的上标 n 和 n+1 表示相邻的两个离散时间(或称为相邻的两个节拍)，如 q_1^n，q_2^n，…，q_j^n 表示存储电路中每个触发器的当前状态(也称为现状态或原状态)，q_1^{n+1}，q_2^{n+1}，…，q_j^{n+1} 表示存储电路中每个触发器的新状态(也称为下一状态或次状态)。以上三个方程组可写成如下形式：

$$
Z^n = F(X^n, Q^n)
\tag{4.3-4}
$$

$$
Y^n = G(X^n, Q^n)
\tag{4.3-5}
$$

$$
Q^{n+1} = H(Y^n, Q^n)
\tag{4.3-6}
$$

时序逻辑电路某时刻的输出 Z^n 决定于该时刻的外部输入 X^n 和 Q^n。时序逻辑电路的工作过程实质上就是不同输入条件下内部状态不断更新的过程。

时序逻辑电路按状态变化的特点，可分为同步时序逻辑电路和异步时序逻辑电路。在同步时序逻辑电路中，电路状态的变化在同一时钟脉冲作用下发生，即各触发器状态的转换同步完成。在异步时序逻辑电路中，没有统一的时钟脉冲信号，即各触发器状态的转换是异步完成的。目前大多数数字电路是同步时序逻辑电路，因此本书所举例程都集中在同步时序逻辑电路上。

传统的时序逻辑电路的设计就是根据逻辑设计命题的要求，选择适当的器件，设计出合理的逻辑电路。Verilog HDL 对于时序逻辑电路的描述性设计与传统的电路设计紧密相关。同步时序逻辑电路的一般设计过程可以按图 4.3-2 所示的步骤进行。

对时序逻辑电路功能的描述方式主要有三种：逻辑方程、状态转移表和状态转移图、时序图。

与组合逻辑电路相似，采用 Verilog HDL 对时序逻辑电路的设计进行描述也有不同的方式，归纳起来主要有三种：状态转移图描述、基于状态化简的结构性描述、Verilog HDL 抽象描述。

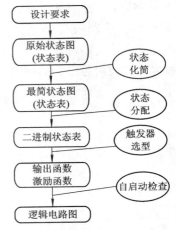

图 4.3-2　同步时序逻辑电路设计流程

下面结合具体实例简单介绍三种不同的描述方式。

例 4.3-1　用 Verilog HDL 设计一个 "111" 序列检测器，当输入三个或三个以上的 "1" 时，电路输出为 1，否则为 0。

(1) 状态转移图描述方式。首先确定电路的输入变量和输出变量。该电路仅有一个输入端和一个输出端，设输入变量为 X，代表输入序列；输出变量为 Z，表示检测结果。可以得到的状态转移图如图 4.3-3 所示。

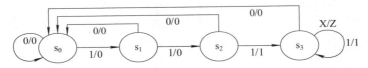

图 4.3-3　"111" 序列检测器的状态转移图

因此设计时需要定义四种电路状态，设置如下：

s_0——初始状态，表示电路还未收到一个有效的 1。

s_1——电路收到了一个 1。

s_2——电路收到了连续的两个 1。

s_3——电路收到了连续的三个 1。

根据状态转移图，Verilog HDL 程序代码如下：

```
module checker(Z, X, clk);
    parameter s0 = 2'b00, s1 = 2'b01, s2 = 2'b11, s3 = 2'b10;
    output Z;
    input X, clk;
    reg [1:0] state, next_state;
    reg Z;
    always @(X, state)
       case (state)
          s0 : if (X)
                  begin
```

```
                next_state = s1;    Z = 0;
            end
        else
            begin
                next_state = s0;    Z = 0;
            end
    s1 : if (X)
        begin
            next_state = s2;    Z = 0;
        end
    else
        begin
            next_state = s0;    Z = 0;
        end
    s2 : if (X)
        begin
            next_state = s3;    Z = 1;
        end
    else
        begin
            next_state = s0;    Z = 0;
        end
    s3 : if (X)
        begin
            next_state = s3;    Z = 1;
        end
    else
        begin
            next_state = s0;    Z = 0;
        end
endcase
always @(posedge clk)
    state <= next_state;
endmodule
```

用状态转移图描述电路时，不需要考虑电路的具体结构，只需了解电路的功能，掌握电路的工作流程即可，然后划分状态，分配寄存器，但是在状态划分后并没有对状态进行化简。因此，状态转移图不一定是最简单的电路形式。

用综合工具对上面的代码进行综合，可以得到如图 4.3-4 所示的电路。

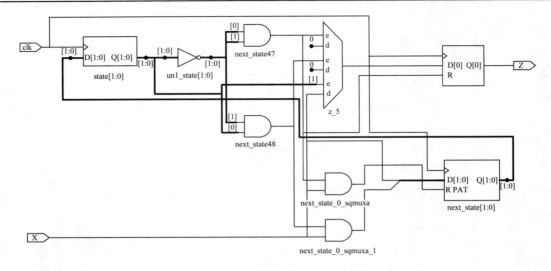

图 4.3-4　用综合工具综合后的电路

(2) 基于状态化简的结构性描述方式。对图 4.3-3 所示的状态转移图进行化简，仅剩三个状态，需要用两位二进制数表示，即需要两个 D 触发器储存状态。设 Q_1 表示高位寄存器的输出，Q_0 表示低位寄存器的输出。将状态的跳转以及输出 Z 用卡诺图的形式示出，如图 4.3-5 所示。

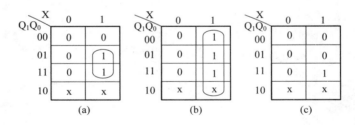

图 4.3-5　Q_1^{n+1} 和 Q_0^{n+1} 及输出 Z 的卡诺图

由卡诺图可以得出电路的输出方程和状态方程：

$$Q_1^{n+1} = Q_0X \tag{4.3-7}$$

$$Q_0^{n+1} = X \tag{4.3-8}$$

$$Z = Q_1Q_0X \tag{4.3-9}$$

根据化简的状态方程，Verilog HDL 程序代码如下：

```
//序列检测器模块
module checker (Z, X, clk);
    output Z;
    input X, clk;
    wire w1, w2, w3;

    assign w2 = X&w1;
```

```
        DFF U1 (.clk(clk), .D(X), .Q(w1));
        DFF U2 (.clk(clk), .D(w2), .Q(w3));
        assign Z = X & w1 & w3;
    endmodule

//D 触发器模块
module DFF (Q, D, clk);
    output Q;
    input D, clk;
    reg Q;
        always @(posedge clk)   Q <= D;
    endmodule
```

用综合工具对上面的代码进行综合，可以得到图 4.3-6 所示的电路。

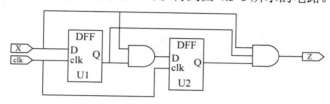

图 4.3-6　用综合工具综合后的电路

(3) Verilog HDL 抽象描述方式。在 Verilog HDL 中还可以对电路进行抽象描述。实现序列 "111" 的检测，可以使用一个 3 位的移位寄存器，将输入 X 作为移位寄存器的输入，当寄存器中为 111 时，输出 Z 为 1。Verilog HDL 程序代码如下：

```
module checker (Z, X, clk);
    output Z;
    input X, clk;
    reg [2:0] q;
    reg Z;
        always @(posedge clk) q <= {q[1:0], X};
        always @(posedge clk)
            if (q==3'b111) Z <= 1;
                else    Z <= 0;
    endmodule
```

用综合工具对上面的代码进行综合，可以得到图 4.3-7 所示的电路。

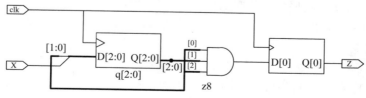

图 4.3-7　用综合工具综合后的电路

由上述三种描述方式和综合电路可知，不同电路描述方式所产生的综合电路不尽相同，这也从另一个角度体现了数字电路设计的灵活性。下面根据典型的数字时序逻辑电路对 Verilog HDL 基本数字时序逻辑电路的设计方法分别进行说明。

4.3.1　触发器

触发器是时序逻辑电路的最基本电路单元，主要有 D 触发器、JK 触发器、T 触发器和 RS 触发器等。根据功能要求的不同，触发器还具有置位、复位、使能、选择等功能。

例 4.3-2　最简 D 触发器示例。

D 触发器的逻辑符号如图 4.3-8 所示，图中 D 为信号输入端，clk 为时钟控制端，Q 为信号输出端。这种触发器的逻辑功能是：不论触发器原来的状态如何，输入端的数据 D(无论 D = 0，还是 D = 1)都将在时钟 clk 的上升沿被送入触发器，使得 Q = D。其特征方程可描述为 $Q_{n+1} = D_n$。其真值表如表 4.3-1 所示。

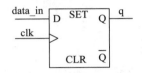

图 4.3-8　D 触发器的逻辑符号

表 4.3-1　D 触发器的真值表

clk	D	Q_n	Q_{n+1}
0	x	0	0
0	x	1	1
1	x	0	0
1	x	1	1
↑	0	0	0
↑	0	1	0
↑	1	0	1
↑	1	1	1

其 Verilog HDL 程序代码如下：

```
module DFF(q, clk, data_in);
    output q;
    input clk, data_in;
    reg q;
        always @(posedge clk)        q <= data_in;
endmodule
```

例 4.3-3　带复位端的 D 触发器示例。

在 D 触发器的实际使用中，有时需要一个复位端(也称清零端)。带有复位端的 D 触发器的逻辑符号如图 4.3-9 所示。

电路上电时，电路的逻辑处于不定状态，复位脉冲的到来将电路初始化为 Q = 0 的状态。随后，在时钟的控制下，输入端 D 的数据在每个时钟上升沿被置到输出端 Q。

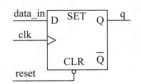

图 4.3-9　带复位端的 D 触发器的逻辑符号

同步清 0 的 D 触发器的 Verilog HDL 程序代码如下：

```
module DFF_rst (q, clk, reset, data_in);
    output q;
    input clk, reset, data_in;
    reg q;
    always @(posedge clk)
        if (!reset)   q <= 0;
        else          q <= data_in;
endmodule
```

异步清 0 的 D 触发器的 Verilog HDL 程序代码如下：

```
module DFF_srst (q, clk, reset, data_in);
    output q;
    input clk, reset data_in;
    reg q;
        always @(posedge clk or negedge reset)
            if (!reset)   q <= 0;
            else          q <= data_in;
endmodule
```

可以看到，同步清 0 和异步清 0 触发器的电路代码只是在 always 后的敏感向量表上有所不同。Verilog HDL 是用来描述电路的，编写程序代码的时候一定要建立代码和电路对应的思想。对于同步清 0，并不是清 0 信号一变化电路马上就会被置 0，清 0 信号有效后需等时钟的有效边沿到来后电路才会有动作，因此不应把清 0 信号写入敏感向量表中。而异步清 0 时，只要清 0 信号有效，电路就会马上更新，输出置 0，因此对于异步电路，清 0 信号有必要写入敏感向量表中。

例 4.3-4　复杂功能的 D 触发器示例。

前面介绍了最简单的 D 触发器和带有同步清 0、异步清 0 的 D 触发器。这里给出同步清 0 和异步清 0 共同在一个触发器上的复杂 D 触发器例子。其 Verilog HDL 程序代码如下：

```
module DFF_1(q, clk, reset1, reset2, data_in);
    output q;
    input clk, reset1, reset2, data_in;
    reg q;
        always @(posedge clk or negedge reset1)
            if (!reset1)      q <= 0;
            else if (!reset2)  q <= 0;
            else               q <= data_in;
endmodule
```

例 4.3-5　T 触发器示例。

T 触发器的逻辑符号如图 4.3-10 所示，其逻辑功能为：
当时钟的有效边沿到来时，如果 T = 1，则触发器翻转；

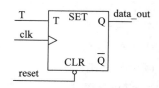

图 4.3-10　T 触发器的逻辑符号

如果 T = 0，则触发器的状态保持不变。reset 为复位端，异步复位，低电平有效。

T 触发器的 Verilog HDL 程序代码如下：

```
module TFF(data_out, T, clk, reset);
    output data_out;
    input T, clk, reset;
    reg data_out;
        always @(posedge clk or negedge reset)
            if (!reset)      data_out <= 1'b0;
            else if (T)      data_out <= ~data_out;
endmodule
```

4.3.2 计数器

计数器是应用最广泛的逻辑部件之一。计数器可以统计输入脉冲的个数，具有计时、计数、分频、定时、产生节拍脉冲等功能。

计数器的种类繁多，根据计数器中触发器时钟端的连接方式，分为同步计数器和异步计数器；根据计数方式，分为二进制计数器、十进制计数器和任意进制(也称为 M 进制)计数器；根据计数器中的状态变化规律，分为加法计数器、减法计数器和加/减计数器。

例 4.3-6 二进制计数器示例。

图 4.3-11 是采用 D 触发器设计二进制计数器的逻辑电路图。

由 D 触发器实现的二进制计数器的 Verilog HDL 程序代码如下：

```
module comp2bit (Q, clk, reset);
    output Q;
    input clk, reset;
    reg Q;
        always @ (posedge clk or negedge reset)
            if (!reset)
                Q <= 1'b0;
            else
                Q <= ~Q;
endmodule
```

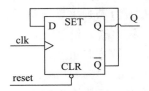

图 4.3-11　二进制计数器的逻辑电路图

例 4.3-7 任意进制计数器示例。

在数字电路系统中，经常会使用任意进制计数器，Verilog HDL 可以很好地支持不同进制计数器的设计。

对于 M 进制的计数器，首先应确定计数器所需触发器的个数。N 个触发器对应了 2^N 个状态，应有 $2^N > M$。任意进制计数器选取满足条件的最小 N，N 为计数器中触发器的个数。计数器的状态跳转有两种实现方法：反馈清零法和反馈置数法。

以十一进制计数器为例，最少需要 4 个触发器。采用反馈清零法设计的十一进制计数器的 Verilog HDL 程序代码如下：

```
module comp_11(count, clk, reset);
```

```
    output [3:0] count;
    input clk, reset;
    reg [3:0] count;
    always @ (posedge clk)
        if (reset)      count <= 4'b0000;
        else
            if (count == 4'b1010)
                count <= 4'b0000;
            else
                count <= count+1;
endmodule
```

4.3.3　移位寄存器

移位寄存器可以用来实现数据的串/并转换，也可以构成移位行计数器，进行计数、分频，还可以构成序列码发生器、序列码检测器等；它也是数字系统中应用非常广泛的时序逻辑部件之一。

例 4.3-8　环形移位寄存器示例。

N 位环形寄存器由 N 个移位寄存器组成，它可以实现环形移位，如图 4.3-12 所示。

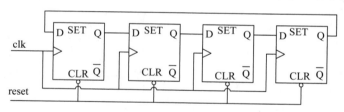

图 4.3-12　环形移位寄存器

该例中，将每个寄存器的输出作为下一位寄存器的输入，并将高位寄存器的输出作为循环的输入。其 Verilog HDL 程序代码如下：

```
module shiftregist1 (D, clk, reset);
    parameter shiftregist_width = 4;
    output [shiftregist_width-1:0] D;
    input clk, reset;
    reg [shiftregist_width-1:0] D;
        always @(posedge clk)
            if (!reset)
                D <= 4'b0001;
            else
                D <= {D[shiftregist_width-2:0], D[shiftregist_width-1]};
endmodule
```

4.3.4　序列信号发生器

序列信号是数字电路系统中常用的功能单元，其种类很多，如按照序列循环长度 M 与触发器数目 n 的关系，一般可分为三种：

(1) 最大循环长度序列码，$M = 2^n$。

(2) 最长线性序列码(M 序列码)，$M = 2^n - 1$。

(3) 任意循环长度序列码，$M < 2^n$。

序列信号发生器是能够产生一组或多组序列信号的时序电路，它可以由纯时序电路构成，也可以由包含时序逻辑和组合逻辑的混合电路构成。

例 4.3-9　用 Verilog HDL 设计一个产生 100111 序列的信号发生器。

方法 1：由移位寄存器构成。

采用循环移位寄存器，在电路工作前，将所需的序列码置入移位寄存器中，然后循环移位，就可以不断地产生需要的序列。由于移位寄存器输入和输出信号之间没有组合电路，不需要进行组合逻辑的反馈运算，因此这种序列产生电路的工作频率很高。其缺点是移位寄存器长度取决于序列长度，因此所占用电路的面积很大。移位寄存器构成的序列信号发生器如图 4.3-13 所示。

其 Verilog HDL 程序代码如下：

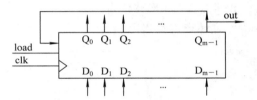

图 4.3-13　移位寄存器构成的序列信号发生器

```verilog
module signal_maker(out, clk, load, D);
    parameter M = 6;
    output out;
    input clk, load;
    input [M-1:0] D;
    reg [M-1:0] Q;
        always @(posedge clk)
                if (load)    Q <= D;    //D 输入为 6'b100111
                else         Q <= {Q[M-2:0], Q[M-1]};
        assign out = Q[M-1];
endmodule
```

方法 2：由移位寄存器和组合逻辑电路构成。

反馈移位寄存器型序列信号发生器的结构框图如图 4.3-14 所示，它由移位寄存器和组合反馈网络组成，从移位寄存器的某一输出端可以得到周期性的序列码。

其设计步骤如下：

(1) 根据给定的序列信号的循环周期 M，确定移位寄存器位数 n，$2^{n-1} < M \leqslant 2^n$。

(2) 确定移位寄存器的 M 个独立状态。将给定的序列码按照移位规律每 n 位一组，划分为 M 个状态。若 M 个状态中出现重复现象，则应增加移位寄存器的位数。用 n + 1 位再重复上

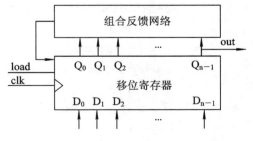

图 4.3-14　反馈移位寄存器型序列信号
发生器的结构框图

述过程，直至划分为 M 个独立状态。

(3) 根据 M 个不同的状态列出移位寄存器的态序表和反馈函数表，求出反馈函数 F 的表达式。

(4) 检查自启动性能。

与上面的序列信号发生器相比，各个寄存器的输出需经过反馈网络后才能连接到移位寄存器的输入端。因此，电路的速度必然下降，但反馈网络的好处在于它可以节省寄存器。

对于"100111"序列的信号发生器，首先确定所需移位寄存器的个数 n。因 M = 6，故 n≥3。其次确定移位寄存器的 6 个独立状态。按照移位规律，每三位一组，划分 6 个状态为 100、001、011、111、111、110。其中状态 111 重复出现，故取 n = 4，并重新划分状态，得到 1001、0011、0111、1111、1110、1100。因此确定 n = 4。第三，列态序表和反馈激励函数表，求反馈函数 F 的表达式。先列出态序表，然后根据每一状态所需要的移位输入即反馈输入信号，列出反馈激励函数表(见表 4.3-2)，求得反馈激励函数 $F = \overline{Q_3} + \overline{Q_1} \cdot \overline{Q_0} + Q_3 \cdot \overline{Q_2}$。

表 4.3-2　反馈激励函数表

Q_3	Q_2	Q_1	Q_0	F
1	0	0	1	1
0	0	1	1	1
0	1	1	1	1
1	1	1	1	0
1	1	1	0	0
1	1	0	0	1

反馈移位寄存器型序列信号发生器的 Verilog HDL 程序代码如下：

```
module signal_maker(out, clk, load, D);
    parameter M = 4;
    output out;
    input clk, load;
    input [M-1:0] D;
    reg [M-1:0] Q;
    wire w1;
        always @(posedge clk)                          //时序电路部分，移位寄存器
                if (load)    Q <= D;                    //D 输入为 4'b1001
                else         Q <= {Q[M-2:0], w1};
        assign w1 = (~Q[3])|(~Q[1]&(~Q[0]))|(Q[3]&(~Q[2]));   //组合逻辑电路，反馈网络
        assign out = Q[M-1];
    endmodule
```

方法 3：由计数器构成。

计数型序列信号发生器和反馈型序列信号发生器大体相同，都由时序电路和组合电路

两部分构成。不同之处在于，反馈型序列信号发生器的时序状态由移位寄存器产生，输出取寄存器的最高位；而在计数型序列信号发生器中，采用计数器代替移位寄存器产生时序状态，输出由组合电路产生。计数型序列信号发生器的优点在于，计数器的状态设置与输出序列没有直接关系，不需要根据输出确定状态，只需要将反馈网络设计好即可。因此计数结构对于输出序列的更改比较方便，而且只要连接到不同的反馈网络，就可以同时产生多组序列码。计数型序列信号发生器的结构框图如图 4.3-15 所示。

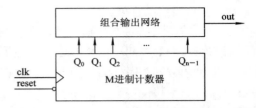

图 4.3-15　计数型序列信号发生器的结构框图

由图 4.3-15 可以看出，计数型序列信号发生器和反馈型序列信号发生器大体相似，设计过程分为两步：① 根据序列码的长度 M 设计 M 进制计数器，状态可以自定；② 按计数器的状态转移关系和序列码的要求设计组合输出网络。

对于"100111"序列的信号发生器，序列信号的 M 值为 6，因为需选用模 6 计数器；计数器的状态选择从 000 到 101；得到的输出组合逻辑真值表见表 4.3-3。

表 4.3-3　输出组合逻辑真值表

Q_2	Q_1	Q_0	out
0	0	0	1
0	0	1	0
0	1	0	0
0	1	1	1
1	0	0	1
1	0	1	1

由真值表可画出输出 out 的卡诺图，得到输出函数 $out = Q_2 + \overline{Q_1}\,\overline{Q_0} + Q_1 Q_0$。其 Verilog HDL 程序代码如下：

```
module signal_maker(out, clk, reset);
    parameter M = 3;
    output out;
    input clk, reset;
    reg [M-1:0] counter;
        always @(posedge clk)
            if (!reset)        counter <= 3'b000;
            else if (count == 5)
                    count <= 3'b000;
            else    counter <= counter+1;
        assign out = counter[2]|((~counter[1])&(~counter[0]))|(counter[1]&counter[0]);
endmodule
```

例 4.3-10　用 Verilog HDL 设计伪随机码发生器。

　　伪随机码是一种变化规律与随机码类似的二进制代码，可以作为数字通信中的一个信号源，通过信道发送到接收机，用于检测数字通信系统错码的概率，即误码率。

　　在传统的数字电路设计中，伪随机序列信号发生器是用移位寄存器型计数器来实现的，见图 4.3-14。反馈网络输入信号从移位寄存器的部分输出端($Q_{N-1}\sim Q_0$)中取出，它的输出端 F 反馈到移位寄存器的串行输入端。

　　通过不同的反馈网络，可以形成不同的移位寄存器型计数器。以 M 序列码为例，反馈函数见表 4.3-4。表中的 N 是触发器的级数，F 是反馈函数。例如 N = 4，则反馈函数如下：

$$F = Q_3 \oplus Q_0 \tag{4.3-10}$$

表 4.3-4　M 序列反馈函数表

N	F	N	F
1	0	17	2，16
2	0，1	18	6，17
3	0，2	19	0，1，4，18
4	0，3	20	2，19
5	1，4	21	1，20
6	0，5	22	0，21
7	2，6	23	4，22
8	1，2，3，7	24	0，2，3，23
9	3，8	25	2，24
10	2，9	26	0，1，5，25
11	1，10	27	0，1，4，26
12	0，3，5，11	28	2，27
13	0，2，3，12	29	1，28
14	0，2，4，13	30	0，3，5，29
15	0，14	31	2，30
16	1，2，4，15	32	1，5，6，31

　　下面以 N = 4 为例。在 15 位最长线性序列移位寄存器型计数器中，有一个由 "0000" 构成的死循环，为了打破死循环，可以修改为

$$F = Q_3 \oplus Q_0 + \overline{Q_3} \cdot \overline{Q_2} \cdot \overline{Q_1} \cdot \overline{Q_0} \tag{4.3-11}$$

　　当 $Q_3 \sim Q_0 = 0000$ 时，反馈函数 F = 1，打破了原反馈函数 F = 0 出现的死循环。

　　根据 N = 4 的最长线性序列移位寄存器型计数器的功能，实现的伪随机码发生器的 Verilog HDL 程序代码如下：

```
module signal15(out, clk, load_n, D_load);
    output out;
    input load_n, clk;
    input [3:0] D_load;
    reg [3:0] Q;
```

```
        wire F;
            always @(posedge clk)
                if (~load_n)        Q <= D_load;
                else                Q <= {Q[2:0], F};
            assign F = (Q[3]^Q[0])|(~Q[3]&~Q[2]&~Q[1]&~Q[0]);
            assign out = Q[3];
        endmodule
```

4.4 有限同步状态机

有限状态机可以分为同步和异步两种，在本书中只讨论有限同步状态机，后文中提到的有限状态机均指有限同步状态机。有限状态机是时序电路的通用模型，任何时序电路都可以表示为有限状态机。在由时序电路表示的有限状态机中，各个状态之间的转移总是在时钟的触发下进行的，状态信息存储在寄存器中。因为状态的个数是有限的，所以称为有限状态机。

同其他时序电路一样，有限状态机也由两部分组成：存储电路和组合逻辑电路。存储电路用来生成状态机的状态，组合逻辑电路用来提供输出以及状态机跳转的条件。其电路结构如图 4.4-1 所示。

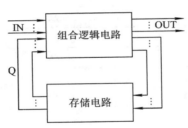

图 4.4-1　有限状态机的电路结构

根据输出信号的产生方式，有限状态机可以分为米利型(Mealy)和摩尔型(Moore)两类。Mealy 型状态机的输出与当前状态和输入有关，Moore 型状态机的输出仅依赖于当前状态，而与输入无关。有限状态机的结构如图 4.4-2 所示。

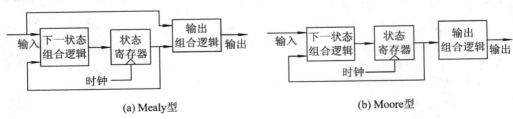

(a) Mealy型　　　　　　　　　　　　　　　(b) Moore型

图 4.4-2　有限状态机的结构

状态机的编码方式很多，由此产生的电路也不相同。常见的编码方式有三种：二进制编码、格雷编码和一位独热(One-Hot)编码。

(1) 二进制编码：其状态寄存器是由触发器组成的。N 个触发器可以构成 2^N 个状态。

二进制编码的优点是使用的触发器个数较少，节省了资源；缺点是状态跳转时可能有多个 bit(位)同时变化，引起毛刺，造成逻辑错误。

　　(2) 格雷编码：与二进制编码类似。格雷编码状态跳转时只有一个 bit(位)发生变化，减少了产生毛刺和一些暂态的可能。

　　(3) 一位独热编码：这是对于 n 个状态采用 n 个 bit(位)来编码，每个状态编码中只有一个 bit(位)为 1，如 0001、0010、0100、1000。该编码增加了使用触发器的个数，但为以后的译码提供了方便，能有效节省和简化组合电路。

　　在 Verilog HDL 中，有限状态机的描述方法较多，常用的有两段式和三段式两种。

　　(1) 两段式描述方法：

```
//第一个进程，同步时序 always 模块，格式化描述次态寄存器迁移到现态寄存器
always @(posedge clk or negedge rst_n)          //异步复位
    if(!rst_n)    current_state <= IDLE;
    else    current_state <= next_state;              //注意，使用的是非阻塞赋值
//第二个进程，组合逻辑 always 模块，描述状态转移条件判断和输出逻辑
always @(current_state or  输入信号)              //电平触发
   begin
      case(current_state)
        S1: if(...)
        next_state = S2;                           //阻塞赋值
        out1 = 1'b1;
    ...
        endcase
   end
```

　　(2) 三段式描述方法：

```
//第一个进程，同步时序 always 模块，格式化描述次态寄存器迁移到现态寄存器
always @(posedge clk or negedge rst_n)            //异步复位
      if(!rst_n) current_state <= IDLE;
      else current_state <= next_state;             //注意，使用的是非阻塞赋值
//第二个进程，组合逻辑 always 模块，描述状态转移条件判断
always @(current_state or  输入信号)              //电平触发
   begin
      case(current_state)
        S1: if(...)
        next_state = S2;                           //阻塞赋值
    ...
        endcase
    end
//第三个进程，组合逻辑 always 模块，描述输出组合逻辑
always @ (current_state or  输入信号)
```

```
begin
    case(current_state)
        S1:
        out1 = 1'b1;                          //注意是阻塞逻辑
        S2:
        out1 = 1'b0;
        default:...                           //default 的作用是避免综合工具综合出锁存器
    endcase
end
```

三段式并不是一定要写三个 always 模块，如果状态机更为复杂，always 模块也会相应增加。

例 4.4-1 用 Verilog HDL 设计顺序脉冲发生器。

顺序脉冲发生器又称脉冲分配器，它将高电平脉冲依次分配到不同的输出上，保证在每个时钟周期内只有一路输出高电平，不同时钟上的高电平脉冲依次出现在所有输出端。

以 4 位顺序脉冲发生器为例，它有 4 路输出 S_0、S_1、S_2、S_3，每路输出上高电平脉冲依次出现，输出在 1000、0100、0010、0001 之间循环。4 位顺序脉冲发生器电路的状态转移图如图 4.4-3 所示，它由 4 个状态构成，每个状态中 "1" 的个数都是 1，表示每个时钟周期内只有一路输出端为高电平，而且是轮流出现的，因此生成了顺序脉冲信号。

对四状态的状态机编码只需要两位二进制编码即可，Verilog HDL 程序设计代码如下：

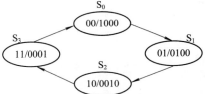

图 4.4-3　4 位顺序脉冲发生器电路的
状态转移图

```
module state4(OUT, clk, rst_n);
    output [3:0] OUT;
    input clk;
    input rst_n;
    reg [3:0] OUT;
    reg [1:0] STATE, next_STATE;
    always @(STATE)
        case (STATE)
            2'b00:
                begin
                    OUT = 4'b1000;
                    next_STATE = 2'b01;
                end
            2'b01:
                begin
                    OUT = 4'b0100;
                    next_STATE = 2'b10;
                end
```

```
2'b10:
    begin
      OUT = 4'b0010;
      next_STATE = 2'b11;
    end
2'b11:
    begin
      OUT = 4'b0001;
      next_STATE = 2'b00;
    end
  endcase
  always@(posedge clk or negedge rst_n)
    if (!rst_n) STATE <= 2'b00;
    else STATE <= next_STATE;
endmodule
```

例 4.4-2　设计一个自动售报机，报纸价钱为八角，纸币有 1 角、2 角、5 角、1 元。该自动售报机不考虑投币为大额面值等特殊情况。

图 4.4-4 是自动售报机的状态转移图。图中，$S_0 \sim S_7$ 为状态机的 8 个状态，脚标代表已投币的总和，如 S_0 代表没有投币，S_1 代表已投入 1 角，依次类推。M 代表输入，M1 代表投入 1 角硬币，M2 代表投入 2 角硬币，M5 代表投入 5 角硬币，M10 代表投入 1 元。

data_out = 1 表示给出报纸，data_out_return1 = 1 表示找回 1 角硬币，data_out_return2 = 1 表示找回 2 角硬币。自动售报机的 Verilog HDL 程序代码如下：

```
module auto_sellor(current_state, data_out,
    data_out_return1, data_out_return2, clk,
    rst_n, data_in);
  parameter state_width = 3, data_in_width = 3;
  output [state_width-1:0] current_state;
  output data_out, data_out_return1,
      data_out_return2;
  input [data_in_width-1:0] data_in;
  input clk, rst_n;
  reg [state_width-1:0] current_state, next_state;
  reg data_out, data_out_return1, data_out_return2;
  always @(current_state or data_in)
    case (current_state)
      3'b000: case (data_in)
            3'b000: begin
                  next_state = 3'b000;
                  data_out = 1'b0;
```

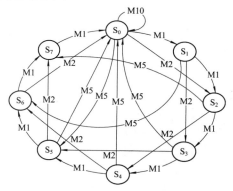

图 4.4-4　自动售报机的状态转移图

```
                                    data_out_return1 = 1'b0;
                                    data_out_return2 = 1'b0;
                    end
            3'b001: begin
                                    next_state = 3'b001;
                                    data_out = 1'b0;
                                    data_out_return1 = 1'b0;
                                    data_out_return2 = 1'b0;
                    end
            3'b010: begin
                                    next_state = 3'b010;
                                    data_out = 1'b0;
                                    data_out_return1 = 1'b0;
                                    data_out_return2 = 1'b0;
                    end
            3'b011: begin
                                    next_state = 3'b101;
                                    data_out = 1'b0;
                                    data_out_return1 = 1'b0;
                                    data_out_return2 = 1'b0;
                    end
            3'b100: begin
                                    next_state = 3'b000;
                                    data_out = 1'b1;
                                    data_out_return1 = 1'b0;
                                    data_out_return2 = 1'b1;
                    end
            endcase
    3'b001: case (data_in)
            3'b000: begin
                                    next_state = 3'b001;
                                    data_out = 1'b0;
                                    data_out_return1 = 1'b0;
                                    data_out_return2 = 1'b0;
                    end
            3'b001: begin
                                    next_state = 3'b010;
                                    data_out = 1'b0;
                                    data_out_return1 = 1'b0;
                                    data_out_return2 = 1'b0;
```

```
                    end
        3'b010: begin
                        next_state = 3'b011;
                        data_out = 1'b0;
                        data_out_return1 = 1'b0;
                        data_out_return2 = 1'b0;
                    end
        3'b011: begin
                        next_state = 3'b110;
                        data_out = 1'b0;
                        data_out_return1 = 1'b0;
                        data_out_return2 = 1'b0;
                    end
                    endcase
3'b010: case (data_in)
        3'b000: begin
                        next_state = 3'b010;
                        data_out = 1'b0;
                        data_out_return1 = 1'b0;
                        data_out_return2 = 1'b0;
                    end
        3'b001: begin
                        next_state = 3'b011;
                        data_out = 1'b0;
                        data_out_return1 = 1'b0;
                        data_out_return2 = 1'b0;
                    end
        3'b010: begin
                        next_state = 3'b100;
                        data_out = 1'b0;
                        data_out_return1 = 1'b0;
                        data_out_return2 = 1'b0;
                    end
        3'b011: begin
                        next_state = 3'b111;
                        data_out = 1'b0;
                        data_out_return1 = 1'b0;
                        data_out_return2 = 1'b0;
                    end
                    endcase
```

```verilog
3'b011: case (data_in)
        3'b000: begin
                        next_state = 3'b011;
                        data_out = 1'b0;
                        data_out_return1 = 1'b0;
                        data_out_return2 = 1'b0;
                end
        3'b001: begin
                        next_state = 3'b100;
                        data_out = 1'b0;
                        data_out_return1 = 1'b0;
                        data_out_return2 = 1'b0;
                end
        3'b010: begin
                        next_state = 3'b101;
                        data_out = 1'b0;
                        data_out_return1 = 1'b0;
                        data_out_return2 = 1'b0;
                end
        3'b011: begin
                        next_state = 3'b000;
                        data_out = 1'b1;
                        data_out_return1 = 1'b0;
                        data_out_return2 = 1'b0;
                end
        endcase
3'b100: case (data_in)
        3'b000: begin
                        next_state = 3'b000;
                        data_out = 1'b0;
                        data_out_return1 = 1'b0;
                        data_out_return2 = 1'b0;
                end
        3'b001: begin
                        next_state = 3'b101;
                        data_out = 1'b0;
                        data_out_return1 = 1'b0;
                        data_out_return2 = 1'b0;
                end
        3'b010: begin
```

```
                              next_state = 3'b110;
                              data_out = 1'b0;
                              data_out_return1 = 1'b0;
                              data_out_return2 = 1'b0;
                         end
                  3'b011: begin
                              next_state = 3'b000;
                              data_out = 1'b1;
                              data_out_return1 = 1'b1;
                              data_out_return2 = 1'b0;
                         end
                  endcase
          3'b101: case (data_in)
                  3'b000: begin
                              next_state = 3'b101;
                              data_out = 1'b0;
                              data_out_return1 = 1'b0;
                              data_out_return2 = 1'b0;
                         end
                  3'b001: begin
                              next_state = 3'b110;
                              data_out = 1'b0;
                              data_out_return1 = 1'b0;
                              data_out_return2 = 1'b0;
                         end
                  3'b010: begin
                              next_state = 3'b111;
                              data_out = 1'b0;
                              data_out_return1 = 1'b0;
                              data_out_return2 = 1'b0;
                         end
                  3'b011: begin
                              next_state = 3'b000;
                              data_out = 1'b1;
                              data_out_return1 = 1'b0;
                              data_out_return2 = 1'b1;
                         end
                  endcase
          3'b110: case (data_in)
                  3'b000: begin
```

```verilog
                                    next_state = 3'b110;
                                    data_out = 1'b0;
                                    data_out_return1 = 1'b0;
                                    data_out_return2 = 1'b0;
                                end
                        3'b001: begin
                                    next_state = 3'b111;
                                    data_out = 1'b0;
                                    data_out_return1 = 1'b0;
                                    data_out_return2 = 1'b0;
                                end
                        3'b010: begin
                                    next_state = 3'b000;
                                    data_out = 1'b1;
                                    data_out_return1 = 1'b0;
                                    data_out_return2 = 1'b0;
                                end
                    endcase
              3'b111: case (data_in)
                        3'b000: begin
                                    next_state = 3'b111;
                                    data_out = 1'b0;
                                    data_out_return1 = 1'b0;
                                    data_out_return2 = 1'b0;
                                end
                        3'b001: begin
                                    next_state = 3'b000;
                                    data_out = 1'b1;
                                    data_out_return1 = 1'b0;
                                    data_out_return2 = 1'b0;
                                end
                    endcase
          endcase

    always @(posedge clk or negedge rst_n)
        if (!rst_n)
            current_state <= 3'b000;
        else
            current_state <= next_state;
endmodule
```

例 4.4-3 "11010" 序列检测器示例。

序列检测器用于将一个指定的序列从数字码流中检测出来。当输入端出现序列 11010 时，输出为 1，否则输出为 0。在此不考虑重复序列，即出现指定序列后就重新开始序列检测，不再考虑以前的数据；规定数据从右端输入，即按照 1—1—0—1—0 的顺序输入。该序列检测器的状态转移图如图 4.4-5 所示。

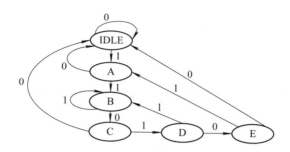

图 4.4-5　"11010" 序列检测器的状态转移图

其 Verilog HDL 程序代码如下：

```verilog
module seqdet (D_out, D_in, rst_n, clk);
    parameter IDLE = 3'd0, A = 3'd1, B = 3'd2, C = 3'd3, D = 3'd4, E = 3'd5;
    output D_out;
    input D_in, rst_n, clk;
    reg [2:0] state, next_state;
    wire D_out;
        assign D_out = (state = = E)?1:0;
        always @(state or D_in)
            case (state)
              IDLE : if (D_in) next_state = A;
                     else next_state = IDLE;
                A : if (D_in) next_state = B;
                    else next_state = IDLE;
                B : if (D_in) next_state = B;
                    else next_state = C;
                C : if (D_in) next_state = D;
                    else next_state = IDLE;
                D : if (D_in) next_state = B;
                    else next_state = E;
                E : if (D_in) next_state = IDLE;
                    else next_state = A;
              default : next_state = IDLE;
            endcase
```

```
always @(posedge clk or negedge rst_n)
    if (!rst_n) state <= IDLE;
    else        state <= next_state;
endmodule
```

本 章 小 结

本章先介绍了 Verilog HDL 的可综合性，随后介绍了四部分内容，即组合电路、时序电路、混合电路以及有限同步状态机。硬件描述语言的基础在于对电路的认识。本章实质上介绍的是电路的 Verilog HDL 设计方法，包括加法器、数据选择器等，可为以后的代码编写打下硬件基础。

思考题和习题

4-1　Verilog HDL 的设计方法有哪三种？

4-2　Verilog HDL 模块的结构描述方式可以分为哪几种？

4-3　逻辑变量的取值 1 和 0 可以分别表示电平和逻辑的什么？

4-4　当逻辑函数有 n 个变量时，共有多少个变量取值组合？

4-5　假设编码器中有 50 个编码对象，请输出二进制代码位数。

4-6　一个 16 选 1 的数据选择器，其地址输入(选择控制输入)端有多少个？

4-7　N 个触发器可以构成能寄存多少位二进制数码的寄存器？

4-8　写出 8 bit 加法器的逻辑表达式，比较用超前进位逻辑和不用超前进位逻辑的电路速度。

4-9　利用数字电路的基本知识，解释：即使组合逻辑电路的输入端的所有信号同时变化，其输出端的各个信号也不可能同时达到新的值；各个信号变化快慢的决定因素。

4-10　提高复杂组合逻辑电路的运算速度有哪些方法？

4-11　在设计加法器时，除了使用基本门电路结构描述方式外，是否还可以利用算数操作符实现？设计一个加法器，用综合工具综合。

4-12　为什么采用流水线的方法可以显著提高层次多的复杂组合逻辑电路的运算速度？

4-13　使用状态机设计电路时，不同的状态分配对电路的复杂度和速度有何影响？

4-14　根据以下程序，画出所产生的信号 a、c 的波形。

```
initial
  begin
    a <= 0;
    b <= 1;
    c <= 0;
    d <= 1;
    #5    a <= b;
    #10   c <= d;
```

```
    end
```

4-15　请分析以下两段 Verilog HDL 程序所描述电路的区别。

程序(1)：

```
module bloc(clk, a, b);
    input clk, a;
    output b;
        reg y;
        reg b;
            always @(posedge clk)
                begin
                    y = a;
                    b = y;
                end
endmodule
```

程序(2)：

```
module nonbloc(clk, a, b);
    input clk, a;
    output b;
    reg y;
    reg b;
    always @(posedge clk)
        begin
            y <= a;
            b <= y;
        end
endmodule
```

4-16　试用查找表方式实现真值表(习题 4-16 表)中的加法器，并写出 Verilog HDL 程序代码。

习题 4-16 表

Cin	ain	bin	sum	Cout
0	0	0	0	0
0	0	1	1	0
0	1	0	1	0
0	1	1	0	1
1	0	0	1	0
1	0	1	0	1
1	1	0	0	1
1	1	1	1	1

4-17 试用 Verilog HDL，利用内置基本门级元件，以结构描述方式生成习题 4-17 图所示的电路。

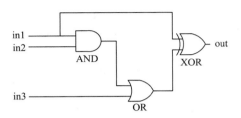

习题 4-17 图

4-18 试用 Verilog HDL 描述用 D 触发器实现带有同步清零功能(低电平有效)的二分频的逻辑电路，并设计功能模块的测试程序(见习题 4-18 图)。

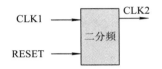

习题 4-18 图

4-19 用 Verilog HDL 描述习题 4-19 图的状态转移图。

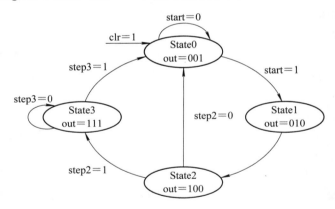

习题 4-19 图

4-20 用状态机的方式设计一个序列检测器，当检测到连续 4 个或 4 个以上的"1"输入时，输出为"1"，其他输入情况下的输出为"0"。画出状态转移图，写出两段式 Verilog HDL 代码。

4-21 NRZ 码(非归零码)是一种最简单、最常用的信号形式。该信号的正电平对应二进制代码 1，零电平对应二进制代码 0。将 NRZ 码的 1 用 10 表示、0 用 01 表示，即得到 Manchester(曼彻斯特)码。设计一个 Mealy 型有限状态机，将 NRZ 码比特流转换成 Manchester 码比特流。

第 5 章 仿真验证与 Testbench 编写

5.1 Verilog HDL 电路仿真和验证概述

在 Verilog HDL 集成电路设计过程中，设计者完成 RTL 级描述后需要进行设计确认。设计确认是设计者检查设计中是否包含缺陷的过程。在设计中，表述不清的设计规范、设计者的错误或者错误地调用了元件等都可能给设计带来缺陷。因此，设计确认对于集成电路设计来说具有重要的作用。设计确认可以通过仿真和验证来完成。仿真和验证能确保设计的完整性、可靠性、实效性以及先进性。

仿真也可以称为模拟，是通过 EDA 仿真工具对所设计电路或系统输入测试信号，然后根据其输出信号(波形、文本或者 VCD 文件)与期望值进行比较，来确认是否得到与期望一致的设计结果，从而验证设计的正确性。

在设计过程中，仿真是在综合之前完成的，这就是通常所说的行为级仿真、RTL 仿真或前仿真。RTL 设计阶段只包含了时钟及其时序，并未包含门延时和线延时。因此，RTL 仿真对于时钟来说是正确的，并且不用考虑竞争冒险、毛刺、建立和保持时间以及其他一些详细的时序问题，这样 RTL 仿真就具有较快的速度。

验证是一系列测试平台的集合，是一个证明设计思路如何实现及保证设计在功能上正确的过程。验证在 Verilog HDL 设计的整个流程中分为 4 个阶段：阶段 1——功能验证；阶段 2——综合后验证；阶段 3——时序验证；阶段 4——板级验证。其中前 3 个阶段是在 PC 平台上依靠 EDA 工具来实现的，最后一个阶段则需要在真正的硬件平台(FPGA、CPLD 等)上进行，需要借助一些调试工具或者专业的分析仪来调试，因此本书所介绍的验证仅限于在 PC 平台上运行的前 3 个阶段的验证。

在测试验证环节，要求测试需具备高效、完备的特性。高效是指以最短的时间发现错误，从而能以最短的时间上市；完备是指发现全部的错误，要求测试达到一定的覆盖率，包括代码的覆盖率和功能的覆盖率。

1．验证方法

对于功能验证，根据验证的透明度，可以分为黑盒法、白盒法和灰盒法。

1) 黑盒法

黑盒法就是把测试代码看作一个黑盒子，测试人员完全不考虑代码内部的逻辑结构和内部特性，只依据程序的需求规格说明书，检查程序的功能是否符合它的功能说明。验证人员在 RTL 级输入端施加激励信号，然后将输出值与期望值相比较，以验证设计的正确性。

黑盒法主要有两个优点：① 简单。验证者无须了解 RTL 级设计的细节，只需根据规格说明书搭建 Testbench(测试平台)。② 易于实现验证和设计的独立。由于验证者不了解 RTL 级设计细节，在搭建 Testbench 时不会受设计者思路的影响，因此能避免按 RTL 级设计者的实现思路来验证 RTL 级设计的情况。

黑盒法的主要缺点是可观测性差。由于验证人员对内部的实现细节不了解，无法插入内部测试点，因此很难对错误进行迅速定位，在大规模设计中难以跟踪错误的根源。黑盒法一般适用于中小规模电路的验证。

2) 白盒法

白盒法也称结构测试或逻辑驱动测试，它是按照 RTL 级代码内部结构进行测试的，通过测试来检测 RTL 级代码内部实现是否按照设计规格说明书的规定正常执行，检验 RTL 级代码中的每条路径是否都能按预定要求正确工作。

验证人员是在对内部的设计细节熟悉且能够对内部信号完全控制和观察的情况下进行验证的。

白盒法的优点在于容易观察和控制验证的进展状况，可以根据事先设置的观测点，在错误出现后很快定位问题的根源。其缺点则是需要耗费很长的时间了解 RTL 级的实现细节，且难以实现设计与验证的分离，验证团队可能会受设计团队思路的影响，出现沿着设计思路验证的现象，结果是无法证明设计的功能是否正确。

3) 灰盒法

灰盒法是介于黑盒法和白盒法之间的一种测试方法。灰盒测试关注输出对于输入正确性的影响，同时也关注内部表现，但这种关注没有白盒法那样详细、完整，只是通过一些表征性的现象、事件、标志来判断内部的运行状况。在很多测试中经常会出现输出正确、内部错误的情况，如果每次都通过白盒测试来操作，则效率会很低，因此可采取灰盒法。

2．验证技术

在功能验证中主要采用的技术包括动态仿真、形式验证和硬件加速验证。

1) 动态仿真

动态仿真是功能验证中最常用的方式，该方式是将编写好的激励序列送入被测电路输入端，检测输出是否符合期望值。

根据激励产生的方式，动态仿真可以划分为定向测试和随机测试。定向测试是为了验证某个具体功能而专门设计激励信号。由于在仿真前就已知激励内容和期望的输出内容，因此分析输出结果较为容易，它一般用在验证前期对电路基本功能的验证上。定向测试的缺点也很明显，就是每个测试用例只能用一次，无法产生新的测试序列，因此不会提高代码或功能覆盖率。随机测试特别是覆盖率驱动的随机测试正是用来解决定向测试这一缺陷的。在验证环境中，随机可以得到更多的数值集，减少了编写激励的工作量，提高了覆盖率和验证效率；不同的随机交叉组合可能验证到计划中没有指定的功能，提高了验证完备性。在 Verilog HDL 中随机序列可以通过系统函数产生(见 5.3.6 节)。

检测输出的方法除了本章即将介绍的波形观测和文本输出方式外，还有断言检测、自动化检测和覆盖率统计等。断言来源于设计规范，用来评估一个设计属性是否和期望值一致。断言验证将在 8.3.4 节中介绍。在随机测试中，由于仿真前无法得到激励内容，导致对输出的判断非常困难，因此需要用自动化的检测方式，如编写抽象的行为级模型，将随机信号同时送入模型和设计中，将两个输出作比较，从而验证电路设计的正确性。虽然随机验证和自动化检测技术提高了验证效率，但需要一个客观标准衡量验证是否完备，因此引入了"覆盖率"这一概念。覆盖率定义为已达到验证目标的百分比，它被用作评估验证项目进展的指标。覆盖率分为功能覆盖率和代码覆盖率。功能覆盖率用来衡量哪些设计特征已经被测试程序验证到，它只关心电路功能，不关心具体的代码如何实现，因此也称为黑盒覆盖率。显而易见，代码覆盖率用于衡量 RTL 代码是否被执行到，因此也称为白盒覆盖率。代码覆盖率具体又可分为分支覆盖率、语句覆盖率、翻转覆盖率、条件覆盖率和状态机覆盖率。一般仿真工具都具有自动统计代码覆盖率的功能(见 7.2.1 节)。需要注意的是：如果代码覆盖率为 100%，并不能代表功能没问题。如果功能覆盖率低，但是代码覆盖率高，说明测试用例没有涉及一些功能点，需要修改并增加测试用例；反之，功能覆盖率高，但是代码覆盖率低，需要分析未覆盖到的代码，推断仿真是否有遗漏的功能点，代码是否为冗余或不可达到。

2) 形式验证

与动态仿真相比，形式验证是一种静态验证方法，它不需要激励输入，而是通过数学方法来验证设计的正确性。形式验证工具通过严密的数学逻辑算法穷尽所有输入可能，所以它容易实现验证的完备性。形式验证分为两种方式：等价检查和属性检查。等价检查是验证两个设计在功能上是否相同的过程，可以用来检查不同抽象层次的电路是否一致，如 RTL 级和网表的等价检查可以保证综合过程没有逻辑错误。属性检查，首先通过专用验证语言描述电路的功能属性，属性被转换成等价表达式来评估对错，随后验证工具用静态方式证明在所有测试状态下的设计都满足这个属性；如果不满足，会列举出错误的例子。在 System Verilog 中提供了验证语言 SVA 来描述设计属性，在 8.3.4 中会介绍这种语言。

3) 硬件加速验证

动态仿真和形式验证技术是纯软件的模拟方式。随着验证规模越来越大，限制验证效率的最大因素就是仿真速度，软件模拟已不能满足像 SoC 这样大规模软硬件协同仿真验证了。因此，利用硬件辅助加速技术来缩短验证时间、提高验证效率的方法被提了出来。硬件辅助加速的基本思想是：编写好的验证平台(Testbench)在主机中运行，将设计映射或下载到可配置的硬件加速器中，验证平台产生的激励通过实际物理接口连接到硬件加速器，这样设计在接近最终产品的应用环境下全速运行；同时，通过软件和硬件的检测机制对验证过程进行监测和调试。

之前，硬件加速方式是基于 FPGA 平台的。采用 FPGA 验证，虽然整体验证可以全速运行，但是能够观察的信号会急剧减少，如果发生运行异常而需要寻找设计错误时，必须修改观测信号，而每次修改都意味着重新编译综合整个设计，这将之前验证运行节省的时间都用在了重新修改编译下载上。现在主流的硬件加速方式是基于专用模拟器(Emulation)的，相对 FPGA 验证方式，它具备更准确的分析能力和更高的信号可见性。在仿真时能清楚地观测到内部信号的变化过程，并能对内部不同模块进行功耗等性能分析，从而更好地帮助设计者进行电路修正及优化。

随着设计规模的不断增大和复杂性的不断提高，验证面临巨大的挑战。仅仅用一种验证技术无法实现验证的完备性、高可靠性、可重用性及高效率。因此需要结合多种验证方法来对设计进行全方位的验证，从而让设计的产品更加完善。

5.2　Verilog HDL 测试程序设计基础

5.2.1　Testbench 及其结构

在 Verilog HDL 中，通常采用测试平台(Testbench)进行仿真和验证。在仿真时，Testbench 用来产生测试激励信号给待验证设计(Design Under Verification，DUV)，或者称为待测试设计(Design Under Test，DUT)，同时检查 DUV/DUT 的输出是否与预期的一致，从而达到验证设计功能的目的，如图 5.2-1 所示。

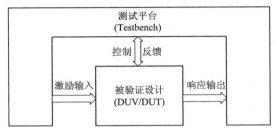

图 5.2-1　Testbench 结构

应该指出的是，由于 Testbench 是一个测试平台，信号集成在模块内部，因此没有输入、输出。在 Testbench 模块内，例化待测试设计的顶层模块，并把测试行为的代码封装在内，直接对待测试系统提供测试激励。图 5.2-2 给出了一个典型的 Testbench 程序结构。

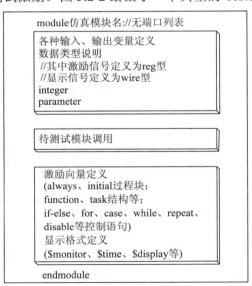

图 5.2-2　典型的 Testbench 程序结构

下面举例介绍测试程序中各模块的分布。

例 5.2-1　T 触发器测试程序示例。

```
module Tflipflop_tb;
```

```
//数据类型声明
reg clk, rst_n, T;
wire data_out;
//对被测试模块实例化
TFF U1 (.data_out(data_out), .T(T), .clk(clk), .rst_n(rst_n));
//产生测试激励信号
    always
        #5 clk = ~clk;
    initial
        begin
          clk = 0;
          #3 rst_n = 0;
          #5 rst_n = 1;
          T = 1;
          #30   T = 0;
          #20   T = 1;
        end
//对输出响应进行收集
    initial
        begin
            $monitor($time, "T = %b, clk = %b, rst_n = %b,
                        data_out = %b", T, clk, rst_n, data_out);
        end
    endmodule
```

T 触发器的仿真波形如图 5.2-3 所示。

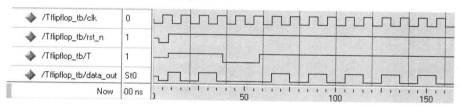

图 5.2-3　T 触发器的仿真波形

部分文本输出结果：

0T = x, clk = 0, rst_n = x, data_out = x

3T = x, clk = 0, rst_n = 0, data_out = 0

5T = x, clk = 1, rst_n = 0, data_out = 0

8T = 1, clk = 1, rst_n = 1, data_out = 1

10T = 1, clk = 0, rst_n = 1, data_out = 1

Testbench 模块最重要的任务就是利用各种合法的语句，产生适当的时序和数据，以完成测试，并达到覆盖率要求。一般来讲，测试激励信号在 initial 语句块和 always 语句块中进行赋值，因此，与被测试模块的输入端口相连的输入激励信号定义为 reg 类型，与被测试模块输出端口相连的信号定义为 wire 类型，主要用于对测量结果的观察。

　　仿真因 EDA 工具和设计复杂度的不同而略有不同，对于简单的设计，特别是一些小规模的数字设计来说，一般可以直接使用开发工具内嵌的仿真波形工具绘制激励信号，然后进行功能仿真。另外一种较为常用的方法是使用 HDL(硬件描述语言)编制 Testbench(仿真文件)，通过波形或自动比较工具，分析设计的正确性，并分析 Testbench 自身的覆盖率和正确性。

　　基于 Testbench 的仿真流程如图 5.2-4 所示。从图中可以清晰地看出 Testbench 的主要功能：

　　(1) 为 DUT 提供激励信号；

　　(2) 正确实例化 DUT；

　　(3) 将仿真数据显示在终端或者存为文件，也可以显示在波形窗口中供分析检查；

　　(4) 复杂设计可以使用 EDA 工具，或者通过用户接口自动比较仿真结果与理想值，实现结果的自动检查。

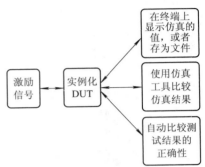

图 5.2-4　基于 Testbench 的仿真流程

　　前两点功能主要和 Testbench 的编写方法和风格(Coding Style)相关，后两点功能主要和仿真工具的功能特性及支持的用户接口相关。仿真工具将在后面章节中详细介绍，本章所要介绍的重点是如何编写规范、高效、合理的测试程序。

　　Testbench 设计好以后，可以为芯片设计的各个阶段服务。比如，对 RTL 代码、综合网表和布线之后的网表进行仿真时，都可以采用同一个 Testbench。

　　编写 Testbench 时需要注意以下问题：

　　(1) Testbench 代码不需要可综合性。Testbench 代码只是硬件行为描述，而不是硬件设计。Testbench 只用于仿真软件中模拟硬件功能，不会被实现成电路，不需要具备可综合性。因此，在编写 Testbench 的时候，要尽量使用抽象层次较高的语句，不仅具备高的代码书写效率，而且准确，仿真效率高。

　　(2) 行为级描述效率高。如前所述，Verilog HDL 具备 5 个描述层次，分别为开关级、门级、RTL 级、算法级和系统级。虽然所有的 Verilog HDL 都可用于 Testbench 中，但是行为级描述代码具有显著优势：① 降低了测试代码的书写难度，测试人员不需要理解电路的结构和实现方式，从而节约了测试代码的开发时间。② 便于根据需要从不同层次进行抽象设计。在高层次描述中，设计更加简单、高效，只有在需要解析某个模块的详细结构时，才会使用低层次的详细描述。③ EDA 工具本身就支持 Testbench 中的高级数据结构和运算，其编译、运行和行为级仿真速度较快。

　　(3) 掌握结构化、程式化的描述方式。结构化的描述有利于设计维护。由于在 Testbench 中，所有的 initial、always 以及 assign 语句都是同时执行的，其中每个描述事件都是基于时间"0"点开始的，因此可通过这些语句将不同的测试激励划分开来。一般不要将所有的测试都放在一个语句块中。

5.2.2　测试平台举例

为了验证设计模块功能的正确性，需要在 Testbench 中输入激励信号给设计模块，同时观察这些激励信号在设计模块中的响应是否与设计目标值一致。

图 5.2-5 中给出了一个 DUT 的仿真平台。测试平台会产生时钟信号、复位信号和一系列的仿真向量，试观察 DUT 的响应，并确认仿真结果。

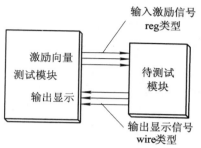

建立 Testbench 进行仿真的流程分为编写仿真激励、搭建仿真环境和确认仿真结果三个步骤。为一个设计建立仿真平台，将这个设计在该平台中实例化，然后将在平台中产生的测试激励信号输入给设计模块，再观察 DUT 的响应是否与期望值相同。下面介绍组合逻辑电路和时序逻辑电路测试仿真环境的搭建。

图 5.2-5　DUT 仿真平台

1. 组合逻辑电路仿真环境的搭建

组合逻辑电路的设计验证主要是检查设计结果是否符合该电路真值表的功能，因此在搭建组合逻辑电路仿真环境时，用 initial 语句块把被测电路的输入信号按照真值表提供的数据变化情况作为测试条件。组合逻辑电路的特点决定了仿真中只需对输入信号进行设计即可，没有时序、定时信息和全局复位、置位等信号要求。

例 5.2-2　搭建全加器的仿真环境。

全加器的真值表如表 5.2-1 所示。

表 5.2-1　全加器的真值表

a	b	ci	so	co
0	0	0	0	0
0	0	1	1	0
0	1	0	1	0
0	1	1	0	1
1	0	0	1	0
1	0	1	0	1
1	1	0	0	1
1	1	1	1	1

用 Verilog HDL 编写的全加器程序代码如下：

```
module adder1(a, b, ci, so, co);
    input    a, b, ci;
    output   so, co;
        assign{co, so} = a+b+ci;
endmodule
```

根据全加器的真值表(见表 5.2-1)编写的全加器测试程序如下：

```
module adder1_tb;
```

```
    wire so, co;
    reg    a, b, ci;
    adder1 U1(a, b, ci, so, co);        //实例化模块
    initial                             //产生测试信号
        begin
                a=0; b=0; ci=0;
            #20 a=0; b=0; ci=1;
            #20 a=0; b=1; ci=0;
            #20 a=0; b=1; ci=1;
            #20 a=1; b=0; ci=0;
            #20 a=1; b=0; ci=1;
            #20 a=1; b=1; ci=0;
            #20 a=1; b=1; ci = 1;
            #200  $finish;
        end
    endmodule
```

在源程序中，把全加器的输入 a、b 和 ci 定义为 reg 型变量；把输出 so 和 co 定义为 wire 型变量；用模块实例化语句 "adder1 U1(a, b, ci, so, co);" 把全加器设计电路例化到测试仿真环境中；用 initial 语句块使输入产生变化并生成测试条件，输入的变化语句完全根据全加器的真值表编写。其仿真结果如图 5.2-6 所示。

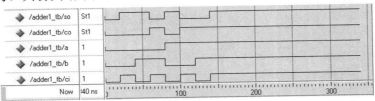

图 5.2-6　全加器的仿真结果

2. 时序逻辑电路仿真环境的搭建

时序逻辑电路仿真环境的搭建要求与组合逻辑电路基本相同，主要区别在于时序逻辑电路的仿真环境中，需要考虑时序、定时信息和全局复位、置位等信号要求，并定义这些信号。

例 5.2-3　搭建十进制加法计数器的仿真环境。

用 Verilog HDL 编写的十进制加法计数器的源程序代码如下：

```
    module cnt10(clk, rst, ena, q, cout);
        input    clk, rst, ena;
        output  [3:0]  q;
        output    cout;
        reg     [3:0] q;
        always @ (posedge clk or posedge rst)
            begin
```

```
            if(rst)q = 4'b0000;
            else if(ena)
                begin
                    if(q<9)q = q+1;
                    else    q = 0;
                end
        end
            assign cout = q[3]&q[0];
    endmodule
```

Verilog HDL 测试程序代码如下：

```
    module cnt10_tb;
        reg     clk, rst, ena;
        wire    [3:0] q;
        wire    cout;
        cnt10 U1(clk, rst, ena, q, cout);          //实例化模块
        always #50 clk = ~clk;                     //产生时钟信号
        initial
            begin
                clk = 0; rst = 0; ena = 1;         //产生控制信号
                #1200 rst = 1;
                #120 rst = 0;
                #2000 ena = 0;
                #200 ena = 1;
                #20000 $finish;
            end
    endmodule
```

在源程序中，用模块实例化语句"cnt10 U1(clk, rst, ena, q, cout);"把十进制计数模块例化到仿真环境中；在 always 语句块中用语句"#50 clk = ~clk;"产生周期为 100(标准时间单位)的时钟方波；用 initial 语句块生成复位信号 rst 和使能控制信号 ena 的测试条件。其仿真结果如图 5.2-7 所示。

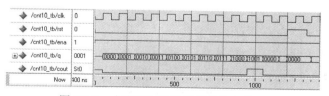

图 5.2-7　十进制加法计数器的仿真结果

5.2.3　Verilog HDL 仿真结果确认

Verilog HDL 仿真结果的正确性可以通过观察波形、观察文本输出、自动检查仿真结果

和使用 VCD 文件等方式来确认。

1. 观察波形

观察波形即通过直接观察各信号波形的输出，比较测试值和期望值的大小，来确定仿真结果的正确性。图 5.2-8 是 ModelSim 信号波形观察窗口。这种方式的优势在于观测信号比较直观，适用于观测时间较短的测试信号。

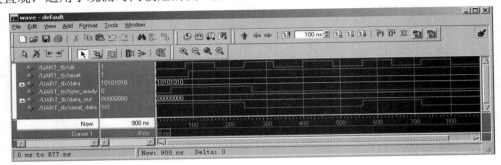

图 5.2-8　ModelSim 信号波形观察窗口

2. 观察文本输出

Verilog HDL 语法中规定了一系列系统任务，其中的打印任务主要用来协助查看仿真结果。例如：$display 即直接输出到标准输出设备；$monitor 即监控参数的变化；$fdisplay 即输出到文件；等等。下面的程序是在例 5.2-2 的测试平台中增加了用于屏幕打印的任务 $monitor。

```
module adder1_tb;
    wire so, co;
    reg   a, b, ci;
    adder1 U1(a, b, ci, so, co);          //实例化模块
    initial                                //产生测试信号
        begin
                a = 0; b = 0; ci = 0;
            #20 a = 0; b = 0; ci = 1;
            #20 a = 0; b = 1; ci = 0;
            #20 a = 0; b = 1; ci = 1;
            #20 a = 1; b = 0; ci = 0;
            #20 a = 1; b = 0; ci = 1;
            #20 a = 1; b = 1; ci = 0;
            #20 a = 1; b = 1; ci = 1;
            #200    $finish;
        end
    initial   $monitor($time, "%b %b %b -> %b %b", a, b, ci, so, co);
endmodule
```

其输出的结果是：

```
0   000->00
20  001->10
40  010->10
60  011->01
80  100->10
```

3. 自动检查仿真结果

自动检查仿真结果是通过在设计代码中的关键节点添加断言监控器，形成对电路逻辑综合的注释或是对设计特点的说明，以提高设计模块的可观察性。在行为约束时观察设计的关键节点是否达到预期值，如果断言监控器检查到信号没有达到其预期值，则会产生相应的信息及差异的时间，这类信息通常出现在仿真报告、脚本或者控制信息里。

4. 使用 VCD 文件

Verilog HDL 提供了一系列系统任务，用于记录信号值的变化并保存到标准的 VCD (Value Change Dump)格式的数据库中。VCD 文件是一种标准格式的波形记录文件，只记录发生变化的波形。可以将仿真器中的仿真结果输出成一个 VCD 文件，然后将该 VCD 文件输入给其他第三方分析工具进行分析。

5.2.4　Verilog HDL 仿真效率

与 C/C++ 等软件语言相比，Verilog HDL 行为级仿真代码的执行时间比较长，其主要原因就是要通过串行软件代码完成并行语义的转换。随着代码的增加，仿真验证过程会非常漫长，从而导致仿真效率降低。这成为整体设计的瓶颈。即便如此，不同的设计代码其仿真效率也是不同的。鉴于此，提出了以下几点建议，可帮助设计人员提高 Verilog HDL 代码的仿真效率。

1. 减小层次结构

仿真代码的层次越少，执行时间就越短。这主要是因为参数在模块端口之间传递时需要消耗仿真器的执行时间。

2. 减少门级代码的使用

由于门级建模属于结构化建模，自身参数建模较复杂，需要通过建模调用的方式来实现，因此仿真代码应尽量使用行为级语句；建模层次越抽象，执行时间就越短。

3. 仿真精度越高，效率越低

Verilog HDL 语法中提供了计时单位值和计时精度值，并且要求计时单位值大于等于计时精度值。由于在 Verilog HDL 模型中，所有时延都是通过单位时间进行描述的，并且是一个相对的概念，所以计时单位值与计时精度值的差值越大，模拟时间越长。例如包含`timescale 1ns/1ps 定义的代码执行时间就比包含`timescale 1ns/1ns 定义的代码执行时间长。因此在仿真中，需要通过具体的仿真要求，设定合适的仿真时间和分辨率，提高仿真效率。`timescale 仿真时间标度将在 5.8.3 节中详细讲述。

4. 进程越少，效率越高

代码中的语句块越少，仿真越快。例如：将相同的逻辑功能分布在两个 always 语句块中，其仿真执行时间就比利用一个 always 语句来实现要长。这是因为仿真器在不同进程之间进行切换也需要时间。

5. 减少仿真器的输出显示信息

Verilog HDL 中包含了一些系统任务，可以在仿真器的控制台显示窗口中输出一些提示信息。虽然它对于软件调试是非常有用的，但会降低仿真器的执行效率，因此在代码中不要随意使用这类系统任务。

从本质上来讲，减少代码执行时间并不一定会提高代码的验证效率，因此上述建议需要和代码的可读性、可维护性以及验证覆盖率等方面结合起来考虑。

5.3 与仿真相关的系统任务

5.3.1 $display 和 $write

Verilog HDL 中两个主要的标准输出任务是$display 和 $write，这两个系统函数都用于输出信息且语法格式相同。其语法格式分别如下：

$display("<format_specifiers>", <signal1, signal2, …, signaln>);

$write("<format_specifiers>", <signal1, signal2, …, signaln>);

其中，<format_specifiers>用于控制格式，而<signal1, signal2, …, signaln>则为"信号输出列表"。

虽然 $display 和 $write 的作用相同，但$display 是将特定信息输出到标准输出设备，并且带有行结束字符，即自动地在输出后进行换行；而$write 输出特定信息时不自动换行。如果想在一行里输出多个信息，则可以使用 $write。

输出格式说明由"%"和格式字符组成，其作用是将输出的数据转换成指定的格式输出。格式说明总是由"%"字符开始。对于不同类型的数据，用不同的格式输出。表 5.3-1 中给出了常用的几种输出格式，无论何种格式，都以较短的结果输出。

表 5.3-1 常用的输出格式

输出格式	说　　明	输出格式	说　　明
%h 或 %H	以十六进制数的形式输出	%m 或 %M	输出所在模块分级名
%d 或 %D	以十进制数的形式输出	%s 或 %S	以字符串的形式输出
%o 或 %O	以八进制数的形式输出	%t 或 %T	以当前的时间格式输出
%b 或 %B	以二进制数的形式输出	%e 或 %E	以指数的形式输出实型数
%c 或 %C	以 ASCII 码字符的形式输出	%f 或 %F	以十进制数的形式输出实型数
%v 或 %V	输出网络型数据信号强度	%g 或 %G	以指数或十进制数的形式输出实型数

需要原样输出的字符，即普通字符，其中一些特殊的字符可以通过表 5.3-2 中的转换序列来输出。表中的字符形式用于格式字符串参数中，用来显示特殊的字符。

表 5.3-2　特殊字符的输出格式

换码序列	功　能
\n	换行
\t	横向跳格(即跳到下一个输出区)
\\	反斜杠字符\
\"	双引号字符"
\o	1~3 位八进制数代表的字符
%%	百分符号%

在 $display 和 $write 的参数列表中，其"信号输出列表"是需要输出的一些数据，可以是表达式。下面举例说明。

例 5.3-1　$display 应用示例。

```
module disp_tb;
    reg[31:0] rval;
    pulldown(pd);
        initial
            begin
                rval = 101;
                $display("\\\t%%\n\"123");                    //八进制数 123 就是字符 S
                $display("rval = %h hex %d decimal", rval, rval);
                $display("rval = %o otal %b binary", rval, rval);
                $display("rval has %c ascii character value", rval);
                $display("pd strength value is %v", pd);
                $display("current scope is %m");
                $display("%s is ascii value for 101", 101);
                $write("simulation time is");
                $write("%t\n", $time);
            end
endmodule
```

输出结果：

```
\%
"S
rval = 00000065 hex 101 decimal
rval = 00000000145 octal 00000000000000000000000001100101 binary
rval has e ascii character value
pd strength value is StX
current scope is disp
e is ascii value for 101
simulation time is 0
```

在 $display 中，输出列表中数据的显示宽度是自动按照输出格式进行调整的。这样在显示输出数据时，在经过格式转换以后，总是用表达式的最大可能值所占的位数来显示表达式的当前值。

5.3.2 $monitor 和 $strobe

$monitor、$strobe 与 $display、$write 一样，属于信号的输出显示的系统任务。同时，$monitor 与 $strobe 都提供了监控和输出参数列表中字符或变量的值的功能。

(1) $monitor 的语法格式如下：

　　$monitor("<format_specifiers>", <signal1, signal2, …, signaln>);

例如：

　　$monitor(p1, p2, …, pn);

任务 $monitor 提供了监控和输出参数列表中的表达式或变量值的功能。其参数列表输出控制格式字符串和输出列表的规则与 $display 中的一样。当启动一个带有一个或多个参数的 $monitor 任务时，仿真器则建立一个处理机制，使得每当参数列表中变量或表达式的值发生变化时，整个参数列表中变量或表达式的值都输出显示。如果同一时刻两个或多个参数的值发生变化，则在该时刻只输出显示一次。

在 $monitor 中，参数可以是 $time 系统函数。这样，参数列表中变量或表达式的值同时发生变化的时刻可以通过标明同一时刻的多行输出来显示。例如：

　　$monitor($time, , "rxd = %b txd = %b", rxd, txd);

在 $display 中也可以这样使用。注意在上面的语句中，",,"代表一个空参数。空参数在输出时显示为空格。

$monitor 还提供了以下两种常用的系统任务：

　　$monitoron;

　　$monitoroff;

$monitoron 和 $monitoroff 的作用是通过打开和关闭监控标志来控制$monitor 的启动和停止，这样，程序员可以很容易地控制 $monitor 的发生时间。其中$monitoroff 用于关闭监控标志，停止监控任务 $monitor；$monitoron 则用于打开监控标志，启动监控任务$monitor。通常在通过调用 $monitoron 启动 $monitor 时，不管$monitor 参数列表中的值是否发生变化，总是立刻输出显示当前时刻参数列表中的值，这用于在监控的初始时刻设定初始比较值。在缺省情况下，监控标志在仿真的起始时刻就已经打开了。在多模块调试的情况下，许多模块中都调用了 $monitor，但由于任何时刻只能有一个 $monitor 起作用，因此需配合 $monitoron 与 $monitoroff，把需要监视的模块用 $monitoron 打开，在监视完毕后及时用 $monitoroff 关闭，以便把 $monitor 让给其他模块使用。

$monitor 与 $display 的不同之处还在于 $monitor 往往在 initial 块中调用，只要不调用 $monitoroff，$monitor 便不间断地对所设定的信号进行监视。

例 5.3-2 $monitor 应用示例。

```
module monitor_tb;
    integer a, b;
```

```
        initial
        begin
            a = 2;
            b = 4;
            forever
                begin
                    #5 a = a + b;
                    #5 b = a - 1;
                end
        end
        initial #40 $finish;
        initial
            begin
                $monitor($time, "a = %d, b = %d", a, b);
            end
        endmodule
```

输出结果：

0	a =	2, b =	4
5	a =	6, b =	4
10	a =	6, b =	5
15	a =	11, b =	5
20	a =	11, b =	10
25	a =	21, b =	10
30	a =	21, b =	20
35	a =	41, b =	20

(2) $strobe 的语法格式如下：

```
$strobe(<functions_or_signals>);
$strobe("<string_and/or_variables>", <functions_or_signals>);
```

$strobe 用于某时刻所有时间处理完后，在这个时间步的结尾输出一行格式化的文本。Verilog HDL 提供了除$strobe 以外的其他几个相关的扩展系统任务，其含义如下：

$strobe——在所有时间处理完后，以十进制格式输出一行格式化的文本；

$strobeb——在所有时间处理完后，以二进制格式输出一行格式化的文本；

$strobeo——在所有时间处理完后，以八进制格式输出一行格式化的文本；

$strobeh——在所有时间处理完后，以十六进制格式输出一行格式化的文本。

这些系统任务在指定时间显示模拟数据，但这种任务的执行是在该特定时间步结束时才显示模拟数据。"时间步结束"意味着对于指定时间步内的所有时间都已经处理了。

$strobe 任务的参数定义和 $display 任务的相同，但是 $strobe 任务在被调用时刻所有的赋值语句都完成后，才输出相应的文字信息。因此 $strobe 任务提供了另一种数据显示机制，可以保证数据只在所有赋值语句执行完毕后才被显示。

例 5.3-3　$strobe 应用示例。

```verilog
module strobe_tb;
    reg a, b;
    initial
        begin
            a = 0;
            $display("a by display is: ", a);
            $strobe("a by strobe is: ", a);
            a = 1;
        end
    initial
        begin
            b <= 0;
            $display("b by display is: ", b);
            $strobe ("b by strobe is: ", b);
            #5;
            $display("#5 b by display is: ", b);
            $strobe("#5 b by strobe is: ", b);
            b <= 1;
        end
endmodule
```

输出结果：

```
a by display is:0
b by display is:x
a by strobe is:1
b by strobe is:0
#5 b by display is:0
#5 b by strobe is:1
```

5.3.3　$time 和 $realtime

在 Verilog HDL 中有两种类型的时间系统函数，即$time 和 $realtime，这两个时间系统函数用于得到当前的仿真时刻。这两个函数被调用后都返回当前时刻相对仿真开始时刻的时间量值。所不同的是，$time 函数以 64 bit 整数值的形式返回仿真时间，而 $realtime 函数则以实型数据的形式返回仿真时间。

（1）系统函数 $time。$time 可以返回一个 64 bit 整数表示的当前仿真时刻值，该时刻值是以模块的开始仿真时间为基准的。

例 5.3-4　$time 应用示例。

```verilog
`timescale 1ns/100ps
module demo_time;
```

```
    reg var;
    parameter delay=1.6;
    initial
        begin
            $display ("time value");
            $monitor($time,, "var=%b"，var);
            #delay var=1;
            #delay var=0;
            #delay $finish;
        end
    endmodule
```

输出结果：

time	value
0	var=x
2	var=1
3	var=0

(2) 系统函数 $realtime。$realtime 和 $time 的作用是一样的，只是 $realtime 返回的时间数字是一个实型数，该数字也是以时间尺度为基准的。

例 5.3-5　$realtime 应用示例。

```
    `timescale 1ns/100ps
    module demo_realtime;
    reg var;
    parameter delay=1.6;
    initial
        begin
            $display ("time value");
            $monitor ($realtime,, "var=%b"，var);
            #delay var=1;
            #delay var=0;
            #delay $finish;
        end
    endmodule
```

输出结果：

time	value
0	var=x
1.6	var=1
3.2	var=0

5.3.4　$finish 和 $stop

系统任务 $finish 和 $stop 用于对仿真过程的控制，分别表示结束仿真和中断仿真。其语法格式分别如下：

$finish;

$finish(n);

$stop;

$stop(n);

其中，n 是参数，可以取 0、1 或 2 几个值，含义如表 5.3-3 所示。

表 5.3-3　n 的取值及其含义

n 的取值	含　　义
0	不输出任何信息
1	给出仿真时间和位置
2	给出仿真时间和位置，同时还有所用 memory 及 CPU 时间的统计

$finish 的作用是退出仿真器，返回主操作系统，也就是结束仿真过程。$finish 可以带参数，根据参数的值输出不同的特征信息；如果不带参数，则默认 $finish 的参数值为 1。

$stop 的作用是把 EDA 工具(如仿真器)置成暂停模式，在仿真环境下给出一个交互式的命令提示符，将控制权交给用户。该任务可以带有参数表达式。根据参数值(0、1 或 2)的不同，输出不同的信息。参数值越大，输出的信息越多。

例 5.3-6　$finish 应用示例。

```verilog
module finish_tb;
    integer a, b;
    initial
      begin
        a = 2;
        b = 4;
        forever
          begin
            #5 a= a + b;
            #5 b= a - 1;
          end
      end
    initial #40 $finish;
    initial
      begin
        $monitor($time, "a = %d, b = %d", a, b);
      end
endmodule
```

例中，程序执行到第 40 个时间单位时退出仿真器。

例 5.3-7　$stop 应用示例。

```
module stop_tb;
    integer a, b;
    initial
        begin
            a = 2;
            b = 4;
            forever
                begin
                    #5 a = a + b;
                    #5 b = a - 1;
                end
        end
    initial #40 $stop;
    initial
        begin
            $monitor($time, "a = %d, b = %d", a, b);
        end
endmodule
```

例中，程序执行到第 40 个时间单位时停止仿真，将 EDA 仿真器设置为暂停模式。

5.3.5　$readmemb 和 $readmemh

Verilog HDL 程序中的系统任务 $readmemb 和 $readmemh 用来从文件中读取数据到存储器中。这两个系统任务可以在仿真的任何时刻被执行使用。其语法格式分别如下：

```
$readmemb("<file_name>", <memory_name>);
$readmemb("<file_name >", <memory_name>, <start_addr>);
$readmemb("<file_name >", <memory_name>, <start_addr>, <finish_addr>);
$readmemh("<file_name >", <memory_name>);
$readmemh("<file_name >", <memory_name>, <start_addr>);
$readmemh("<file_name >", <memory_name>, <start_addr>, <finish_addr>);
```

在这两个系统任务中，被读取的数据文件的内容只能包含空白位置(空格、换行符、制表符(tab)和 form-feeds)、注释行(//形式的和/*…*/形式的都允许)、二进制或十六进制的数字。数字中不能包含位宽说明和格式说明，对于 $readmemb 系统任务，每个数字必须是二进制数字；对于 $readmemh 系统任务，每个数字必须是十六进制数字。数据文件中的不定值(x 或 X)、高阻值(z 或 Z)和下画线(_)的使用方法及代表的意义与一般 Verilog HDL 程序中的使用方法及代表的意义是一样的。另外，数字必须用空白位置或注释行分隔开。数据文件中允许出现十六进制地址说明@hhh，表示将该地址说明后的数据内容存放到存储器相应地址的后续单元中。

例 5.3-8　$readmemh 和 $readmemb 应用示例。

```
module read_mem_tb;
    reg [7:0] memory_b [0:7];
    reg [15:0] memory_h [0:15];
    integer i;
    initial
      begin
        $readmemb("init_b.txt",memory_b);    //把数据文件 init_b.txt 读入存储器 memory_b 中
        $readmemh("init_h.txt",memory_h);    //把数据文件 init_h.txt 读入存储器 memory_h 中
        for(i=0; i<8; i=i+1)    $display("memory_b [%0d] = %b", i, memory_b[i]);
        for(i=8; i<15; i=i+1)   $display("memory_h [%0h] = %h", i, memory_h[i]);
      end
endmodule
```

文件 init_b.txt 和 init_h.txt 包含存储器初始化数据。其中，init_b.txt 指定二进制数据从地址为 2 的单元开始连续写入 3 个数据，然后跳过 1 个地址单元，从地址为 6 的单元连续写入 2 个数据；init_h.txt 指定十六进制数据从地址为 a 的单元开始连续写入 4 个数据。例如：

init_b.txt 文件：

```
@002
11111111 01010101
00000000
@006
1111zzzz 00001111
```

init_h.txt 文件：

```
@00a
000b
00bb
0bbb
bbbb
```

仿真结果：

```
memory_b [0] = xxxxxxxx
memory_b [1] = xxxxxxxx
memory_b [2] = 11111111
memory_b [3] = 01010101
memory_b [4] = 00000000
memory_b [5] = xxxxxxxx
memory_b [6] = 1111zzzz
memory_b [7] = 00001111
memory_h [8] = xxxx
memory_h [9] = xxxx
memory_h [a] = 000b
memory_h [b] = 00bb
memory_h [c] = 0bbb
memory_h [d] = bbbb
memory_h [e] = xxxx
```

5.3.6　$random

$random 是产生随机数的系统函数，每次调用该函数将返回一个 32 bit 的随机数，该随机数是一个带符号的整型数。其语法格式如下：

　　　　$random%<number>;

该系统函数提供了一个产生随机数的手段。当函数被调用时，返回一个 32 bit 的随机数。它是一个带符号的整型数。

$random 的一般用法如下：

　　　　$random %b;

其中，b 为一常数且要求大于零，它给出了一个范围为 −b+1～b−1 的随机数。

利用位拼接操作符 " { } " 可将函数 $random 返回的有符号整数变换为无符号数，其用法如下：

　　　　{$random}%b;

其中，b 为一常数且要求大于零，它给出了一个范围为 0～b−1 的随机数。

例 5.3-9　$random 应用示例。

```
`timescale 1ns/1ns
module random_pulse(dout);
    output [9:0] dout;
    reg dout;
    integer delay1, delay2, k;
        initial
            begin
            #10 dout = 0;
            for (k = 0; k < 100; k = k+1)
              begin
                delay1 = 20 * ( {$random} % 6);          //delay1 在 0～100 ns 范围变化
                delay2 = 20 * ( 1 + {$random} % 3);      //delay2 在 20～60 ns 范围变化
                #delay1    dout = 1 << ({$random} %10);
                //dout 的 0～9 位中随机出现 1，且出现的时间在 0～100 ns 范围变化
                #delay2    dout = 0;
                //脉冲宽度在 20～60 ns 范围变化
              end
            end
endmodule
```

5.4　信号时间赋值语句

在集成电路设计和验证阶段，经常需要对特定信号进行延时来实现相应的时序控制，

或者避免信号冲突形成电路中的热点。信号的时间延迟可以通过两类方式来完成：一类是延时控制，它是为行为语句的执行指定一个延迟时间的信号时间延迟方式，可以分为串行延时控制、并行延时控制、阻塞式延时控制和非阻塞式延时控制；另一类是事件控制，它是为行为语句的执行指定触发事件的信号时间控制方式，可以分为边沿触发事件控制和电平敏感事件控制。图 5.4-1 为信号的时间延迟分类。

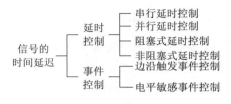

图 5.4-1　信号的时间延迟分类

5.4.1　时间延迟的语法说明

延时语句用于对各条语句的执行时间进行控制，从而快速满足用户的时序要求。Verilog HDL 中延时控制的语法格式有如下两类：

　　　　#<延迟时间>行为语句；

和

　　　　#<延迟时间>；

其中，符号"#"是延时控制的关键字符，"延迟时间"可以是直接指定的延迟时间量，或者以参数的形式给出。在仿真过程中，所有的延迟时间都根据时间单位定义。例如：

　　　　#2 Sum = A ^ B;　　//#2 指定 2 个时间单位后，将 A 异或 B 的值赋给 Sum

根据时间控制部分在过程赋值语句中出现的位置，可以把过程赋值语句中的时间控制方式分为外部时间控制方式和内部时间控制方式。

（1）外部时间控制方式：时间控制出现在整个过程赋值语句的最左端，也就是出现在赋值目标变量的左边的时间控制方式。

其语法结构举例如下：

　　　　#5 a = b；

这在仿真执行时就相当于执行了如下几条语句：

```
initial
    begin
        #5;
        a = b;
    end
```

（2）内部时间控制方式：过程赋值语句中的时间控制部分还可以出现在"赋值操作符"和"赋值表达式"之间的时间控制方式。

其语法结构举例如下：

　　　　a = #5 b；

其中，时间控制部分"#5"就出现在赋值操作符"="和赋值表达式"b"的中间，因此在这条过程赋值语句内带有内部时间控制方式的时间控制。它在执行时就相当于执行了如下几条语句：

```
initial
    begin
```

```
        temp = b;      //先求 b 的值
        #5;
        a = temp;
    end
```

5.4.2　时间延迟的描述形式

此处，时间延迟的描述形式是指延时控制的描述形式，分为串行延时控制、并行延时控制、阻塞式延时控制和非阻塞式延时控制四种形式。下面以实现两组不同波形的信号为例(图 5.4-2 中的 q0_out 和 q1_out)来说明四种不同时间延迟的描述形式。

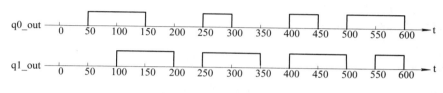

图 5.4-2　两组示例波形

1. 串行延时控制

串行延时控制是最为常见的信号延时控制，它是由 begin-end 过程块加上延时赋值语句构成的，其中延时赋值语句可以为外部时间控制方式，也可以为内部时间控制方式。在"延迟时间"之后也可根据实际情况来确定是否执行相应的行为语句。

若在"延迟时间"后面有相应的行为语句，则仿真进程遇到这条带有延时控制的行为语句后并不立即执行行为语句指定的操作，而是等到"延迟时间"所指定的时间量过去后才真正开始执行行为语句指定的操作。

例 5.4-1　以 Verilog HDL 串行延时控制方式设计图 5.4-2 所示信号。

```
`timescale 1ns/1ns
module serial_delay (q0_out, q1_out);
    output q0_out, q1_out;
    reg    q0_out, q1_out;
    initial
        begin
                q0_out = 1'b0;
            #50   q0_out = 1'b1;
            #100  q0_out = 1'b0;
            #100  q0_out = 1'b1;
            #50   q0_out = 1'b0;
            #100  q0_out = 1'b1;
            #50   q0_out = 1'b0;
            #50   q0_out = 1'b1;
            #100  q0_out = 1'b0;
        end
```

```
    initial
        begin
                    q1_out = 1'b0;
            #100 q1_out = 1'b1;
            #100 q1_out = 1'b0;
            #50   q1_out = 1'b1;
            #100 q1_out = 1'b0;
            #50   q1_out = 1'b1;
            #100 q1_out = 1'b0;
            #50   q1_out = 1'b1;
            #50   q1_out = 1'b0;
        end
    endmodule
```

在上述代码中,产生指定的输出信号 q0_out 和 q1_out 是通过串行延时控制方式实现的,即每一个延时赋值语句是在其前一个赋值语句执行完成后,延迟相应的时间,才开始执行当前的赋值语句。

2. 并行延时控制

并行延时控制是通过 fork-join 过程块加上延时赋值语句构成的,其中延时赋值语句同串行延时控制一样,既可以是外部时间控制方式,也可以是内部时间控制方式。在"延迟时间"之后也可根据实际情况来确定是否执行相应的行为语句。

在"延迟时间"后面有相应的行为语句,则仿真进程遇到这条带有延时控制的行为语句后并不立即执行行为语句指定的操作,而是等到"延迟时间"所指定的时间量过去后才真正开始执行行为语句指定的操作。但并行延时控制方式与串行延时控制方式的不同之处在于,并行延时控制方式中的多条延时语句是并行执行的,并不需要等待上一条语句执行完成后才开始执行当前的语句。

例 5.4-2 以 Verilog HDL 并行延时控制方式设计图 5.4-2 所示信号。

```
    `timescale 1ns/1ns
    module parallel_delay(q0_out, q1_out);
        output q0_out, q1_out;
        reg   q0_out, q1_out;
        initial
            fork
                    q0_out = 1'b0;
            #50   q0_out = 1'b1;
            #150 q0_out = 1'b0;
            #250 q0_out = 1'b1;
            #300 q0_out = 1'b0;
            #400 q0_out = 1'b1;
```

```
        #450  q0_out = 1'b0;
        #500  q0_out = 1'b1;
        #600  q0_out = 1'b0;
        join
    initial
        fork
              q1_out = 1'b0;
        #100  q1_out = 1'b1;
        #200  q1_out = 1'b0;
        #250  q1_out = 1'b1;
        #350  q1_out = 1'b0;
        #400  q1_out = 1'b1;
        #500  q1_out = 1'b0;
        #550  q1_out = 1'b1;
        #600  q1_out = 1'b0;
        join
    endmodule
```

在上述代码中,产生指定的输出信号 q0_out 和 q1_out 是通过并行延时控制方式实现的,即每一个延时赋值语句不用等待前一个延时赋值语句执行完成后才开始执行, 所有的延时赋值语句都是在仿真进程的起始时刻开始执行的。

3. 阻塞式延时控制

以赋值操作符"="来标识的赋值操作称为"阻塞式过程赋值", 阻塞式过程赋值前面已经介绍过,在此介绍阻塞式延时控制。阻塞式延时控制是在阻塞式过程赋值基础上带有延时控制的情况。例如:

```
    initial
        begin
            a = 0;
            a = #5    1;
            a = #10   0;
            a = #15   1;
        end
```

各条阻塞式赋值语句将依次执行, 并且在第一条语句所指定的赋值操作没有完成之前第二条语句不会开始执行。因此, 在仿真进程开始时刻将"0"值赋给 a, 此条赋值语句完成之后才开始执行第二条赋值语句;在完成第一条赋值语句之后,延迟 5 个时间单位将"1"值赋给 a;同理,第三条赋值语句是在第二条赋值语句完成之后延迟 10 个时间单位才开始执行,将"0"值赋给 a;最后一条赋值语句是在前三条语句都完成后,延迟 15 个时间单位,将"1"值赋给 a。图 5.4-3 给出了该例中

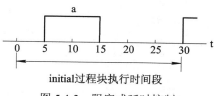

图 5.4-3　阻塞式延时控制

信号 a 的波形。例 5.4-1 和例 5.4-2 都采用的是阻塞式延时控制方式。

4. 非阻塞式延时控制

以赋值操作符 "<=" 来标识的赋值操作称为 "非阻塞式过程赋值"，非阻塞式过程赋值也在前面介绍过，在此主要介绍非阻塞式延时控制。非阻塞式延时控制是在非阻塞式过程赋值基础上带有延时控制的情况。例如：

```
initial
    begin
        a <=      0;
        a <= #5  1;
        a <= #10 0;
        a <= #15 1;
    end
```

例中，各条非阻塞式赋值语句均以并行方式执行，虽然执行语句在 begin-end 串行块中，但其执行方式与并行延时控制方式一致，在仿真进程开始时刻同时执行四条延时赋值语句。在仿真进程开始时，将 "0" 值赋给 a；在距仿真开始时刻 5 个时间单位时，将 "1" 值赋给 a；在距仿真开始时刻 10 个时间单位时，将 "0" 值赋给 a；最后，在距仿真开始时刻 15 个时间单位时，将 "1" 值赋给 a。图 5.4-4 给出了该例中信号 a 的波形。

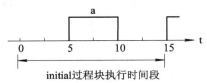

图 5.4-4　非阻塞式延时控制

例 5.4-3　以 Verilog HDL 非阻塞式延时控制方式设计图 5.4-2 所示信号。

```
`timescale 1ns/1ns
module non_blocking_delay(q0_out, q1_out);
    output q0_out, q1_out;
    reg    q0_out, q1_out;
    initial
        begin
                q0_out <=       1'b0;
                q0_out <= #50   1'b1;
                q0_out <= #150 1'b0;
                q0_out <= #250 1'b1;
                q0_out <= #300 1'b0;
                q0_out <= #400 1'b1;
                q0_out <= #450 1'b0;
                q0_out <= #500 1'b1;
```

```
                    q0_out <= #600 1'b0;
        end
    initial
        begin
            q1_out <=          1'b0;
            q1_out <= #100 1'b1;
            q1_out <= #200 1'b0;
            q1_out <= #250 1'b1;
            q1_out <= #350 1'b0;
            q1_out <= #400 1'b1;
            q1_out <= #500 1'b0;
            q1_out <= #550 1'b1;
            q1_out <= #600 1'b0;
        end
    endmodule
```

在上述代码中，产生指定的输出信号 q0_out 和 q1_out 是通过非阻塞式延时控制方式实现的，延迟时间采用的是内部时间控制方式，赋值语句的执行方式是并行的，每一条延时赋值语句的执行不需要等待上一条延时赋值语句执行完成之后才执行。其执行过程与并行延时控制方式是一致的。

5.4.3　边沿触发事件控制

边沿触发事件控制是在指定的信号变化时刻，即指定的信号跳变边沿才触发语句的执行，而当信号处于稳定状态时则不会触发语句的执行。

边沿触发事件控制的语法格式有如下四种形式：

@(<事件表达式>)行为语句；

@(<事件表达式>)；

@(<事件表达式 1>or<事件表达式 2>or…or<事件表达式 n>)行为语句；

@(<事件表达式 1>or<事件表达式 2>or…or<事件表达式 n>)；

在以上四种格式中，符号"@"是边沿触发事件控制的标识符；"事件表达式"代表着触发语句执行的触发事件；"行为语句"则指出了触发事件所要触发执行的具体操作。

格式中的事件表达式部分，即(<事件表达式>)和(<事件表达式 1>or<事件表达式 2>or…or<事件表达式 n>)被称为"敏感事件列表"。

1. 事件表达式

事件表达式中可以出现以下三种形式：

形式 1：

    <信号名>

形式 2：

    posedge<信号名>

形式 3：

negedge<信号名>

其中，"信号名"可以是任何数据类型的标量或矢量。

说明：

(1) 形式 1 中，代表触发事件的"信号名"在指定的信号发生逻辑变化时，执行下面的语句(示例)：

@(in) out = in;

当敏感事件 in 发生逻辑变化(包括正跳变和负跳变)时，执行对应的赋值语句，将 in 的值赋给 out。

(2) 形式 2 中，代表触发事件的"posedge<信号名>"在指定的信号发生了正跳变时，执行下面的语句(示例)：

@(posedge in) out = in;

当敏感事件 in 发生正跳变时，执行对应的赋值语句，将 in 的值赋给 out。

(3) 形式 3 中，代表触发事件的"negedge<信号名>"在指定的信号发生了负跳变时，执行下面的语句(示例)：

@(negedge in)out = in;

当敏感事件 in 发生负跳变时，执行对应的赋值语句，将 in 的值赋给 out。

在信号发生逻辑变化(正跳变或负跳变)的过程中，信号的值是从 0、1、x、z 四个值中的一个值变化到另一个值；而信号发生正跳变的过程是信号由低电平向高电平的转变，负跳变是信号由高电平向低电平的转变。表 5.4-1 为 Verilog HDL 中规定的逻辑信号的正跳变和负跳变。

表 5.4-1　逻辑信号的正跳变和负跳变

正 跳 变	负 跳 变
0→x	1→x
0→z	1→z
0→1	1→0
x→1	x→0
z→1	z→0

2．边沿触发语法格式

形式 1：

@(<事件表达式>)行为语句；

这种语法格式的"敏感事件列表"内只包含了一个触发事件，只有当这个指定的触发事件发生之后，后面的行为语句才能启动执行。在仿真进程中遇到这种带有事件控制的行为语句时，如果指定的触发事件还没有发生，则仿真进程就会停留在此处等待，直到指定的触发事件发生后才启动执行后面的行为语句，仿真进程继续向下进行。

例 5.4-4　时钟脉冲计数器示例。

```
module clk_counter(clk, count_out);
    input clk;
    output count_out;
    reg [3:0] count_out;
```

```
    initial
        count_out = 0;
    always@(posedge clk)
        count_out = count_out + 1;        //在 clk 的每个正跳变边沿 count_out 增加 1
endmodule
```

在事件控制语句中，触发事件时钟信号 "clk" 发生正跳变时，计数寄存器 "count_out" 增加 1。

形式 2：

> @(<事件表达式>);

这种语法格式的 "敏感事件列表" 内也只包含了一个触发事件，没有行为语句来指定触发事件发生时要执行的操作。其事件控制语句的执行过程与延时控制语句中没有行为语句的情况类似，仿真进程在遇到这条事件控制语句后会进入等待状态，直到指定的触发事件发生后才结束等待状态，退出该事件控制语句的执行并开始执行下一条语句。

例 5.4-5　用于测定输入时钟正电平、负电平持续时间以及时钟周期的模块示例。

```
module clk_time_mea(clk);
    input clk;
    time posedge_time, negedge_time;
    time high_last_time, low_last_time, last_time;
    initial
        begin
            @(posedge clk);             /*等待，直到时钟发生正跳变后退出等待状态，
                                          继续执行下一条语句*/
            posedge_time = $time;
            @(negedge clk);             /*等待，直到时钟发生负跳变后退出等待状态，
                                          继续执行下一条语句*/
            negedge_time = $time;
            @(posedge clk);             /*等待，直到时钟再次正跳变后退出等待状态，
                                          继续执行下一条语句*/
            last_time = $time - posedge_time;
            high_last_time = negedge_time - posedge_time;
            low_last_time = last_time - high_last_time;
            $display("The clk stay in High level for:%t", high_last_time);
            $display("The clk stay in Low level for:%t", low_last_time);
            $display("The clk signal Period is:%t", last_time);
        end
endmodule
```

例中，三条边沿触发事件控制语句的作用是仿真进程在遇到这几条语句时进入等待状态，分别等待时钟信号正跳变、负跳变和再次正跳变的发生。当发生了对应的跳变之后仿真进程就退出等待状态，结束对应事件控制语句的执行并开始下一条语句的执行，保存当

前的仿真时间值。

形式 3：

@(<事件表达式 1>or<事件表达式 2>or…or<事件表达式 n>)行为语句；

这种语法格式的"敏感事件列表"内指定了由不同"事件表达式"代表的多个触发事件，这些"事件表达式"之间要用关键词"or"组合起来。只要这些触发事件中的任何一个发生，就启动行为语句的执行。在仿真进程遇到这种格式的边沿触发事件控制语句时，如果所有的触发事件都没有发生，则仿真进程就会进入等待状态，直到其中的某一个触发事件发生后，才启动执行后面给出的行为语句，仿真进程继续向下进行。

形式 4：

@(<事件表达式 1>or<事件表达式 2>or…or<事件表达式 n>)；

同第 3 种语法格式一样，这种语法格式内指定了多个触发事件。但是在这种格式中没有行为语句。在这种情况下，该语句的执行过程与第二种语法格式的执行过程类似，仿真进程在遇到这条事件控制语句后会进入等待状态，直到敏感事件列表包含的多个触发事件中的任何一个发生后才结束等待状态，退出该事件控制语句并开始执行该事件控制语句后的下一条语句。

例 5.4-6　在触发事件发生后退出事件控制语句示例。

```
module display_information_change(a, b);
    input a, b;
    wire a, b;
    always
      begin
        @(posedge a or negedge b);        /*等待，直到 a 或 b 发生变化后退出等待状态，
                                            并开始下一条语句的执行*/
        display("One of a and b changed in time:%t", $time);
      end
    endmodule
```

例中的模块在仿真时，仿真进程遇到事件控制语句后就进入等待状态，直到信号 a 正跳变或者信号 b 负跳变时才退出等待状态，结束事件控制语句的执行，开始下面语句的执行，显示当前仿真时刻的时间值(也就是 a 或 b 发生跳变时的时间值)。

5.4.4　电平敏感事件控制

电平敏感事件控制是另一种事件控制方式，与边沿触发事件控制不同，它是在指定的条件表达式为真时启动需要执行的语句。电平敏感事件控制是用关键词 wait 来表示的。

电平敏感事件控制的语法格式有如下两种：

形式 1：

wait(条件表达式)行为语句；

形式 2：

wait(条件表达式)；

说明：

　　(1) 电平敏感事件控制的第 1 种形式中包含了"行为语句"，它可以是串行块(begin-end)语句或并行块(fork-join)语句，也可以是单条行为语句。在这种事件控制语句形式下，行为语句启动执行的触发条件是条件表达式的值为"真(逻辑 1)"。如果当仿真进程执行到这条电平敏感事件控制语句时条件表达式的值是"真"，那么语句块立即执行，否则语句块要一直等到条件表达式的值变为"真"时再开始执行。例如：

```
wait(enable == 1)
    begin
        d = a & b;
        d = d | c;
    end
```

　　wait 语句的作用是根据条件表达式的真假来控制其后 begin-end 语句块的执行。在使能信号 enable 变为高电平后，也就是 enable == 1 的语句为真时进行 a、b、c 之间的与或逻辑操作；若使能信号 enable 未变为高电平，则 begin-end 语句块的执行需要等到 enable 变为高电平之后才开始执行。

　　(2) 电平敏感事件控制的第 2 种形式中没有包含"行为语句"。在这种电平敏感事件控制语句形式下，如果仿真进程执行到该 wait 控制语句时，条件表达式的值是"真"，那么立即结束该 wait 事件控制语句的执行，仿真进程继续往下进行；而如果仿真进程执行到这条 wait 控制语句时，条件表达式的值是"假"，则仿真进程进入等待状态，一直等到条件表达式取值变为"真"时才退出等待状态，同时结束该 wait 语句的执行，仿真进程继续向下进行。这种形式的电平敏感事件控制常常用来对串行块中各条语句的执行时序进行控制。例如：

```
begin
    wait(enable == 1);
    d = a & b;
    d = d | c;
end
```

　　该语句也能实现"等待使能信号 enable 取值变为 1 后进行 a、b、c 之间的与或逻辑操作"的功能。在仿真进程中，先执行不带行为语句的 wait 语句，这条语句的功能是等待使能信号 enable 变为 1 时，执行下面的与逻辑和或逻辑运算；若使能信号未变为 1，则仿真进程一直处于等待状态，等待使能信号 enable 变为 1。需要注意的是，wait 语句只有在串行结构的语句块中才能实现时序控制功能。

5.5　任务和函数

　　在行为级设计中，设计者经常需要在程序的多个不同地方实现同样的功能。因此有必要把这些公共部分提取出来组成子程序，然后在需要的地方调用这些子程序，这样就可以避免重复编码。Verilog HDL 中提供了任务和函数，可以将较大的行为级设计划分为较小的代码段，允许设计者将需要在多个地方重复使用的相同代码提取出来，编写成任务和函数，这样可以使代码更加简洁和易懂。

任务具有输入、输出和输入/输出(双向)变量，而函数具有输入变量，这样数据就能够传入任务和函数，并且能够将结果输出。

5.5.1 任务

Verilog HDL 使用关键字 task 和 endtask 对任务进行声明。Verilog HDL 中规定，如果子程序满足以下任一条件，则公共子程序的描述必须使用任务而不能使用函数：

(1) 子程序中包含有延时、时序或者事件控制结构。

(2) 没有输出或者输出变量的数量大于 1。

(3) 没有输入变量。

任务(task)类似于其他高级程序编程语言中的"过程"。任务的使用包括任务的定义和任务的调用。

1. 任务的定义

任务定义的语法格式如下：

```
task<任务名>;
        端口和类型声明
        局部变量声明
        begin
            语句 1;
            语句 2;
            …
            语句 n;
        end
    endtask
```

说明：

(1) 任务定义是嵌入在关键字 task 和 endtask 之间的，其中关键词 task 标志着一个任务定义结构的开始，endtask 标志着一个任务定义结构的结束。"任务名"是所定义任务的名称。在"任务名"后面不能出现输入、输出端口列表。

(2) "端口和类型声明"用于对任务各个端口的宽度和类型进行声明，其中使用关键词 input、output 或 inout 对任务的端口进行声明。input 类型和 inout 类型的变量从外部传递到任务中，input 类型的变量在任务所包含的语句中进行处理。当任务完成时，output 类型和 inout 类型的变量传回给任务调用语句中相应的变量。

在任务中使用关键字 input、output 或 inout 对输入/输出变量进行声明，其声明语句的语法与模块中端口声明的语法一样，但是两者在本质上是有区别的：模块的端口用来和外部信号相连接，而任务的输入/输出变量则用来向任务中传入或从中传出变量。

(3) "局部变量声明"用来对任务内用到的局部变量进行宽度和类型声明，该声明语句的语法与进行模块定义时相应声明语句的语法一致。

(4) 任务中由 begin 与 end 关键词界定的一系列语句指明了任务被调用时需要进行的操作，在任务被调用时这些语句将以串行方式执行。

例 5.5-1　以读存储器数据为例说明任务定义的操作。

```
task read_memory;               //任务定义的开头，指定任务名为 read_memory
    input[15:0]address;         //输入端口声明
    output[31:0]data;           //输出端口声明
    reg[3:0]counter;            //变量类型声明
    reg[7:0]temp[1:4];          //变量类型声明
    begin                       //语句块，任务被调用时执行
        for(counter = 1; counter <= 4; counter = counter+1)
            temp[counter] = mem[address+counter-1];
        data = {temp[1], temp[2], temp[3], temp[4]};
    end
endtask                         //任务定义结束
```

该例定义了一个名为 read_memory 的任务，用来读取存储器 mem 中的数据，该任务由一个 16 位的输入端口 address、一个 32 位的输出端口 data、一个 4 位的局部变量 counter 和一个 8 位的存储器 temp 构成。当该例所定义的任务被调用时，begin 和 end 之间的语句得到执行，它们用来执行对存储器 mem 进行的 4 次读操作，将其结果合并后输出到 32 位的输出端口 data。

任务定义时的注意事项：

(1) 在第一行 task 语句中不能列出端口名列表。

(2) 任务中可以有延时语句、敏感事件控制语句等事件控制语句。

(3) 任务可以没有或可以有一个或多个输入、输出和双向端口。

(4) 任务可以没有返回值，也可以通过输出端口或双向端口返回一个或多个值。

(5) 任务可以调用其他的任务或函数，也可以调用该任务本身。

(6) 任务定义结构内不允许出现过程块(initial 或 always 过程块)。

(7) 任务定义结构内可以出现 disable 终止语句，这条语句的执行将中断正在执行的任务。在任务被中断后，程序流程将返回到调用任务的地方继续向下执行。

2. 任务的调用

任务的调用是通过"任务调用语句"来实现的。任务调用语句列出了传入任务和传出任务的参数值。任务的调用格式如下：

```
<任务名>(端口 1，端口 2，…，端口 n);
```

在任务调用时，任务调用语句只能出现在过程块内，任务调用语句就像普通的行为语句一样得到处理。当被调用的任务具有输入或输出端口时，任务调用语句必须包含端口名列表，这个列表内各个端口名出现的顺序和类型，必须与任务定义结构中端口说明部分的端口顺序和类型一致。注意，只有寄存器类的变量才能与任务的输出端口相对应。

例 5.5-2　以测试仿真中常用的方式来说明任务的调用。

```
module demo_task_invo_tb;
    reg [7:0] mem [127:0];
    reg [15:0] a;
    reg [31:0] b;
```

```
initial
    begin
        a = 0;
        read_mem(a, b);                    //任务的第一次调用
        #10;
        a = 64;
        read_mem(a, b);                    //任务的第二次调用
    end
task read_mem;                          //任务定义部分
    input [15:0] address;
    output [31:0] data;
    reg [3:0] counter;
    reg [7:0] temp [1:4];
    begin
        for(counter = 1; counter <= 4; counter = counter+1)
            temp[counter] = mem[address+counter-1];
        data = {temp[1], temp[2], temp[3], temp[4]};
    end
endtask
endmodule
```

在上面的模块中，任务 read_mem 被调用了两次，由于这个任务在定义时说明了输入端口和输出端口，所以任务调用语句内必须包含端口名列表(a, b)，其中变量 a 与任务的输入端口 address 相对应，变量 b 与任务的输出端口 data 相对应，并且这两个变量在宽度上也是与对应的端口相一致的。这样，在任务被调用执行时，变量 a 的值通过输入端口传给了 address；在任务调用完成后，输出信号 data 又通过对应的端口传给了变量 b。

下面以实际中的交通灯控制为例说明任务定义和调用的特点。

例 5.5-3 用 task 描述交通灯的产生。

```
module traffic_lights(red, amber, green);
    output red, amber, green;
    reg [2:1] order;
    reg clock, red, amber, green;
    parameter ON = 1, OFF = 0, RED_TICS = 350, AMBER_TICS = 30, GREEN_TICS = 200;
    //产生时钟脉冲
    always
        begin
            #100 clock = 0;
            #100 clock = 1;
        end
    //任务的定义，该任务用于实现交通灯的开启
```

```verilog
    task light;
        output red;
        output amber;
        output green;
        input [31:0] tic_time;
        input [2:1] order;
        begin
            red = OFF;
            green = OFF;
            amber = OFF;
            case(order)
                2'b01: red = ON;
                2'b10: green = ON;
                2'b11: amber = ON;
                default:{red, green, amber} = {ON, ON, ON};
            endcase
            repeat(tic_time)@(posedge clock);
            red = OFF;
            green = OFF;
            amber = OFF;
        end
    endtask
//任务的调用，交通灯初始化
    initial
        begin
            order = 2'b00;
            light(red, amber, green, 0, order);
        end
    //任务的调用，交通灯控制时序
    always
        begin
            order = 2'b01;
            light(red, amber, green, RED_TICS, order);        //调用开灯任务，开红灯
            order = 2'b10;
            light(red, amber, green, GREEN_TICS, order);      //调用开灯任务，开绿灯
            order = 2'b11;
            light(red, amber, green, AMBER_TICS, order);      //调用开灯任务，开黄灯
        end
endmodule
```

　　上例程序中带有自己的时钟产生器，产生一个周期为 200、占空比为 1∶1 的时钟信号。模块的输出 red、amber 和 green 分别控制着红灯、黄灯和绿灯的开关。定义的任务 light 指定了交通灯开通某个颜色的时间，而输入变量 order 的值决定了所开通交通灯的颜色：若 order 的取值为 2'b00，则不开任何颜色的灯；如果 order 的取值为 2'b01，则开红灯；如果 order 的取值为 2'b10，则开绿灯；如果 order 的取值为 2'b11，则开黄灯。在程序中，repeat 循环语句用来控制亮灯的时间，输入变量 tic_time 的取值用来指定不同颜色的交通灯开通的时间，不同颜色的灯对应的 tic_time 值不一样。

5.5.2　函数

　　Verilog HDL 使用关键字 function 和 endfunction 对函数进行声明。对于一个子程序来说，如果下面的所有条件全部成立，则可以使用函数来完成：

　　(1) 子程序内不含有延时、时序或者事件控制结构。

　　(2) 子程序只有一个返回值。

　　(3) 至少有一个输入变量。

　　(4) 没有输出或者双向变量。

　　(5) 不含有非阻塞式赋值语句。

　　Verilog HDL 的函数类似于其他编程语言中的函数，其目的都是通过函数运算返回一个值。与任务一样，函数也包括函数的定义与函数的调用。

1. 函数的定义

　　函数定义的语法格式如下：

```
    function <返回值类型或位宽> <函数名>;
    <输入参量与类型声明>
    <局部变量声明>
        begin
                语句 1;
                语句 2;
                …
                语句 n;
        end
    endfunction
```

　　说明：

　　(1) 函数定义是嵌入在关键字 function 和 endfunction 之间的，其中关键字 function 标志着一个函数定义结构的开始，endfunction 标志着一个函数定义结构的结束。"函数名"是给被定义函数取的名称，该函数名在函数定义结构内部还代表着一个内部变量，函数调用后的返回值是通过这个函数名变量传递给调用语句的。

　　(2) "返回值类型或位宽"是一个可选项，用来对函数调用返回数据的类型或宽度进行说明，它可以有如下三种形式：

　　① [msb:lsb]：这种形式说明函数名所代表的返回变量是一个多位的寄存器变量，它的

位宽由[msb:lsb]指定。比如函数定义语句

>　　　function [7:0] adder;

就定义了一个函数 adder，其函数名 adder 还代表着一个 8 位宽的寄存器变量，其中最高位为第 7 位，最低位为第 0 位。

②　integer：这种形式说明函数名所代表的返回变量是一个整型变量。

③　real：这种形式说明函数名所代表的返回变量是一个实型变量。

如果在函数声明语句中缺省"返回值类型或位宽"项，则认为函数名所代表的返回值是一个寄存器类型的数据。

(3)　"输入参量与类型声明"是对函数各输入端口的宽度和类型进行声明。在函数定义中，至少有一个输入端口(input)的声明，不能有输出端口(output)的声明。数据类型声明语句用来对函数内用到的局部变量进行宽度和类型声明，该声明语句的语法与进行模块定义时相应声明语句的语法一致。

(4)　"局部变量声明"是对函数内部局部变量进行宽度和类型的声明。

(5)　由 begin 与 end 关键词界定的一系列语句同任务中的一样，用来指明函数被调用时要执行的操作。在函数被调用时，这些语句将以串行方式执行。

例 5.5-4　统计输入数据中"0"的个数。

```
function[3:0] out0;
    input[7:0] x;
    reg[3:0] count;
    integer i;
        begin
        count = 0;
        for(i = 0; i <= 7; i = i+1)
                if(x[i] == 1'b0)        count = count+1;
        out0 = count;
        end
    endfunction
```

例中定义了一个名为 out0 的函数，该函数有一个 8 位的输入端口 x，同时还定义了两个局部变量 i(整型变量)和 count(4 位寄存器变量)。

例中所定义的函数被调用时，begin 和 end 之间的行为语句得到执行，其中 for 循环语句实现了每检测到输入数据中某一位含 0，则由 count 来计数，最后将得到的 count 值赋给函数名变量 out0。这样就可以通过这个函数名变量将结果值返回给调用语句。

函数定义时的注意事项如下：

(1)　与任务一样，函数定义结构只能出现在模块中，而不能出现在过程块内。

(2)　函数至少有一个输入端口。

(3)　函数不能有任何类型的输出端口(output 端口)和双向端口(inout 端口)。

(4)　在函数定义结构中的行为语句内不能出现任何类型的时间控制描述，也不允许使用 disable 终止语句。

(5) 与任务定义一样，函数定义结构内部不能出现过程块。

(6) 在一个函数内可以对其他函数进行调用，但是函数不能调用其他任务。

(7) 在第一行的 function 语句中不能出现端口名列表。

(8) 函数声明的时候，在 Verilog HDL 的内部隐含地声明了一个名为 function_identifier (函数标识符)的寄存器类型变量，函数的输出结果将通过这个寄存器类型变量被传递回来。

2. 函数的调用

函数的调用是通过将函数作为表达式中的操作数来实现的。函数的调用格式如下：

　　　　<函数名> (<输入表达式 1>，<输入表达式 2>，…，<输入表达式 n>);

其中，"输入表达式"应与函数定义结构中说明的输入端口一一对应，它们代表着各输入端口的输入数据。

函数调用时的注意事项如下：

(1) 函数的调用不能单独作为一条语句出现，它只能作为一个操作数出现在赋值语句内。

(2) 函数的调用既能出现在过程块中，也能出现在 assign 连续赋值语句中。

(3) 函数定义中声明的所有局部寄存器都是静态的，即函数中的局部寄存器在函数的多个调用之间保持它们的值。

下面以阶乘运算为例来说明函数的调用方式。

例 5.5-5　阶乘函数示例。

```
module    tryfact_tb;
          function[31:0]factorial;                  //函数的定义部分
                    input[3:0]operand;
                    reg[3:0]index;
                    begin
                         factorial = 1;
                         for(index = 1; index <= operand; index = index+1)
                         factorial = index * factorial;
                    end
          endfunction
          reg[31:0]result;
          reg[3:0]n;
          initial
              begin
                    result = 1;
                    for(n = 1; n <= 9; n = n+1)
                       begin
                           result = factorial(n);     //函数的调用部分
                           $display("n = %d result = %d", n, result);
                       end
              end
```

endmodule

该例由函数定义和 initial 过程块构成，其中定义了一个名为 factorial 的函数，该函数是一个进行阶乘运算的函数，具有一个 4 位的输入端口，同时返回一个 32 位的寄存器类型的值；在 initial 块中定义了两个寄存器变量，分别为 32 位的 result 和 4 位的 n，initial 块对 1～9 进行阶乘运算，并打印出结果值。

n = 1	result =	1
n = 2	result =	2
n = 3	result =	6
n = 4	result =	24
n = 5	resul t=	120
n = 6	result =	720
n = 7	result =	5040
n = 8	result =	40320
n = 9	result =	362880

5.5.3 任务与函数的区别

在 Verilog HDL 中，任务和函数用于不同的目的，表 5.5-1 列出了任务和函数的区别。

任务和函数都必须在模块内进行定义，其作用范围仅局限于定义它们的模块。任务用于代替普通的 Verilog HDL 代码，其中可以包括延时、时序、事件等语法结构，并且可以具有多个输出变量。函数用于代替表示纯逻辑的 Verilog HDL 代码，在仿真时刻 0 就开始执行，只能有一个输出。因此，函数一般用于完成各类转换和常用的计算。

任务可以有输入、输出和输入/输出(双向)变量，而函数只有输入变量。另外，可以在任务和函数中声明局部变量，如寄存器、整数、实数和时间，但是不能声明线网类型的变量。在任务和函数中只能使用行为级语句，但是不能包含 always 和 initial 块。设计者可以在 always 块、initial 块以及其他的任务和函数中调用任务和函数。

表 5.5-1 任务和函数的区别

函 数	任 务
函数能调用另一个函数，但不能调用另一个任务	任务能调用另一个任务，也能调用另一个函数
函数总是在仿真时刻 0 就开始执行	任务可以在非 0 仿真时刻执行
函数一定不能包含任何延时、时序或者事件控制声明语句	任务可以包含延时、时序或者事件控制声明语句
函数至少有一个输入变量	任务可以没有或者有多个输入(input)、输出(output)和双向(inout)变量
函数只能返回一个值，函数不能有输出(output)或者双向(inout)变量	任务不返回任何值，任务可以通过输出(output)或者双向(inout)变量传递多个值
函数不能单独作为一条语句出现，它只能以语句的一部分的形式出现	任务的调用是通过一条单独的任务调用语句实现的
函数调用可以出现在过程块或连续赋值语句中	任务调用只能出现在过程块中
函数的执行不允许由 disable 语句进行中断	任务的执行可以由 disable 语句进行中断

在 Verilog HDL 语法中，任务和函数是从高级程序语言中继承过来的，其语法使用范围具有一定的局限性，对于初学者而言，掌握起来较为困难。实际上，在对数字电路的设计中，Verilog HDL 更倾向于使用模块来解决代码的重复问题，这种表示方法和电路的实际组成相近，在描述方式上也更加直观。

5.6　典型测试向量的设计

5.6.1　变量初始化

在 Verilog HDL 中，有两种方法可以初始化变量：一种是利用初始化过程块；另一种是在定义变量时直接赋值初始化。这两种初始化任务是不可综合的，主要用于仿真过程。

1. initial 初始化方式

在大多数情况下，Testbench 中变量初始化的工作通过 initial 过程块来完成，可以产生丰富的仿真激励。

initial 语句只执行一次，即自设计被开始模拟执行时开始(0 时刻)，直到过程结束，专门用于对输入信号进行初始化和产生特定的信号波形。一个 Testbench 可以包含多个 initial 过程语句块，所有的 initial 过程都同时执行。

需要注意的是，initial 语句中的变量必须为 reg 类型。

例 5.6-1　利用 initial 初始化方式测试向量的产生。

```
module counter_demo2(cnt);
        output      [3:0]   cnt;
        reg         clk;
        reg          [3:0]   temp;
        initial     temp = 0;
        initial     clk = 0;
endmodule
```

2. 定义变量时初始化

定义变量时进行初始化的语法非常简单，直接用"="在变量右端赋值即可，例如：

```
reg [7:0] cnt = 8'b00000000;
```

就将 8 bit 的寄存器变量 cnt 初始化为 0。

5.6.2　数据信号测试向量的产生

数据信号测试向量既可以通过 Verilog HDL 的时间控制功能(#、initial、always 语句)来产生各类验证数据，也可以通过系统任务来读取计算机上已存在的数据文件。

数据信号的产生有两种形式：其一是初始化和产生都在单个 initial 块中进行；其二是初始化在 initial 语句中完成，而产生在 always 语句中完成。前者适合不规则数据序列，并且要求长度较短；后者适合具有一定规律的数据序列，长度不限。下面通过实例分别进行说明。

例 5.6-2 产生位宽为 4 的质数序列{1、2、3、5、7、11、13}，并且重复两次，其中样值间隔为 4 个仿真时间单位。

由于该序列无明显规律，因此利用 initial 语句最为合适，Verilog HDL 程序代码如下：

```
`timescale    1ns /1ps
module sequence_tb;
    reg [3:0] q_out;
    parameter sample_period = 4;
    parameter queue_num = 2;
    initial
    begin
        q_out = 0;
        repeat(queue_num)
          begin
            #sample_period q_out = 1;
            #sample_period q_out = 2;
            #sample_period q_out = 3;
            #sample_period q_out = 5;
            #sample_period q_out = 7;
            #sample_period q_out = 11;
            #sample_period q_out = 13;
          end
    end
endmodule
```

仿真结果示意图见图 5.6-1。

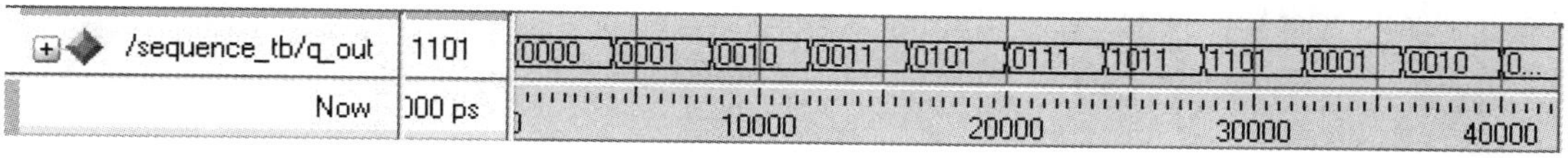

| /sequence_tb/q_out | 1101 | 0000 | 0001 | 0010 | 0011 | 0101 | 0111 | 1011 | 1101 | 0001 | 0010 | 0... |
| Now | 000 ps | | | 10000 | | 20000 | | 30000 | | 40000 |

图 5.6-1 仿真结果示意图

5.6.3 时钟信号测试向量的产生

时序电路应用广泛，其中，时钟信号是时序电路设计中最关键的参数之一，因此本小节专门介绍如何产生仿真验证过程所需的各类时钟信号。

例 5.6-3 产生占空比为 50%的时钟信号，其波形如图 5.6-2 所示。

图 5.6-2 占空比为 50%的时钟信号

(1) 基于 initial 语句的方法：

```
module clk1(clk);
```

```
    output clk;
    parameter clk_period = 10;
    reg clk;
    initial
      begin
         clk = 0;
         forever #(clk_period/2) clk = ~clk;
      end
  endmodule
```

(2) 基于 always 语句的方法：

```
module clk2(clk);
    output clk;
    parameter clk_period = 10;
    reg clk;
    initial clk = 0;
    always # (clk_period/2)    clk = ~clk;
  endmodule
```

initial 语句用于初始化 clk 信号，如果没有对 clk 信号的初始化赋值，则会出现对未知信号取反的情况，从而造成 clk 信号在整个仿真阶段都为未知状态。

例 5.6-4　产生占空比可设置的时钟信号。

自定义占空比信号可以通过 always 模块快速实现。下面是占空比为 20%的时钟信号代码。

```
module Duty_Cycle(clk);
    output clk;
    parameter High_time = 5,
            Low_time = 20;    //占空比为 High_time/(High_time+Low_time)
    reg clk;
    always
      begin
            clk = 1;
            #High_time;
            clk = 0;
            #Low_time;
      end
  endmodule
```

这里因为是直接对 clk 信号赋值，所以不需要 initial 语句初始化 clk 信号。

例 5.6-5　产生具有相位偏移的时钟信号。

相位偏移是两个时钟信号之间的相对概念，如图 5.6-3 所示。其中 clk_a 为参考信号，clk_b 为具有相位偏移的信号。

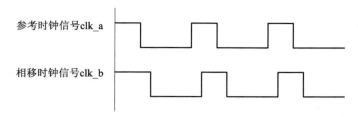

图 5.6-3   相位偏移时钟信号示意图

产生相移时钟信号的 Verilog HDL 程序代码如下：

```
module shift_Duty_Cycle(clk_a, clk_b);
    output clk_a, clk_b;
    parameter High_time = 5, Low_time = 5, pshift_time = 2;
    reg clk_a;
    wire clk_b;
    always
      begin
            clk_a = 1;
            # High_time;
            clk_a = 0;
            # Low_time;
      end
    assign # pshift_time clk_b = clk_a;
endmodule
```

首先通过一个 always 模块产生参考时钟信号 clk_a，然后通过延时赋值得到 clk_b 信号，其偏移的相位可通过 360*pshift_time%(High_time+Low_time)来计算，其中%为取模运算。上述代码的相位偏移为 72°。

例 5.6-6   产生固定数目的时钟信号。

```
module fix_num_clk(clk);
    output clk;
    parameter clk_cnt = 5, clk_period = 2;
    reg clk;
    initial
      begin
        clk = 0;
        repeat(clk_cnt)
            #clk_period/2clk = ~clk;
      end
    endmoudle
```

上述代码产生了 5 个周期的时钟信号。

5.6.4　数据的同步产生和输出

在前面的例子中，数据向量的产生和时钟均采用独立的时序。但在实际的电路工作环境中，输入数据(除顶层端口)总是来自其他模块的输出，一般模块的数据输出是和时钟同步的，因此测试中的输入数据也应该和时钟同步产生，这样的测试平台更符合电路实际工作情况。同时，时钟频率发生改变，输入信号时序也随之改变。采用事件控制语句可实现数据和时钟的同步。

例 5.6-7　与时钟同步的数据的产生和输出。

```
`timescale 1ns/1ns
module test_syn_inout;
  reg data, clk;                              //连接到模块的输入端
  wire asm;                                    //连接到模块的输出端
  initial
    begin
      clk=1'b0;
      data=1'b0;
      #500 $stop;
    end
  initial forever #5 clk=~clk;
  initial forever @(posedge clk)   #3 data=$random;   //输入数据与时钟同步
  initial forever @(posedge clk)   #1 $displayb(asm);  //输出结果与时钟同步
endmodule
```

在上例中，用 forever 语句循环产生信号 data 的测试向量。每次循环首先等待时钟 clk 的上升沿到来，再等待 3 ns 的延时后，利用随机函数产生 data 的数值。在时钟有效沿到来后延时一段时间再产生数据，这种方法可保证在下一个时钟有效沿被测模块能采样到稳定的输入数据。在综合后仿真中，这个延迟时间由真实的电路得到。

同样观测被测模块的输出，也可以用事件控制语句来实现和时钟的同步。在例 5.6-7 的最后一个 initial 语句中，每当时钟上升沿到来后 1 ns(假设此时输出稳定)，用$displayb 输出 asm 的结果。

5.6.5　数据缓存的应用

前面介绍了用循环结构产生具有周期性的测试向量(如时钟)；用 initial 过程块和延时控制产生不规则的数据序列。如果不规则的数据序列特别长，就要写许多条延时赋值语句，从而会使测试代码编写量大大增加。这里介绍一种利用数据缓存器保存序列数据，之后在时钟控制下将其逐个送给被测模块的技术。

例 5.6-8　数据缓存在测试中的应用示例。

```
`timescale 1ns/1ns
  module test_buffer;
```

```
        reg data, clk;
        reg[18:0] buffer;                        //定义一个数据缓存器
        initial
          begin
            clk=1'b0;
            data=1'b0;
            #500 $stop;
          end
        initial buffer=19'b0001101101111001001;   //将数据向量存入数据缓存中
      always #5 clk=~clk;
      always @(posedge clk) #1 {data,buffer}={buffer,data};
      endmodule
```

在例 5.6-8 中，首先将测试序列存入到缓存 buffer 中；在 always 过程块中，每个时钟上升沿到来再延时 1 ns，通过逐次移位的方式将 buffer 中的数据逐位送给输入信号 data。这里利用位连接运算符实现循环移位，这样 buffer 中的数据可以重复发送。例 5.6-7 中利用随机函数产生不规则数据序列的方法虽然简单，但由于仿真前无法知道具体数值，因此分析结果需要花费大量时间；而采用数据缓存的方法很容易检查输出结果是否正确。

5.6.6　总线信号测试向量的产生

总线是运算部件之间数据流通的公共通道。在 RTL 级描述中，总线指的是由逻辑单元、寄存器、存储器、电路输入或其他总线驱动的一个共享向量。总线功能模型则是一种将物理的接口时序操作转化成更高抽象层次接口的总线模型，如图 5.6-4 所示。

图 5.6-4　总线功能模型

在总线中，对于每个请求端，有一个输入来选择驱动该总线所对应的请求端。选择多个请求端时会产生总线冲突；根据不同的总线类型，会产生不同的冲突结果。当有多个请求端发出请求时，相应的操作由总线的类型决定。在 Verilog HDL 测试中，总线测试信号通常是通过将片选信号、读(或者写)使能信号、地址信号以及数据信号以 task 任务的形式来描述，并通过调用 task 形式的总线信号测试向量来完成相应的总线功能。

下面以工作频率为 100 MHz 的 AHB 总线写操作为例，说明以 task 形式产生总线信号测试向量的方法。图 5.6-5 是 AHB 总线写操作的时序图。其中，在完成数据的写操作后将片选和写使能信号置为无效(低电平有效)。

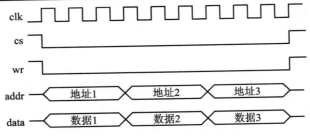

图 5.6-5　AHB 总线写操作时序图

例 5.6-9　产生一组具有写操作的 AHB 总线功能模型。

```
module bus_wr_tb;
  reg clk;
  reg cs;
  reg wr;
  reg [31:0] addr;
  reg [31:0] data;
  initial
    begin
      cs = 1'b1; wr = 1'b1;
      #30;
      bus_wr(32'h1100008a, 32'h11113000);
      bus_wr(32'h1100009a, 32'h11113001);
      bus_wr(32'h110000aa, 32'h11113002);
      bus_wr(32'h110000ba, 32'h11113003);
      bus_wr(32'h110000ca, 32'h11113004);
      addr = 32'bx; data = 32'bx;
    end
  initial clk = 1;
  always #5 clk = ~clk;


  task bus_wr;
  input [31:0] ADDR;
  input [31:0] DATA;
    begin
      cs = 1'b0; wr = 1'b0;
      addr = ADDR;
      data = DATA;
      #30 cs = 1'b1; wr = 1'b1;
    end
  endtask
```

endmodule

输出波形如图 5.6-6 所示。可以看出，在片选信号和写使能信号均有效时，每三个时钟周期输出一组地址和数据，当完成地址和数据的输出后，则将片选信号和写使能信号置为无效。

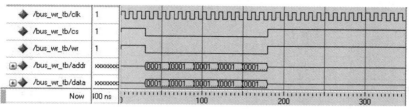

图 5.6-6　总线信号功能测试波形

5.7　基本门级元件和模块的延时建模

为了有效验证数字集成电路的功能，Verilog HDL 规定了模块和基本元件的延时模型。这样，设计者可以对所调用的门级或所设计的模块进行时序设计，完成对目标电路功能的验证。

5.7.1　门级延时建模

在实际的电路中，任何一个逻辑门都具有延时功能，信号从逻辑门的输入到输出的传输延时可以通过门延时来定义。用户可以通过门延时来说明逻辑电路中的延时，同时也可以指定输入端到输出端的延时。

门级延时可以分为如下四类：

(1) 上升延时：表示信号由 0、x 或 z 状态变化到 1 状态时受到的门传输延时。

(2) 下降延时：表示信号由 1、x 或 z 状态变化到 0 状态时受到的门传输延时。

(3) 到不定态的延时：表示信号由 0、1 或 z 状态变化到 x 状态时受到的门传输延时。

(4) 截止延时：表示信号由 0、1 或 x 状态变化到 z 状态时受到的门传输延时。

由于多输入门(and、nand、or、nor、xor 和 xnor)及多输出门(buf 和 not)的输出不可能是高阻态 z，所以这两类元件没有"到不定态的延时"这类门级延时，只有"上升延时""下降延时"和"截止延时"这三种。对于三态门(bufif1、bufif0、notif1 和 notif0)，由于其输出可以取四种可能的逻辑状态(0、1、x 和 z)，所以具有全部门级延时种类。而对于上拉电阻(pullup)和下拉电阻(pulldown)，由于它们没有输入端口，所以不存在输入到输出的延时，因此就不存在任何形式的门级延时。

实例引用带延时参数门的语法格式如下：

    gate_type #[delay] [instance_name] (terminal_list);

其中，delay 规定了门的延时，即从门的输入端到输出端的传输延时。若没有指定门延时值，则默认的延时值为 0。同时 delay 是由一个或多个延时值组成的，可以有基本延时表达和"最小：典型：最大"延时表达两种形式。

1. 门级延时的基本延时表达形式

在门级延时的基本延时表达形式下，delay 内可以包含 0~3 个延时值，表 5.7-1 给出了指定的不同延时值个数时 delay 的四种表示形式。

表 5.7-1   延时参数形式

延时值	无延时	1 个延时值 (d)	2 个延时值 (d1, d2)	3 个延时值 (dA, dB, dC)
Rise	0	d	d1	dA
Fall	0	d	d2	dB
To_x	0	d	min(d1, d2)	min(dA, dB, dC)
Turn_off	0	d	min(d1, d2)	dC

说明：

(1) 当 delay 没有指定门延时值时，默认的延时值为 0。这意味着元件实例的"上升延时值""下降延时值""截止延时值"和"到不定态的延时值"均为 0。例如：

     notif1 U0 (out, in, ctrl);

例中，门级延时值为 0，因为没有定义延时，所以元件实例 U0 的"上升延时值""下降延时值""截止延时值"和"到不定态的延时值"均为 0。

(2) 当 delay 内只包含 1 个延时值时，给定的延时值 d 将同时代表着元件实例的"上升延时值""下降延时值""截止延时值"和"到不定态的延时值"。例如：

     notif1 #20 U1 (out, in, ctrl);

例中，门级延时值为 20，且只包含 1 个延时值，说明元件实例 U1 所有类型的门级延时值都是 20 个单位时间。

(3) 当 delay 内包含了 2 个延时值时，元件实例的"上升延时值"由给定的 d1 指定，"下降延时值"由给定的 d2 指定，而"截止延时值"和"到不定态的延时值"将由 d1 和 d2 中的最小值指定。例如：

     notif1 #(10, 20) U2 (out, in, ctrl);

例中，门级延时值为(10, 20)，包含了 2 个延时值 10 和 20，这表明元件实例 U2 将具有 10 个单位时间的"上升延时值"和 20 个单位时间的"下降延时值"，而它的"截止延时值"和"到不定态的延时值"将由 10 和 20 中的最小值指定，即 10 个单位时间。

(4) 当 delay 内包含了 3 个延时值时，元件实例的"上升延时值"由给定的 dA 指定，"下降延时值"由给定的 dB 指定，"截止延时值"由给定的 dC 指定，而它的"到不定态的延时值"将由 dA、dB 和 dC 中的最小值指定。例如：

     notif1 #(10, 20, 30)U3 (out, in, ctrl);

例中，门级延时值为(10, 20, 30)，包含了 3 个延时值 10、20 和 30，这表明元件实例 U3 具有 10 个单位时间的"上升延时值"、20 个单位时间的"下降延时值"和 30 个单位时间的"截止延时值"，而它的"到不定态的延时值"将由 10、20 和 30 中的最小值指定，即 10 个单位时间。

2. 门级延时的"最小：典型：最大"延时表达形式

除了基本延时表达形式外，门级延时量还可以采用"最小：典型：最大"延时表达形式；采用这种表达形式时，门级延时量中的每一项将由"最小延时值""典型延时值"和"最大延时值" 3 个值来表示，其语法格式如下：

#(d_min: d_typ: d_max)

采用"最小：典型：最大"延时表达形式时，delay 内可以包含 1～3 个延时值。例如：

#(dA_min: dA_typ: dA_max)

#(dA_min: dA_typ: dA_max, dB_min: dB_typ: dB_max)

#(dA_min: dA_typ: dA_max, dB_min: dB_typ: dB_max, dC_min: dC_typ: dC_max)

例(1)：

and # (4: 5: 6) U1 (out, i1, i2);

其中，delay 中只包含 1 个延时值，其最小值为 4、典型值为 5、最大值为 6。元件实例 U1 的"上升延时值""下降延时值""到不定态的延时值"和"截止延时值"如表 5.7-2 所示。

表 5.7-2　1 个延时值结果

最小延时值	上升延时值 = 4	下降延时值 = 4	到不定态的延时值 = 4	截止延时值 = 4
典型延时值	上升延时值 = 5	下降延时值 = 5	到不定态的延时值 = 5	截止延时值 = 5
最大延时值	上升延时值 = 6	下降延时值 = 6	到不定态的延时值 = 6	截止延时值 = 6

例(2)：

and # (3: 4: 5, 5: 6: 7) U2 (out, i1, i2);

其中，delay 中包含了 2 个延时值，第一个延时值的最小值为 3、典型值为 4、最大值为 5，第二个延时值的最小值为 5、典型值为 6、最大值为 7。元件实例 U2 的"上升延时值"由第一个延时值指定，"下降延时值"由第二个延时值指定，"到不定态的延时值"和"截止延时值"均由两个延时值中的最小值指定。各值的取值情况如表 5.7-3 所示。

表 5.7-3　2 个延时值结果

最小延时值	上升延时值 = 3	下降延时值 = 5	到不定态的延时值 = min(3, 5)	截止延时值 = min(3, 5)
典型延时值	上升延时值 = 4	下降延时值 = 6	到不定态的延时值 = min(4, 6)	截止延时值 = min(4, 6)
最大延时值	上升延时值 = 5	下降延时值 = 7	到不定态的延时值 = min(5, 7)	截止延时值 = min(5, 7)

例(3)：

and # (2: 3: 4, 3: 4: 5, 4: 5: 6) U3 (out, i1, i2);

其中，delay 中包含了 3 个延时值，第一个延时值的最小值为 2、典型值为 3、最大值为 4，第二个延时值的最小值为 3、典型值为 4、最大值为 5，第三个延时值的最小值为 4、典型值为 5、最大值为 6。元件实例 U3 的"上升延时值"由第一个延时值指定，"下降延时值"由第二个延时值指定，"截止延时值"由第三个延时值指定，而它的"到不定态的延时值"由三个延时值中的最小值指定。各值的取值情况如表 5.7-4 所示。

表 5.7-4　3 个延时值结果

最小延时值	上升延时值 = 2	下降延时值 = 3	到不定态的延时值= min(2, 3, 4)	截止延时值 = 4
典型延时值	上升延时值 = 3	下降延时值 = 4	到不定态的延时值= min(3, 4, 5)	截止延时值 = 5
最大延时值	上升延时值 = 4	下降延时值 = 5	到不定态的延时值= min(4, 5, 6)	截止延时值 = 6

例 5.7-1　用 Verilog HDL 建立图 5.7-1 模块 D 的延时仿真模块。

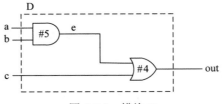

图 5.7-1　模块 D

图 5.7-1 逻辑电路的功能是 out = (a*b) + c。其门级实现如图 5.7-1 所示，其中包含了一个延迟时间为 5 个单位时间的与门和一个延迟时间为 4 个单位时间的或门。

带有延时的模块 D 的 Verilog HDL 程序代码如下：

```
module D(out, a, b, c);
    output out;
    input a, b, c;
    wire e;
    and #(5) a1(e, a, b);            //延迟 5 个单位时间
    or   #(4) o1(out, e, c);         //延迟 4 个单位时间
endmodule
```

带有延时的模块 D 的测试激励模块：

```
module D_tb;
    reg A, B, C;
    wire OUT;
    D d1 (.out(OUT), .a(A), .b(B), .c(C));

    initial
        begin
            A = 1'b0; B = 1'b0; C = 1'b0;
            #10 A = 1'b1; B = 1'b1; C = 1'b1;
            #10 A = 1'b1; B = 1'b0; C = 1'b0;
            #20 $finish;
        end
    endmodule
```

其仿真波形如图 5.7-2 所示。

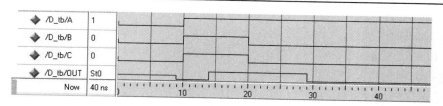

图 5.7-2 模块 D 的仿真波形

5.7.2 模块延时建模

对于由用户自己定义设计的模块，可以采用"加入门级延时说明"的办法，通过"延时说明块(Specify Block)"的结构来对模块的传输延时进行说明。注意，延时说明块既可以出现在行为描述模块内，也可以出现在结构描述模块内。

1. 延时说明块

在模块输入和输出引脚之间的延时称为模块路径延时。在 Verilog HDL 中，在关键字 specify 和 endspecify 之间给路径延时赋值，关键字之间的语句组成 specify 块(即指定块)。 specify 与 endspecify 分别是延时说明块的起始标识符和终止标识符。

specify 块中包含下列操作语句：

(1) 定义穿过模块的所有路径延时；

(2) 在电路中设置时序检查；

(2) 定义 specparam 常量。

例 5.7-2 以图 5.7-3 为例，用 specify 块来描述图中 M 模块的路径延时。

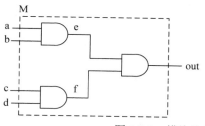

路径	延时
a--e--out	9
b--e--out	9
c--f--out	11
d--f--out	11

图 5.7-3 模块路径延时

Verilog HDL 程序代码如下：

```
module M (out, a, b, c, d);
    input a, b, c, d;
    output out;
    wire e, f;
    assign out = (a&b) | (c&d);        //逻辑功能
    specify                            //包含路径延时语句的 specify 块
        (a => out) = 9;
        (b => out) = 9;
        (c => out) = 11;
        (d => out) = 11;
```

```
    endspecify
endmodule
```

specify 块是模块中的一个独立部分，且不在任何其他块(如 initial 或 always)内出现。specify 块中的语句含义必须非常明确。

2. 路径延时描述方式

1) 并行连接

每条路径延时语句都有一个源域或一个目标域。在例 5.7-2 的路径延时语句中，a、b、c 和 d 在源域位置，而 out 是目标域。

在 specify 块中，用符号"=>"说明并行连接，其语法格式如下：

(<source_field> => <destination_field>) = <delay_value>;

其中，<delay_value>可以包含 1～3 个延时量，也可以采用"最小：典型：最大"延时表达形式。在延时量由多个值组成的情况下，应在延时量的外面加上一对括号。例如：

(a=>out) = (8:9:10);

表示的是输入 a 到输出 out 的最小、典型、最大延时值分别是 8、9、10 个时间单位。

在并行连接中，源域中的每一位与目标域中相应的位连接。如果源域和目标域是向量，则必须有相同的位数，否则会出现不匹配的情况。因此，并行连接说明了源域的每一位到目标域的每一位之间的延时。

图 5.7-4 显示了源域和目标域之间的位是如何并行连接的。例 5.7-3 则给出了并行连接的 Verilog HDL 描述。

图 5.7-4　并行连接

例 5.7-3　并行连接定义延时示例。

```
module parallel_connected(out, a, b);
    input a, b;
    output out;
    wire out;
        assign out = a&b;    //逻辑功能
        specify
            (a => out) = 9;
            (b => out) = 11;
        endspecify
endmodule
```

例中描述了两条并行连接的路径延时，其中定义了端口 a 到端口 out 的路径延迟时间为 9 个时间单位，端口 b 到端口 out 的路径延迟时间为 11 个时间单位。

2) 全连接

在 specify 块中，用符号"*>"表示全连接，其语法格式如下：

(<source_field>*><destination_field>) = <delay_value>;

在全连接中，源域中的每一位与目标域中的每一位相连接。如果源域和目标域是向量，则它们的位数不必相同。全连接描述源域中的每一位和目标域中的每一位之间的延时，如图 5.7-5 所示。

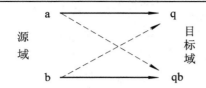

图 5.7-5　全连接

例 5.7-4　全连接定义延时示例。

```
module full_connected(out, a, b, c, d);
    input a, b, c, d;
    output out;
    wire out;
        assign out = (a&b) | (c&d);        //逻辑功能
        specify
          (a, b *> out) = 9;
          (c, d *> out) = 11;
        endspecify
    endmodule
```

该例描述了四条全连接路径的延时，其中定义了端口 a 和端口 b 到端口 out 的路径延时为 9 个时间单位，端口 c 和端口 d 到端口 out 的路径延时为 11 个时间单位。

3．specparam 声明语句

specparam 用来定义 specify 块中的参数，例 5.7-5 是一个使用 specparam 语句的 specify 块示例。

例 5.7-5　specparam 声明语句示例。

```
module parallel_connected(out, a, b);
    input a, b;
    output out;
    wire out;
        assign out = a&b;   //逻辑功能
        specify
                //在指定块内部定义参数
                specparam a_to_out = 9;
                specparam b_to_out = 11;
                (a => out) = a_to_out;
                (b => out) = b_to_out;
        endspecify
    endmodule
```

specparam 语句的格式和作用都类似于 parameter 参数说明语句，但两者又有不同：

(1) specparam 语句只能在延时说明块(specify 块)中出现，而 parameter 语句则不能在延时说明块内出现。

(2) 由 specparam 语句进行定义的参数只能是延时参数，而由 parameter 语句定义的参数可以是任何数据类型的常数参数。

(3) 由 specparam 语句定义的延时参数只能在延时说明块内使用，而 parameter 语句定义的参数则可以在模块内的任意位置使用。

在模块中提供 specify 参数是为了方便给延时赋值，因此建议用 specify 参数而不是数值来表示延时。这样，如果电路的时序说明变化了，则用户只需要改变 specify 的参数值，而不必逐个修改每条路径的延时值。

5.7.3　与时序检查相关的系统任务

Verilog HDL 提供了系统任务来进行时序检查。该类任务很多，表 5.7-5 列举了部分与时序检查相关的系统任务。

表 5.7-5　与时序检查相关的系统任务

名　称	语 法 格 式	含　义
$setup	$setup(data_event, reference_event, limit);	如果(time_of_reference_event-time_of_data_event)< limit，则报告时序冲突(timing violation)
$hold	$hold(reference_event, data_event, limit);	如果(time_of_data_event-time_of_reference_event)< limit，则报告数据保持时间时序冲突
$setuphold	$setuphold(reference_event, data_event, setup_limit, hold_limit);	如果(time_of_data_event-time_of_reference_event) < setup_limit(或 hold_limit)，则报告数据保持时间时序冲突
$width	$width(reference_event, limit, threshold);	如果 threshold < (time_of_data_event-time_of_reference_event)<limit,则报告信号上出现脉冲宽度不够宽的时序错误
$period	$period(reference_event, limit);	检查信号的周期，若(time_of_data_event-time_of_reference_event) < limit，则报告时序错误
$skew	$skew(reference_event, data_event, limit);	检查信号之间(尤其是成组的时钟控制信号之间)的偏斜(skew)是否满足要求，若 time_of_data_event-time_of_reference_event > limit，则报告信号之间会出现时序偏斜太大的错误
$recovery	$recovery(reference_event, data_event, limit);	若(time_of_data_event-time_of_reference_event) < limit，则报告时序冲突
$nochange	$nochange(reference_event, data_event, start_edge_offset, end_edge_offset);	如果在指定的边沿触发基准事件区间发生数据变化，则报告时序冲突错误

下面介绍两种最常用的时序检查系统任务 $setup 和 $hold。所有的时序检查只能用在 specify 块里。为了简化讨论，此处省略了这些时序检查系统任务的一些可选参数。

1) $setup

建立时间检查可以使用系统任务 $setup。其语法格式如下：

　　　$setup(data_event, reference_event, limit);

其中，data_event 是被检查的信号，需检查它是否违反约束；reference_event 用于检查 data_event 信号的参考信号；limit 是 data_event 需要的最小建立时间。如果(time_of_reference_event - time_of_data_event) < limit，则报告时序冲突。例如：

　　　specify

　　　　　$setup (data, posedge clock, 3);

　　　endspecify

该程序的功能是建立时间检查，clock 为参考信号，data 是被检查的信号，如果 time_posedge_clock - time_data < 3，则报告违反约束。

2) $hold

保持时间检查可以使用系统任务$hold。其语法格式如下：

　　　$hold (reference_event, data_event, limit);

其中：reference_event 用于检查 data_event 信号的参考信号；data_event 是被检查的信号，需检查它是否违反约束；limit 是 data_event 需要的最小保持时间。如果(time_of_data_event - time_of_reference_event) < limit，则报告数据保持时间时序冲突。例如：

　　　specify

　　　　　$hold (posedge clock, data, 5);

　　　endspecify

该程序的功能是保持时间检查，clock 为参考信号，data 是被检查的信号，如果 time_data - time_posedge_clk < 5，则报告违反约束。

5.8　编译预处理语句

编译预处理是 Verilog HDL 编译系统的一个组成部分，指编译系统会对一些特殊命令进行预处理，然后将预处理结果和源程序一起再进行通常的编译处理。以"`"(反引号)开始的某些标识符是编译预处理语句。在 Verilog HDL 编译时，特定的编译指令在整个编译过程中有效(编译过程可跨越多个文件)，直到遇到其他不同的编译程序指令。常用的编译预处理命令如下：

(1) `define, `undef;

(2) `include;

(3) `timescale;

(4) `ifdef, `else, `endif;

(5) `default_nettype;

(6) `resetall;

(7) `unconnect_drive, `nonconnected_drive;

(8) `celldefine, `endcelldefine。

5.8.1　宏定义

`define 指令是一个宏定义命令，通过一个指定的标识符来代表一个字符串，可以增加 Verilog HDL 代码的可读性和可维护性，找出参数或函数不正确或不被允许的地方。

`define 指令类似于 C 语言中的#define 指令，可以在模块的内部或外部定义，编译器在编译过程中遇到该语句将把宏文本替换为宏的名字。`define 声明的语法格式如下：

　　　`define <macro_name><Text>

对于已声明的语句，在代码中的应用格式如下(不要漏掉宏名称前的符号"`")：

　　　`macro_name

例如：

　　　`define MAX_BUS_SIZE 32

　　　…

　　　reg [`MAX_BUS_SIZE – 1:0] AddReg;

一旦`define 指令被编译,其在整个编译过程中都有效。例如,通过另一个文件中的`define 指令，MAX_BUS_SIZE 能被多个文件使用。

`undef 指令用于取消前面定义的宏。例如：

　　　`define　　WORD 16　　　　　//建立一个文本宏替代

　　　…

　　　wire [`WORD : 1]Bus;

　　　…

　　　`undef　　WORD　　　　　　//在`undef 编译指令后，WORD 的宏定义不再有效

宏定义指令的有关注意事项：

(1) 宏定义的名称可以是大写，也可以是小写，但要注意不要和变量名重复。

(2) 和所有编译器伪指令一样，宏定义在超过单个文件边界时仍有效(对工程中的其他源文件)，除非被后面的`define、`undef 或`resetall 伪指令覆盖，否则`define 不受范围限制。

(3) 当用变量定义宏时，变量可以在宏正文中使用，并且在使用宏的时候可以用实际的变量表达式代替。

(4) 通过用反斜杠"\"转义中间换行符，宏定义可以跨越几行，新的行是宏正文的一部分。

(5) 宏定义行末不需要添加分号来表示结束。

(6) 宏正文不能分离的语言记号包括注释、数字、字符串、保留的关键字和运算符。

(7) 编译器伪指令不允许作为宏的名字。

(8) 宏定义中的文本也可以是一个表达式，并不仅仅用于变量名称的替换。

`define 和 parameter 是有区别的。`define 和 parameter 都可以用于文本替换，但其存在本质上的不同，前者是编译之前就预处理，而后者是在正常编译过程中完成替换的。此外，`define 和 parameter 存在下列两点不同：

(1) 作用域不同。parameter 作用于声明的那个文件；`define 从编译器读到这条指令开始到编译结束都有效，除非遇到 `undef 命令使之失效，否则可以应用于整个工程。如果要让 parameter 作用于整个工程，可以将声明语句写于单独文件中，并用`include 让每个文件

都包含声明文件。

`define 可以写在代码的任何位置，parameter 则必须在应用之前定义。通常编译器都可以定义编译顺序，或者从最底层模块开始编译，因此写在最底层就可以了。

(2) 传递功能不同。parameter 可以用作模块例化时的参数传递，实现参数化调用；`define 语句则没有此作用。`define 语句可以定义表达式，而 parameter 只能定义变量。

例 5.8-1　`define 使用示例。

```
module define_demo(clk, a, b, c, d, q)
    `define bsize 9
    `define c a+b
    input    clk;
    input [`bsize:0] a, b, c, d;
    output [`bsize:0] q;
    reg [`bsize:0] q;
        always @(posedge clk)
            begin
                q <= `c+d;
            end
endmodule
```

5.8.2　文件包含处理

所谓文件包含处理，是一个源文件可以将另外一个源文件的全部内容包含进来，即将另外的文件包含到本文件之中。Verilog HDL 提供了`include 命令用来实现"文件包含"的操作。其一般形式如下：

　　`include "文件名"

图 5.8-1 表示"文件包含"。图 5.8-1(a)为文件 File1.v，它有一个"`include "File2.v""命令，还有其他的内容(以 A 表示)。图 5.8-1(b)为文件 File2.v，文件的内容以 B 表示。在编译预处理时，要对`include 命令进行"文件包含"预处理：将 File2.v 的全部内容复制插入到"`include "File2.v""命令出现的地方，即 File2.v 被包含到 File1.v 中，得到图 5.8-1(c)所示的结果。在接着进行的编译中，将"包含"以后的 File1.v 作为一个源文件单位进行编译。

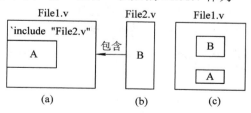

图 5.8-1　文件包含

"文件包含"命令可以避免程序设计人员重复劳动，即可以将一些常用的宏定义命令或任务组成一个文件，然后用`include 命令将这些宏定义包含到自己所写的源文件中，这相当于工业上对标准元件的使用。另外，在编写 Verilog HDL 源文件时，一个源文件可能经常要用到另外几个源文件中的模块，这种情况下即可用`include 命令将所需模块的源文件包含进来。

例 5.8-2　"文件包含"使用示例。

文件 a1.v：

```
module aaa(a, b, out);
    input a, b;
    output out;
    wire out;
        assign  out = a^b;
endmodule
```

文件 b1.v：

```
`include  "a1.v"
module  b1(c, d, e, out);
    input  c, d, e;
    output  out;
    wire  out_a;
    wire  out;
        a1  U1(.a(c), .b(d), .out(out_a));
        assign  out = e&out_a;
endmodule
```

例中，文件 b1.v 用到了文件 a1.v 中的模块 a1 的实例器件，通过"文件包含"处理来调用。模块 a1 实际上是作为模块 b1 的子模块被调用的。

5.8.3　仿真时间标度

`timescale 命令用来说明跟在该命令后的模块的时间单位和时间精度。其语法格式如下：

`timescale<时间单位>/<时间精度>

其中，"时间单位"用来定义模块中仿真时间和延迟时间的基准单位。"时间精度"用来声明该模块的仿真时间的精确程度，该参量被用来对延迟时间值进行精度处理(仿真前)。如果在同一个程序中存在多个`timescale 命令，则用最小的时间精度值来决定仿真的时间单位。另外，时间精度至少要和时间单位一样精确，时间精度值不能大于时间单位值。

在`timescale 命令中，用于说明时间单位和时间精度参量值的数字必须是整数，其有效数字为 1、10、100，单位为秒(s)、毫秒(ms)、微秒(μs)、纳秒(ns)、皮秒(ps)、毫皮秒(fs)。下面举例说明`timescale 命令的用法。

例 5.8-3　仿真时间标度示例。

例(1)：

`timescale 1ns/1ps

该例表示模块中所有的时间值都是 1 ns 的整数倍。这是因为在`timescale 命令中，定义了时间单位是 1 ns。因为`timescale 命令定义的时间精度为 1 ps，所以模块中的延迟时间可表示为带三位小数的实型数。

例(2):

```
`timescale 10us/100ns
```

该例中,模块中的时间值均为 10 μs 的整数倍。`timesacle 命令定义的时间单位是 10 μs,延迟时间的最小分辨率为十分之一微秒(100 ns),即延迟时间可表示为带两位小数的实型数。

例(3):

```
`timescale 10ns/1ns
module delay_tb;
    reg set;
    parameter d = 1.55;
    initial
      begin
        #d set = 0;
        #d set = 1;
      end
endmodule
```

该例中,`timescale 命令定义了模块 delay_tb 的时间单位为 10 ns、时间精度为 1 ns。因此在此测试模块中,所有的时间值应为 10 ns 的整数倍,且以 1 ns 为时间精度。这样经过取整操作,存在参数 d 中的延迟时间实际是 16 ns(即 1.6×10 ns,四舍五入),这意味着在仿真时间为 16 ns 时寄存器 set 被赋值 0,在仿真时间为 32 ns 时寄存器 set 被赋值 1。

5.8.4 条件编译

一般情况下,Verilog HDL 源程序中所有的行都会参加编译;但有时希望其中的一部分内容只有在满足条件时才对其进行编译,也就是对一部分内容指定编译的条件,这就是"条件编译",也就是说,当满足条件时对一组语句进行编译,当条件不满足时则编译另一部分。

条件编译命令有以下几种形式。

形式 1:

```
`ifdef 宏名(标识符)
程序段 1
`else
程序段 2
`endif
```

作用:若"宏名"已经被定义过(用`define 命令定义),则对程序段 1 进行编译,程序段 2 将被忽略;否则编译程序段 2,程序段 1 被忽略。其中`else 部分可以没有,即成为形式 2。

形式 2:

```
`ifdef 宏名 (标识符)
程序段 1
`endif
```

　　这里，"宏名"是一个 Verilog HDL 的标识符，"程序段"可以是 Verilog HDL 语句组，也可以是命令行。这些命令可以出现在源程序的任何地方。

　　注意：被忽略而不进行编译的程序段部分，也要符合 Verilog HDL 程序的语法规则。

　　通常在 Verilog HDL 程序中用到`ifdef、`else、`endif 编译命令的情况有以下几种：

- 选择一个模块的不同代表部分。
- 选择不同的时序或结构信息。
- 对不同的 EDA 工具，选择不同的激励。

例 5.8-4　条件编译指令示例。

```
module and_op (a,b,c);
    output a;
    input b,c;
    `ifdef behavioral      //如果在描述外部定义了宏名(即`define behavioral)，则用行为描述方式参
                           //加编译；否则(没有定义或`undef behavioral)，用结构描述方式参加编译
        assign a=b&c;
    `else
        and U1(a,b,c);
    `endif
endmodule
```

5.8.5　其他语句

　　除了上述常用的编译预处理语句外，Verilog HDL 还包括其他的预处理语句，但由于其应用范围并不广泛，因此这里只对它们进行简单介绍。

　　1) `default_nettype 语句

　　`default_nettype 为隐式线网类型，也就是将那些没有被说明的连线定义为线网类型。例如：

```
    `default_nettype wand
```

　　该例定义的默认的线网为线与类型。因此，如果在此指令后面的任何模块中含有未说明的连线，那么该线网被假定为线与类型。

　　2) `resetall 语句

　　`resetall 编译器指令用于将所有的编译指令重新设置为默认值。例如：

```
    `resetall
```

　　该单独的指令使得默认连线类型为线网类型。

　　3) `unconnected_drive 语句

　　在模块实例化中，出现在`unconnected_drive 和`nounconnected_drive 两个编译指令之间的任何未连接的输入端口将被设置为正偏电路状态或反偏电路状态。例如：

```
    `unconnect_drive pull1
    /*在这两个程序指令间的所有未连接的输入端口为正偏电路状态(连接到高电平)*/
    `nounconnected_drive
    `unconnected_drive pull0
```

/*在这两个程序指令间的所有未连接的输入端口为反偏电路状态(连接到低电平)*/

`nounconnected_drive

4) `celldefine 语句

`celldefine 和 `endcelldefine 这两个程序指令用于将模块标记为单元模块，表示包含模块定义。例如：

```
`celldefine
module FD1S3AX(D, CK, Z);
...
endmodule
`endcelldefine
```

本 章 小 结

随着设计规模的不断扩大，验证任务在设计中所占的比例越来越大，已成为 Verilog HDL 设计流程中非常关键的一个环节。如何编写高效、简洁的测试代码来实现验证任务，实现对设计模块功能正确性的验证，成为验证这一关键环节的重要手段。

Verilog HDL 仿真和验证是与电路设计同等重要的功能，具有独特的设计方法，本章从电路仿真模型、系统函数、电路延时模型设计、任务和函数、信号激励产生、编译指令等方面深入地介绍了其设计方法。

思考题和习题

5-1　什么是验证？

5-2　什么是仿真？

5-3　Testbench 是测试激励吗？测试程序的一般结构是什么？

5-4　如何提高仿真效率？举例说明。

5-5　下列程序的显示结果是什么？

```
module shifttest;
    reg[3:0] a;
    initial
        begin
            a = 4'b1001;
            $display(a>>1);
        end
endmodule
```

5-6　$finish(n)和$stop(n)中的参数 n 取不同的值时，分别表示什么含义？

5-7　在 Verilog HDL 中，如何从文件中读入数据？

5-8　试用 Verilog HDL 产生习题 5-8 图所示的测试信号。

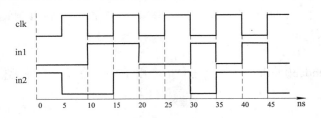

习题 5-8 图

5-9 根据下面的程序，画出产生的信号波形。

```
module para (a, b);
    output a, b;
    reg a, b;
    initial
        begin
            a = 1;
            b = 1;
            #100 a = 0;
            fork
                b = 0;
                #50 b = 1;
                #150 a = 1;
            join
            #100 b = 0;
            #50 a = 0;
            b = 1;
        end
endmodule
```

5-10 什么是 Verilog HDL 中的任务？任务的定义方式和调用方式分别是什么？

5-11 用任务方式编写习题 5-11 图所示的 4 bit 行波加法器，再调用此任务完成 8 bit 行波进位加法器。

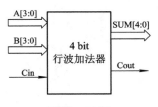

习题 5-11 图

5-12 什么是 Verilog HDL 中的函数？函数的定义方式和调用方式分别是什么？

5-13 用函数编写习题 5-13 图所示的 2 bit 2−1 多路输入选择器，再调用此函数完成 2 bit 4−1 多路选择器。

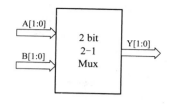

习题 5-13 图

5-14　如果需要设计并行激励，应使用什么语言元素？

5-15　如习题 5-15 图所示电路，若其延迟时间设定如习题 5-15 表中所示，试编写 Verilog HDL 程序设计该电路。

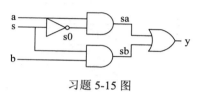

习题 5-15 图

习题 5-15 表

路　　径	最小值(min)	典型值(type)	最大值(max)
a_sa_y	10	12	14
s_s0_sa_y	15	17	19
s_sb_y	11	13	15
b_sb_y	10	12	14

5-16　用并行连接方式规划习题 5-16 图，再依习题 5-16 表设计该电路。

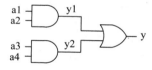

习题 5-16 图

习题 5-16 表

输　　入	输　　出	上升延时值	下降延时值
a1	y	12	10
a2	y	12	10
a3	y	8	6
a4	y	8	6

5-17　用全连接方式重新设计习题 5-16。

5-18　如习题 5-18 图所示，若其延迟时间如习题 5-18 表中所列，用全连接方式设计该电路。

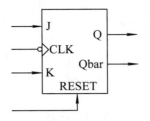

习题 5-18 图

习题 5-18 表

输入	输出	延迟时间
J	Q	8
J	Qbar	8
CLK	Q	10
CLK	Qbar	12
K	Q	8
K	Qbar	8
RESET	Q	4
RESET	Qbar	5

5-19 如习题 5-19 图所示 JK 触发器,其延迟时间如习题 5-19 表中所列,试编写 Verilog HDL 程序设计该电路。

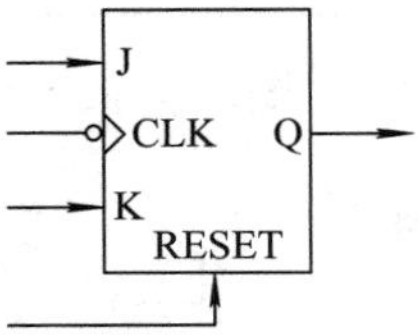

习题 5-19 图

习题 5-19 表

延迟时间	最小值(min)	典型值(type)	最大值(max)
上升延时值 t_rise_LCK_Q	14	16	18
下降延时值 t_fall_CLK_Q	17	19	21
关断延时值 t_turnoff_CLK_Q	18	20	22

5-20 简述 `define 和 parameter 的区别。

5-21 用 Verilog HDL 为例 4.3-8 的环形移位寄存器编写测试平台程序,并用系统任务 $display 把当前时间显示出来。

5-22 用 Verilog HDL 为例 4.3-9 的序列信号发生器编写测试平台程序。

5-23 用 Verilog HDL 为例 4.4-1 的顺序脉冲发生器编写测试平台程序。

5-24 用 Verilog HDL 为例 4.4-2 的自动售报机编写测试平台程序。

第6章　Verilog HDL 高级程序设计举例

6.1　数字电路系统设计的层次化描述方法

集成电路设计中大量采用的是结构性的描述方法，归纳起来主要有两种：自下而上(Bottom-Up)的设计方法与自上而下(Top-Down)的设计方法。在实际运用中，可以根据实际设计情况选择这两种方法相结合的设计方法，即混合设计方法。Top-Down 方法主要是从系统设计的角度进行，系统工程师往往会在项目的规划阶段将数字电路系统进行划分，明确主要单元模块的功能、时序和接口参数等系统方案，这种方法可以有效协调 ULSI 和 VLSI 芯片设计中众多开发人员的工作。Bottom-Up 方法主要是在实际系统执行过程中，底层设计人员提出底层功能模块的优化方案，系统设计人员分析这些优化对系统的影响，通过调整系统结构，提高芯片整体性能。

1. Bottom-Up 设计方法

Bottom-Up 设计方法是一种传统的设计方法，它要求电路设计者将系统进行模块划分，从底层模块设计开始，运用各底层模块搭建一个完整的系统。在这种设计方法中，首先根据系统设计的要求，定义并建立所需要的叶子模块，通过模块连接方式建成较大的模块，然后把这些较大的模块组合成具有一定功能的模块，最后将这些功能模块组合，直到完成整个系统。这就如同搭积木，用小的模块不断组合，最后完成系统的设计。其设计方法示意图如图 6.1-1 所示。

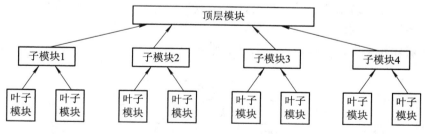

图 6.1-1　Bottom-Up 设计方法示意图

一个典型的 Bottom-Up 设计例子是在第 4 章中提到的串行加法器的设计。一个 4 位串行加法器由 4 个全加器构成，如图 6.1-2 所示。全加器是串行加法器的子模块，而全加器是由基本的逻辑门构成的，如图 6.1-3 所示，这些基本的逻辑门就是所说的叶子模块。这个设计中运用叶子模块(基本逻辑门)搭建成子模块(全加器)，再用子模块搭建成所需要的电路(串行加法器)。

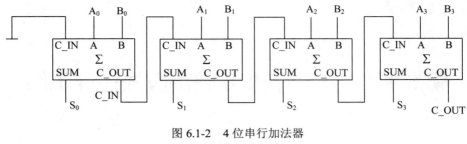

图 6.1-2　　4 位串行加法器

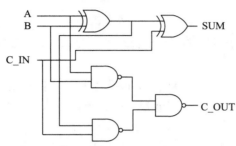

图 6.1-3　　全加器逻辑电路

　　显然，Bottom-Up 设计方法没有明显的规律可循，主要依靠设计者的实践经验和熟练的设计技巧，用逐步试探的方法最后设计出一个完整的数字系统。系统的各项性能指标只有在系统构成后才能分析测试。

　　Bottom-Up 设计方法常用于原理图的设计中，相比于其他方法，该方法对于实现各子模块电路所需的时间较短。但是该方法仍存在着许多不足之处，例如采用该设计方法容易对系统的整体功能把握不足，整个系统的设计周期比较长、效率低、设计质量难以保证等。因此，这种方法只适用于小规模电路的设计。

2. Top-Down 设计方法

　　随着电子技术的快速发展，传统的设计方法已经不能满足日益增长的系统要求，Top-Down 设计方法成为数字系统设计的主流设计方法。在这种设计方法中，首先从系统级入手，把系统划分为若干个子功能单元，并编制出相应的行为或结构模型；再将这些子功能单元进一步拆分，就这样不断地拆分，直到整个系统中各模块的逻辑关系合理，便于逻辑电路级的设计和实现；这种最底层的功能模块被称为叶子模块。其设计方法示意图如图 6.1-4 所示。

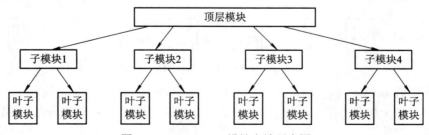

图 6.1-4　　Top-Down 设计方法示意图

　　例如，使用 Top-Down 设计方法对一个典型的 CPU 进行设计，如图 6.1-5 所示。根据 CPU 的功能将 CPU 分为控制单元、逻辑运算单元、存储单元。控制单元主要控制整个 CPU

的工作，用于调控整个 CPU 按照指令执行规定的动作，控制单元又由指令控制器、时序控制器、总线控制器和中断控制器构成。逻辑运算单元可以分为算术逻辑运算单元 ALU 和浮点运算单元 FPU。存储单元可以分为通用寄存器和专用寄存器。这样通过功能的不断细化，将大模块划分成了更小的模块，当划分到指令控制器这一级时，就可以通过各种逻辑电路来实现了。

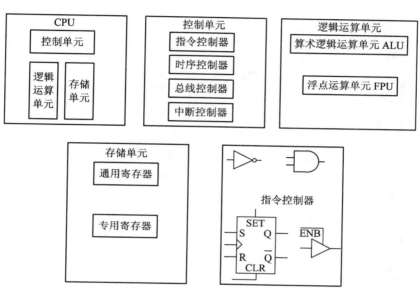

图 6.1-5　Top-Down 设计 CPU 流程

　　Top-Down 设计方法的优点是显而易见的，在整个设计过程中主要的仿真和调试过程是在高层次完成的，所以能够在设计的早期发现结构设计上的错误，及时进行调整，最大限度地不将错误带入到后续的设计环节中；同时方便了从系统进行划分和管理整个项目，使得大规模的复杂数字电路实现成为可能，避免了不必要的重复设计，提高了设计效率。然而这种设计方法仍然存在着不足，即在设计的开始并不能准确地确定最终功能单元的设计，需要根据具体的设计情况，不断进行系统设计的修正。

　　现在的数字电路设计越来越复杂，单一的设计方法往往很难满足设计要求，因此通常将这两种设计方法结合起来，即采用混合的设计方法来进行设计。这样可以综合每种方法的优点，在高层系统设计时采用 Top-Down 设计方法，便于系统的划分；而在底层设计时采用 Botton-Up 设计方法，这样可以缩短各模块的设计时间。

　　下面以向量点积乘法器的设计为例，具体说明如何通过模块层次化的设计方法来完成电路的设计。

　　例 6.1-1　采用模块层次化设计方法，设计 4 维向量点积乘法器，其中向量 $\mathbf{a} = (a_1, a_2, a_3, a_4)$，$\mathbf{b} = (b_1, b_2, b_3, b_4)$。点积乘法的规则为

$$\mathbf{a} \cdot \mathbf{b} = a_1 b_1 + a_2 b_2 + a_3 b_3 + a_4 b_4 \tag{6.1-1}$$

　　向量点积乘法是将向量的对应位置的值相乘，然后相加。其对应的电路结构如图 6.1-6 所示。

可以看出，4 位向量点积乘法器由 4 个乘法器和 3 个加法器构成，而加法器和乘法器又由半加器和全加器构成，其中半加器和全加器又由基本的逻辑门组成，其构成关系如图 6.1-7 所示。

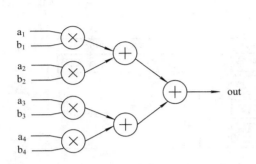

图 6.1-6　向量点积乘法器电路结构

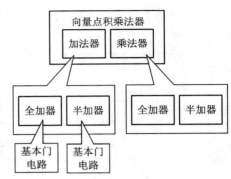

图 6.1-7　向量点积乘法器层次化功能模块

具体的 Verilog HDL 设计包括顶层模块 vector、加法器模块 add 和乘法器模块 mul_addtree。其 Verilog HDL 程序代码如下：

```verilog
module vector(a1, a2, a3, a4, b1, b2, b3, b4, out);
    input [3:0] a1, a2, a3, a4, b1, b2, b3, b4;
    output [9:0] out;
    wire    [7:0] out1, out2, out3, out4;
    wire    [8:0] out5, out6;
    wire    [9:0] out;
    mul_addtree U1(.x(a1), .y(b1), .out(out1));
    mul_addtree U2(.x(a2), .y(b2), .out(out2));
    mul_addtree U3(.x(a3), .y(b3), .out(out3));
    mul_addtree U4(.x(a4), .y(b4), .out(out4));
    add #(8) U5(.a(out1), .b(out2), .out(out5));
    add #(8) U6(.a(out3), .b(out4), .out(out6));
    add #(9) U7(.a(out5), .b(out6), .out(out));
endmodule
//加法器
module add(a, b, out);
    parameter size = 8;
    input    [size-1:0] a, b;
    output [size:0] out;
    assign out = a+b;
endmodule
//乘法器
module mul_addtree(mul_a, mul_b, mul_out);
    input    [3:0] mul_a, mul_b;                    // IO 端口声明
```

```
    output [7:0] mul_out;
    wire      [7:0] mul_out;                                      //连线类型声明
    wire      [7:0] stored0, stored1, stored2, stored3;
    wire      [8:0] add01, add23;
    assign stored3 = mul_b[3]?{1'b0, mul_a, 3'b0}:8'b0;          //逻辑设计
    assign stored2 = mul_b[2]?{2'b0, mul_a, 2'b0}:8'b0;
    assign stored1 = mul_b[1]?{3'b0, mul_a, 1'b0}:8'b0;
    assign stored0 = mul_b[0]?{4'b0, mul_a}:8'b0;
    assign add01 = stored1+stored0;
    assign add23 = stored3+stored2;
    assign mul_out = add01+add23;
endmodule
```

可以看到，在这个电路设计中，vector、add 和 mul_addtree 三个模块共同构成了向量点积乘法器。顶层模块 vector 采用结构描述方式分别使用了 4 个 mul_addtree 和 3 个 add 模块，分两层实现了电路功能。

6.2　典型电路设计

6.2.1　加法器树乘法器

加法器树乘法器的设计思想是"移位后加"，并且加法运算采用加法器树的形式。乘法运算的过程是，被乘数与乘数的每一位相乘并且乘以相应的权值，最后将所得的结果相加，便得到了最终的乘法结果。加法器树乘法器在计算被乘数与乘数及与其权值相乘时采用"判断移位"的形式，即通过判断乘数位是否为 1 来决定结果为 0 或者进行移位。当乘数位为 1 时被乘数根据该位的权值将被乘数移位，权值为 0 时不移位，权值为 2 时左移 1 位，权值为 4 时左移 2 位，权值为 8 时左移 3 位，……；当乘数位为 0 时直接输出 0。而加法器树乘法器的加法运算是通过加法器树来实现的，如图 6.2-1 所示。加法器树所需要的加法器的数目是操作数的位数减 1。

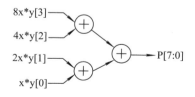

图 6.2-1　4 位的加法器树乘法器结构

例 6.2-1　图 6.2-1 是一个 4 位的加法器树乘法器结构，试用 Verilog HDL 设计一个 4 位加法器树乘法器。

```
    module mul_addtree(mul_a, mul_b, mul_out);
    input   [3:0] mul_a, mul_b;                                  //IO 端口声明
```

```
    output [7:0] mul_out;

    wire [7:0] mul_out;                                        //连线类型声明
    wire [7:0] stored0, stored1, stored2, stored3;
    wire [7:0] add01, add23;

    assign stored3 = mul_b[3]?{1'b0, mul_a, 3'b0}:8'b0;        //逻辑设计
    assign stored2 = mul_b[2]?{2'b0, mul_a, 2'b0}:8'b0;
    assign stored1 = mul_b[1]?{3'b0, mul_a, 1'b0}:8'b0;
    assign stored0 = mul_b[0]?{4'b0, mul_a}:8'b0;
    assign add01 = stored1+stored0;
    assign add23 = stored3+stored2;
    assign mul_out = add01+add23;
endmodule
//***************************测试代码***************************
module mult_addtree_tb;
    reg [3:0]mult_a;
    reg [3:0]mult_b;
    wire [7:0]mult_out;
    //模块例化
    mul_addtree U1(.mul_a(mult_a), .mul_b(mult_b), .mul_out(mult_out));

    initial         //测试信号
        begin
            mult_a = 0;    mult_b = 0;
            repeat(9)
            begin
              #20 mult_a = mult_a+1;
                  mult_b = mult_b+1;
            end
        end
endmodule
```

其测试结果如图 6.2-2 所示。

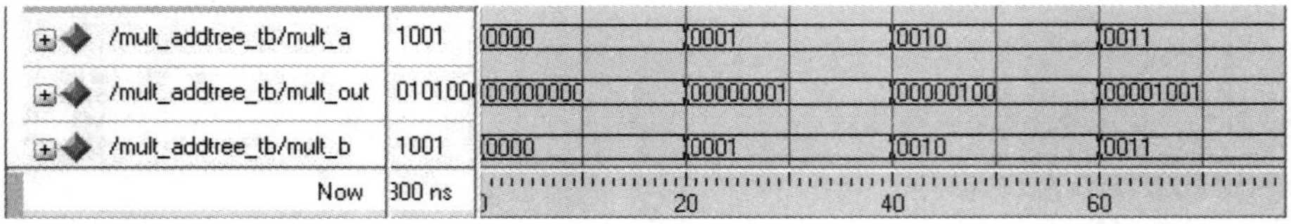

⊞◆ /mult_addtree_tb/mult_a	1001	0000	0001	0010	0011
⊞◆ /mult_addtree_tb/mult_out	010100(	00000000	00000001	00000100	00001001
⊞◆ /mult_addtree_tb/mult_b	1001	0000	0001	0010	0011
Now	300 ns		20	40	60

图 6.2-2   加法器树乘法器测试结果

加法器树乘法器可以通过流水线提高电路速度。其基本思想是加法器树中插入寄存器，将加法器树乘法器设计成流水线型。

例 6.2-2 用 Verilog HDL 设计一个两级流水线 4 位加法器树乘法器。

两级流水线 4 位加法器树乘法器的结构如图 6.2-3 所示。

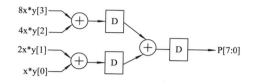

图 6.2-3 两级流水线 4 位加法器树乘法器的结构

通过在第一级与第二级、第二级与第三级加法器之间插入 D 触发器组，可以实现两级流水线设计，其 Verilog HDL 程序代码如下：

```
module mul_addtree_2_stage(clk, clr, mul_a, mul_b, mul_out);
    input clk, clr;
    input [3:0] mul_a, mul_b;                              //IO 端口声明
    output [7:0] mul_out;
    reg [7:0] add_tmp_1, add_tmp_2, mul_out;
    wire [7:0] stored0, stored1, stored2, stored3;
    assign stored3  =mul_b[3]?{1'b0, mul_a, 3'b0}:8'b0;    //逻辑设计
    assign stored2 = mul_b[2]?{2'b0, mul_a, 2'b0}:8'b0;
    assign stored1 = mul_b[1]?{3'b0, mul_a, 1'b0}:8'b0;
    assign stored0 = mul_b[0]?{4'b0, mul_a}:8'b0;


    always@(posedge clk or negedge clr)                   //时序控制
    begin
            if(!clr)
            begin
                add_tmp_1 <= 8'b0000_0000;
                add_tmp_2 <= 8'b0000_0000;
                mul_out <= 8'b0000_0000;
            end
        else
            begin
                add_tmp_1 <= stored3+stored2;
                add_tmp_2 <= stored1+stored0;
                mul_out <= add_tmp_1+add_tmp_2;
            end
    end
endmodule
```

应该指出，在这个 Verilog HDL 代码中，使用非阻塞赋值方式可以直接实现寄存器的插入，相关内容参照 3.2.3 节。

```
//**************************测试代码**************************//
module mult_addtree_2_stag_tb;
    reg clk, clr;
    reg [3:0]mult_a, mult_b;
    wire [7:0]mult_out;
    mul_addtree_2_stage    U1(.mul_a(mult_a), .mul_b(mult_b),
                            .mul_out(mult_out), .clk(clk), .clr(clr));
        initial
            begin
                clk = 0; clr = 0; mult_a = 1; mult_b = 1;
                #5 clr = 1;
            end
        always #10 clk = ~clk;
        initial
            begin
                repeat(5)
                begin
                    #20 mult_a = mult_a+1;    mult_b = mult_b+1;
                end
            end
        endmodule
```

其测试结果如图 6.2-4 所示。

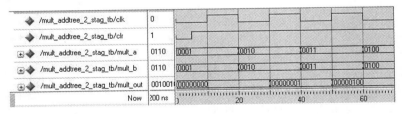

图 6.2-4　两级流水线 4 位加法器树乘法器的测试结果

6.2.2　Wallace 树乘法器

在乘法器的设计中，采用树形乘法器可以减少关键路径和所需的加法器单元数目。Wallace 树乘法器就是其中一种。下面以一个 4×4 位的乘法器为例来介绍 Wallace 树乘法器。Wallace 树乘法器原理如图 6.2-5 所示，其中 FA 为全加器，HA 为半加器。其基本原理是，加法从数据最密集的地方开始，不断地反复使用全加器、半加器来覆盖"树"。这一级全加器是一个 3 输入、2 输出的器件，因此全加器又称为 3-2 压缩器。通过全加器将树的深度不断缩减，最终缩减为一个深度为 2 的树。最后一级则采用一个简单的 2 输入加法器组成。

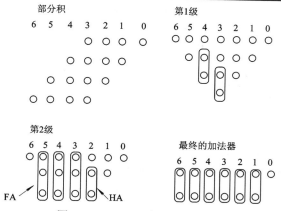

图 6.2-5　Wallace 树乘法器原理

其电路结构如图 6.2-6 所示。

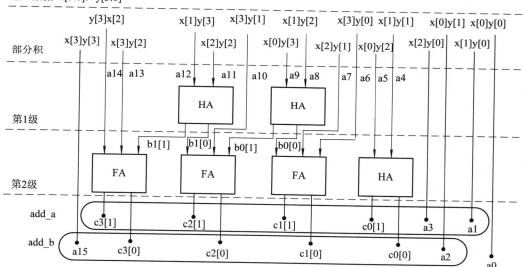

图 6.2-6　Wallace 树乘法器电路结构

例 6.2-3　用 Verilog HDL 设计如图 6.2-6 所示的 4 位 Wallace 树乘法器。

```verilog
module wallace(x,y,out);
    parameter size=4;                    //参数定义
    input [size-1:0] x,y;
    output [2*size-1:0] out;             //端口声明
    wire [size*size-1:0] a;
    wire [1:0] b0,b1,c0,c1,c2,c3;        //连线类型声明
    wire [5:0] add_a,add_b;
    wire [6:0] add_out;
    wire [2*size-1:0] out;
//部分积
```

```
    assign    a={x[3],x[2],x[3],x[1],x[2],x[3],x[0],x[1],x[2],x[3],x[0],x[1],x[2],x[0],x[1],x[0]}&
              {y[3],y[3],y[2],y[3],y[2],y[1],y[3],y[2],y[1],y[0],y[2],y[1],y[0],y[1],y[0],y[0]};

    hadd U1(.x(a[8]),.y(a[9]),.out(b0));                //2 输入半加器
    hadd U2(.x(a[11]),.y(a[12]),.out(b1));
    hadd U3(.x(a[4]),.y(a[5]),.out(c0));

    fadd U4(.x(a[6]),.y(a[7]),.z(b0[0]),.out(c1));      //3 输入全加器
    fadd U5(.x(b1[0]), .y(a[10]), .z(b0[1]), .out(c2));
    fadd U6(.x(a[13]), .y(a[14]), .z(b1[1]), .out(c3));

    assign add_a={c3[1],c2[1],c1[1],c0[1],c0[0],a[2]};  //加数
    assign add_b={a[15],c3[0],c2[0],c1[0],a[3],a[1]};
    assign add_out=add_a+add_b;
    assign out={add_out,a[0]};
endmodule
module fadd(x, y, z, out);
    output [1:0]out;
    input x,y,z;
    wire [1:0] out;
    assign out=x+y+z;
endmodule
module hadd(x, y, out);
    output [1:0]out;
    input x,y;
    wire [1:0] out;
    assign out=x+y;
endmodule
//***************************测试代码***********************//
module wallace_tb;
    reg [3:0] x, y;
    wire [7:0] out;
    wallace m(.x(x),.y(y),.out(out));                   //模块例化
    initial                                            //测试信号
      begin
            x=3; y=4;
          #20 x=15; y=15;
          #20 x={$random}%15;   y={$random}%15;   //随机产生
          #20 $finish;
```

```
        end
    endmodule
```

其测试结果如图 6.2-7 所示。

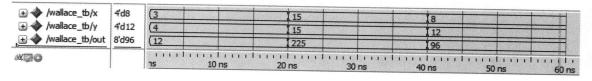

图 6.2-7　Wallace 树乘法器的测试结果

6.2.3　复数乘法器

复数乘法的算法是：设复数 $x = a + bi$ ，$y = c + di$ ，则复数乘法结果为

$$x \times y = (a + bi)(c + di) = (ac - bd) + i(ad + bc) \tag{6.2-1}$$

复数乘法器的电路结构如图 6.2-8 所示。将复数 x 的实部与复数 y 的实部相乘，减去 x 的虚部与 y 的虚部的乘积，得到输出结果的实部。将 x 的实部与 y 的虚部相乘，加上 x 的虚部与 y 的实部的乘积，得到输出结果的虚部。

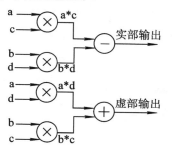

图 6.2-8　复数乘法器的电路结构

例 6.2-4　用 Verilog HDL 设计实部和虚部均为 4 位二进制数的复数乘法器。

```
module complex(a, b, c, d, out_real, out_im);
    input [3:0]a, b, c, d;
    output [8:0] out_real, out_im;
    wire [7:0] sub1, sub2, add1, add2;
    wallace U1(.x(a), .y(c), .out(sub1));
    wallace U2(.x(b), .y(d), .out(sub2));
    wallace U3(.x(a), .y(d), .out(add1));
    wallace U4(.x(b), .y(c), .out(add2));
    assign out_real = sub1-sub2;
    assign out_im = add1+add2;
endmodule
//*********************测试模块*********************//
module complex_tb;
```

```
        reg [3:0] a, b, c, d;
        wire [8:0] out_real;
        wire [8:0] out_im;
        complex U1(.a(a), .b(b), .c(c), .d(d), .out_real(out_real), .out_im(out_im));
        initial
            begin
                a = 2;    b = 2;    c = 5;    d = 4;
                #10
                a = 4;    b = 3;    c = 2;    d = 1;
                #10
                a = 3;    b = 2;    c = 3;    d = 4;
            end
    endmodule
```

其测试结果如图 6.2-9 所示。

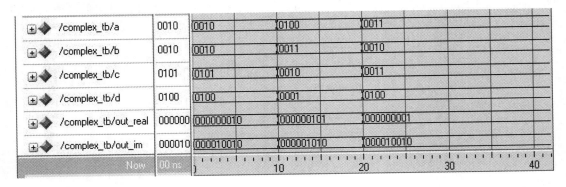

图 6.2-9　复数乘法器的测试结果

6.2.4　FIR 滤波器的设计

滤波器就是对特定的频率或者特定频率以外的频率进行消除的电路，被广泛用于通信系统和信号处理系统中。从功能角度而言，数字滤波器对输入离散信号的数字代码进行运算处理，以达到滤除频带外信号的目的。

有限冲激响应(FIR)滤波器就是一种常用的数字滤波器，采用对已输入样值的加权和来形成它的输出。其系统函数为

$$H(z) = \frac{y(z)}{x(z)} = a + bz^{-1} + cz^{-2} \tag{6.2-2}$$

其中，z^{-1} 表示延迟一个时钟周期，z^{-2} 表示延迟两个时钟周期。

对于输入序列 X[n] 的 FIR 滤波器，可用图 6.2-10 所示的结构示意图来表示，其中 X[n] 是输入数据流。各级的输入连接和输出连接称为抽头，系数(b_0, b_1, …, b_n)称为抽头系数。一个 M 阶的 FIR 滤波器将会有 M + 1 个抽头。通过移位寄存器，用每个时钟边沿 n(时间下标)处的数据流采样值乘以抽头系数，并将它们加起来形成输出 Y[n]。

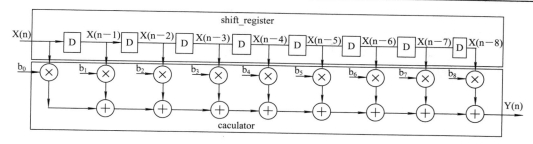

图 6.2-10　FIR 滤波器结构示意图

例 6.2-5　用 Verilog HDL 设计一个输入信号位宽为 4 bit 的 8 阶 FIR 滤波器。

如图 6.2-10 所示，FIR 滤波器电路有两个主要的功能模块：移位寄存器组模块 shift_register 用于存储串行进入滤波器的数据；乘加计算模块 caculator 用于进行 FIR 计算(见式(6.2-2))。因此，在顶层模块中采用结构性的描述方式设计。

```verilog
module FIR (Data_out, Data_in, clock, reset);
    output [12:0] Data_out;
    input [3:0] Data_in;
    input clock, reset;
    wire [12:0] Data_out;
    wire [3:0] samples_0, samples_1, samples_2, samples_3, samples_4,
            samples_5, samples_6, samples_7, samples_8;
    shift_register U1(.Data_in(Data_in), .clock(clock), .reset(reset),
                .samples_0(samples_0), .samples_1(samples_1),
                .samples_2(samples_2), .samples_3(samples_3),
                .samples_4(samples_4), .samples_5(samples_5),
                .samples_6(samples_6), .samples_7(samples_7),
                .samples_8(samples_8));
    caculator U2(.samples_0(samples_0), .samples_1(samples_1),
                .samples_2(samples_2), .samples_3(samples_3),
                .samples_4(samples_4), .samples_5(samples_5),
                .samples_6(samples_6), .samples_7(samples_7),
                .samples_8(samples_8), .Data_out(Data_out));
endmodule
```

shift_register 模块用于存储输入的数据流，本例中主要负责存储 8 个位宽为 4 bit 的输入数据信号，用于 caculator 模块的输入。

```verilog
module shift_register(Data_in, clock, reset, samples_0, samples_1, samples_2,
                samples_3, samples_4, samples_5, samples_6,
                samples_7, samples_8);
    input [3:0] Data_in;
    input clock, reset;
    output [3:0] samples_0, samples_1, samples_2, samples_3, samples_4,
```

```
                        samples_5, samples_6, samples_7, samples_8;
        reg [3:0] samples_0, samples_1, samples_2, samples_3, samples_4,
                        samples_5, samples_6, samples_7, samples_8;
        always@(posedge clock or posedge reset)
            begin
                if(reset)
                    begin
                            samples_0 <= 4'b0;
                            samples_1 <= 4'b0;
                            samples_2 <= 4'b0;
                            samples_3 <= 4'b0;
                            samples_4 <= 4'b0;
                            samples_5 <= 4'b0;
                            samples_6 <= 4'b0;
                            samples_7 <= 4'b0;
                            samples_8 <= 4'b0;
                    end
                else
                    begin
                            samples_0 <= Data_in;
                            samples_1 <= samples_0;
                            samples_2 <= samples_1;
                            samples_3 <= samples_2;
                            samples_4 <= samples_3;
                            samples_5 <= samples_4;
                            samples_6 <= samples_5;
                            samples_7 <= samples_6;
                            samples_8 <= samples_7;
                    end
            end
    endmodule
```

caculator 模块用于进行 8 输入信号与抽头系数的乘法和累加,并产生滤波之后的输出信号 Data_out。应该指出的是,FIR 滤波器系数具有对称性,在本例中, $b_0 = b_8$, $b_1 = b_7$, $b_2 = b_6$, $b_3 = b_5$,因此,可以采用先将输入信号相加,再与抽头系数相乘的方式,减少乘法器电路的数量和芯片面积。

```
        module caculator(samples_0, samples_1, samples_2, samples_3, samples_4, samples_5,
                        samples_6, samples_7, samples_8, Data_out);
            input [3:0] samples_0, samples_1, samples_2, samples_3, samples_4, samples_5,
                        samples_6, samples_7, samples_8;
```

```
        output [12:0] Data_out;
        wire [12:0] Data_out;
        wire [4:0] out_tmp_1, out_tmp_2, out_tmp_3, out_tmp_4, out_tmp_5;
        wire [8:0] out1, out2, out3, out4, out5;
            parameter    b0 = 4'b0010;
            parameter    b1 = 4'b0011;
            parameter    b2 = 4'b0110;
            parameter    b3 = 4'b1010;
            parameter    b4 = 4'b1100;
            mul_addtree U1(.mul_a(b0), .mul_b(out_tmp_1), .mul_out(out1));
            mul_addtree U2(.mul_a(b1), .mul_b(out_tmp_2), .mul_out(out2));
            mul_addtree U3(.mul_a(b2), .mul_b(out_tmp_3), .mul_out(out3));
            mul_addtree U4(.mul_a(b3), .mul_b(out_tmp_4), .mul_out(out4));
            mul_addtree U5(.mul_a(b4), .mul_b(samples_4), .mul_out(out5));
            assign out_tmp_1 = samples_0+samples_8;
            assign out_tmp_2 = samples_1+samples_7;
            assign out_tmp_3 = samples_2+samples_6;
            assign out_tmp_4 = samples_3+samples_5;
            assign Data_out = out1+out2+out3+out4+out5;
    endmodule
```

乘法器模块 mul_addtree 的代码见例 6.2-2。

```
//*********************测试模块*********************//
    module FIR_tb;
        reg clock, reset;
        reg [3:0] Data_in;
        wire [12:0] Data_out;
        FIR U1 (.Data_out(Data_out), .Data_in(Data_in),
                .clock(clock), .reset(reset));
        initial
          begin
                Data_in = 0; clock = 0; reset = 1;
                #10 reset = 0;
          end
        always
          begin
                #5 clock <= ~clock;
                #5 Data_in <= Data_in+1;
          end
    endmodule
```

其测试结果如图 6.2-11 所示。

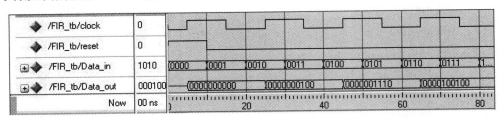

图 6.2-11　FIR 滤波器的测试结果

6.2.5　片内存储器的设计

片内存储器分为 RAM 和 ROM 两大类。本节将分别介绍 RAM 和 ROM 的 Verilog HDL 描述方式。

1. RAM 的 Verilog HDL 描述

RAM 是随机存储器，存储单元的内容可按需随意取出或存入。这种存储器在断电后将丢失所有数据，因此一般用来存储一些短时间内使用的程序和数据。其内部结构如图 6.2-12 所示。

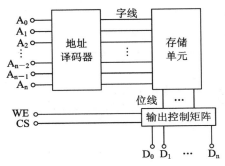

图 6.2-12　RAM 的内部结构

根据地址总线、数据总线以及读/写控制线的数目，可以将 RAM 分为单端口 RAM 和双端口 RAM 两大类。

例 6.2-6　用 Verilog HDL 设计深度为 8、位宽为 8 bit 的单端口 RAM。

单端口 RAM 只有一套地址总线，读操作和写操作是分开的。其 Verilog HDL 程序代码如下：

```
module ram_single(clk, addm, cs_n, we_n, din, dout);
    input clk;                          //时钟信号
    input [2:0]  addm;                  //地址信号
    input cs_n;                         //片选信号
    input we_n;                         //写使能信号
    input [7:0] din;                    //输入数据
    output[7:0] dout;                   //输出数据
    reg [7:0] dout;
```

```verilog
        reg [7:0] raml [7:0];                        //8 × 8 bit 寄存器
        always@(posedge clk)
            begin
                if(cs_n)
                    dout <= 8'bzzzz_zzzz;
                else
                    if(we_n)                          //读数据
                        dout <= raml[addm];
                    else                              //写数据
                        raml[addm] <= din;
            end
endmodule
```

//*****************************测试程序*****************************

```verilog
module ram_single_tb;
    reg clk, we_n, cs_n;
    reg [2:0]addm;
    reg [7:0]din;
    wire [7:0]dout;
    ram_single U1(.clk(clk), .addm(addm), .cs_n(cs_n), .we_n(we_n),
                    .din(din), .dout(dout));
    initial
      begin
          clk = 0;   addm = 0;   cs_n = 1;   we_n = 0;   din = 0;
          #5 cs_n = 0;
          #315 we_n = 1;
      end
    always #10 clk = ~clk;
    initial
      begin
                repeat(7)
                    begin
                        #40 addm = addm+1;
                        din = din+1;
                    end
                #40
                    repeat(7)
                        #40 addm = addm-1;
      end
endmodule
```

其测试结果如图 6.2-13 所示。

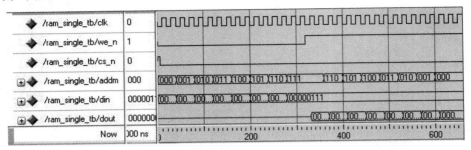

图 6.2-13　单端口 RAM 的测试结果

例 6.2-7　用 Verilog HDL 设计深度为 8、位宽为 8 bit 的双端口 RAM。

双端口 RAM 具有两套地址总线，一套用于读数据，另一套用于写数据。二者可以同时进行操作。其 Verileg HDL 程序代码如下：

```verilog
module ram_dual(q, addr_in, addr_out, d, we, rd, clk1, clk2);
    output [7:0] q;                 //输出数据
    input [7:0] d;                  //输入数据
    input [2:0] addr_in;            //写数据地址信号
    input [2:0] addr_out;           //输出数据地址信号
    input we;                       //写数据控制信号
    input rd;                       //读数据控制信号
    input clk1;                     //写数据时钟信号
    input clk2;                     //读数据时钟信号
    reg [7:0] q;
    reg [7:0] mem[7:0];             //8 × 8 bit 寄存器
    always@(posedge clk1)
        begin
            if(we)
                mem[addr_in] <= d;
        end
    always@(posedge clk2)
        begin
            if(rd)
                q <= mem[addr_out];
        end
endmodule
//****************************测试代码****************************
module ram_dual_tb;
    reg clk1, clk2, we, rd;
    reg [2:0]addr_in;
```

```
reg [2:0]addr_out;
reg [7:0]d;
wire [7:0]q;
ram_dual U1(.q(q), .addr_in(addr_in), .addr_out(addr_out), .d(d), .we(we),
            .rd(rd), .clk1(clk1), .clk2(clk2));
initial
    begin
        clk1 = 0;   clk2 = 0;   we = 1;   rd = 0;   addr_in = 0; addr_out = 0; d = 0;
        #320 we = 0;
        rd = 1;
    end
always
    begin
        #10 clk1 = ~clk1;   clk2 = ~clk2;
    end
initial
    begin
        repeat(7)
        begin
                #40 addr_in = addr_in+1;   d = d+1;
        end
                #40
                repeat(7)   #40 addr_out = addr_out+1;
    end
endmodule
```

其测试结果如图 6.2-14 所示。

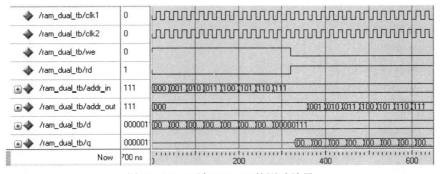

图 6.2-14　双端口 RAM 的测试结果

2. ROM 的 Verilog HDL 描述

ROM 即只读存储器，是一种只能读出事先存储的数据的存储器，其特性是存入的数据无法改变，也就是说，这种存储器只能读不能写。由于 ROM 在断电之后数据不会丢失，所以通常用在不需经常变更资料的电子或计算机系统中，资料并不会因为电源的关闭而消失。

例 6.2-8　用 Verilog HDL 设计深度为 8、位宽为 8 bit 的 ROM。

```verilog
module rom(dout, clk, addm, cs_n);
    input clk, cs_n;
    input [2:0] addm;
    output [7:0] dout;
    reg [7:0] dout;
    reg [7:0] rom[7:0];
    initial
        begin
            rom[0] = 8'b0000_0000;
            rom[1] = 8'b0000_0001;
            rom[2] = 8'b0000_0010;
            rom[3] = 8'b0000_0011;
            rom[4] = 8'b0000_0100;
            rom[5] = 8'b0000_0101;
            rom[6] = 8'b0000_0110;
            rom[7] = 8'b0000_0111;
        end
    always@(posedge clk)
        begin
            if(cs_n)        dout <= 8'bzzzz_zzzz;
            else            dout <= rom[addm];
        end
endmodule
//************************测试代码************************
module rom_tb;
    reg clk, cs_n;
    reg [2:0]addm;
    wire [7:0]dout;
    rom U1(.dout(dout), .clk(clk), .addm(addm), .cs_n(cs_n));
    initial
        begin
            clk = 0;   addm = 0;   cs_n = 0;
        end
    always #10 clk = ~clk;
    initial
        begin
            repeat(7)
```

```
        #20 addm = addm+1;
    end
endmodule
```

其测试结果如图 6.2-15 所示。

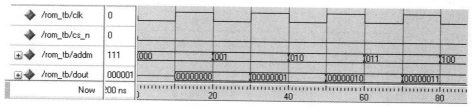

图 6.2-15　ROM 的测试结果

6.2.6　FIFO 设计

FIFO(First In First Out)是一种先进先出的数据缓存器，通常用于接口电路的数据缓存。它与普通存储器的区别是，没有外部读写地址线，可以使用两个时钟分别进行写操作和读操作。FIFO 只能顺序写入数据和顺序读出数据，其数据地址由内部读/写指针自动加 1 完成，不能像普通存储器那样可以由地址线决定读取或写入某个指定的地址。

FIFO 由存储器块和对数据进出 FIFO 的通道进行管理的控制器构成，每次只对一个寄存器提供存取操作，而不是对整个寄存器阵列。FIFO 有两个地址指针，一个用于将数据写入下一个可用的存储单元，一个用于读取下一个未读存储单元的操作。其读/写数据必须一次进行。其读/写过程如图 6.2-16 所示。

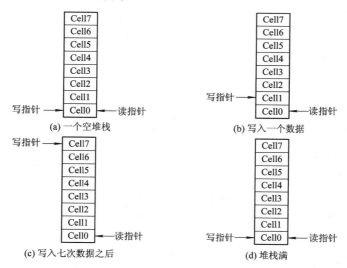

图 6.2-16　FIFO 的读/写过程

当一个堆栈为空时(图 6.2-16(a))，读数据指针和写数据指针都指向第一个存储单元；当写入一个数据时(图 6.2-16(b))，写数据指针将指向下一个存储单元；经过七次写数据操作后(图 6.2-16(c))，写指针将指向最后一个存储单元；当经过连续八次写操作之后，写指针将回到首单元并且显示堆栈状态为满(图 6.2-16(d))。数据的读操作和写操作相似，当读出一个数据时，读数据指针将移向下一个存储单元，直到读出全部的数据，此时读指针回到首单元，堆栈状态显示为空。

一个 FIFO 的组成一般包括两个部分：地址控制部分和存储数据的 RAM 部分，如图 6.2-17 所示。地址控制部分可以根据读/写指令生成 RAM 地址。RAM 用于存储堆栈数据，并根据控制部分生成的地址信号进行数据的存储和读取操作。这里的 RAM 采用的是前面提到的双端口 RAM。

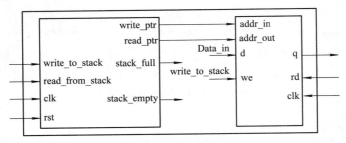

图 6.2-17　FIFO 结构

例 6.2-9　用 Verilog HDL 设计深度为 8、位宽为 8 bit 的 FIFO。

```verilog
//顶层模块
module FIFO_buffer(clk, rst, write_to_stack, read_from_stack, Data_in, Data_out);
    input clk, rst;
    input write_to_stack, read_from_stack;
    input [7:0] Data_in;
    output [7:0] Data_out;
    wire [7:0]Data_out;
    wire stack_full, stack_empty;
    wire [2:0] addr_in, addr_out;
    FIFO_control U1(.stack_full(stack_full), .stack_empty(stack_empty),
                .write_to_stack(write_to_stack), .write_ptr(addr_in),
                .read_ptr(addr_out), .read_from_stack(read_from_stack),
                .clk(clk), .rst(rst));
    ram_dual U2(.q(Data_out), .addr_in(addr_in), .addr_out(addr_out),
                .d(Data_in), .we(write_to_stack), .rd(read_from_stack),
                .clk1(clk), .clk2(clk));
endmodule
//控制模块
module FIFO_control(write_ptr, read_ptr, stack_full, stack_empty, write_to_stack,
                read_from_stack, clk, rst);

    parameter stack_width = 8;
    parameter stack_height = 8;
    parameter stack_ptr_width = 3;
    output stack_full;                                  //堆栈满标志
```

```verilog
output stack_empty;                              //堆栈空标志
output [stack_ptr_width-1:0] read_ptr;           //读数据地址
output [stack_ptr_width-1:0] write_ptr;          //写数据地址
input write_to_stack;                            //将数据写入堆栈
input read_from_stack;                           //从堆栈读出数据
input clk;
input rst;
reg [stack_ptr_width-1:0] read_ptr;
reg [stack_ptr_width-1:0] write_ptr;
reg [stack_ptr_width:0] ptr_gap;
reg [stack_width-1:0] Data_out;
reg [stack_width-1:0] stack[stack_height-1:0];
//堆栈状态信号
assign stack_full = (ptr_gap == stack_height);
assign stack_empty = (ptr_gap == 0);
always@(posedge clk or posedge rst)
    begin
        if(rst)
            begin
                Data_out <= 0;
                read_ptr <= 0;
                write_ptr <= 0;
                ptr_gap <= 0;
            end
        else if(write_to_stack && (!stack_full) && (!read_from_stack))
            begin
                write_ptr <= write_ptr+1;
                ptr_gap <= ptr_gap+1;
            end
            else if(!write_to_stack && (!stack_empty) && (read_from_stack))
            begin
                read_ptr <= read_ptr+1;
                ptr_gap <= ptr_gap-1;
            end
    else if(write_to_stack && stack_empty && read_from_stack)
            begin
                write_ptr <= write_ptr+1;
                ptr_gap <= ptr_gap+1;
            end
```

```
        else if(write_to_stack && stack_full && read_from_stack)
            begin
                read_ptr <= read_ptr+1;
                ptr_gap <= ptr_gap-1;
            end
        else if(write_to_stack && read_from_stack
                && (!stack_full)&&(!stack_empty))
            begin
                read_ptr <= read_ptr+1;
                write_ptr <= write_ptr+1;
            end
    end
    endmodule
```

RAM 模块可参考例 6.2-7。

```
//***************************测试代码************************
    module FIFO_tb;
        reg clk, rst;
        reg [7:0]Data_in;
        reg write_to_stack, read_from_stack;
        wire [7:0] Data_out;
            FIFO_buffer    U1(.clk(clk), .rst(rst), .write_to_stack(write_to_stack),
                            .read_from_stack(read_from_stack), .Data_in(Data_in),
                            .Data_out(Data_out));

            initial
                begin
                    clk = 0;   rst = 1;   Data_in = 0;   write_to_stack = 1;   read_from_stack = 0;
                    #5 rst = 0;
                    #155 write_to_stack = 0;
                            read_from_stack = 1;
                end
            always #10 clk = ~clk;
            initial
            begin
                repeat(7)
                #20 Data_in = Data_in+1;
            end
        endmodule
```

其测试结果如图 6.2-18 所示。

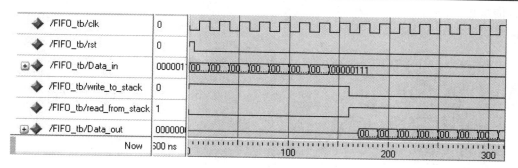

图 6.2-18　FIFO 的测试结果

6.2.7　键盘扫描和编码器

键盘扫描和编码器用于在拥有键盘的数字系统中手工输入数据，通过检测按键是否按下来产生一个唯一对应此按键的扫描码。

例 6.2-10　用 Verilog HDL 设计一个十六进制键盘电路的键盘扫描和编码器。

图 6.2-19 是十六进制键盘电路的键盘扫描和编码器的一种设计方案。

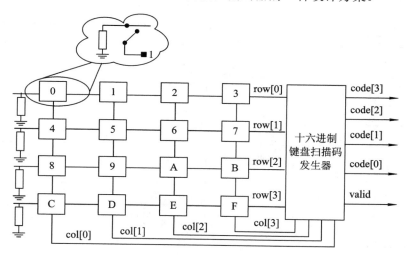

图 6.2-19　十六进制键盘电路的键盘扫描和编码器

键盘的每一行都会通过一个下拉电阻连接到地，而行和列之间有一个以按键为开关的连接，当按下按键时行和列之间就建立了连接。如果列线的值为 1，则由按键连接到的那个列的行值也将会被拉升为 1，反之行线将会被下拉至 0。通过键盘扫描码发生器单元来控制列线，使列线上的电压有规律而又有效地检测行线的电压值，进而来确定按下按键的位置。

键盘扫描码发生器必须具备检测识别按键，并产生一个与按键唯一对应扫描码输出的功能。为此可以设计一个时序状态机，通过不同状态之间的转换来实现信号的检测识别以及对应扫描码的输出。首先，令所有的列线同时为 1 来检测行线的值，直到发现一条行线的值被上拉为 1，此时说明有按键被按下，但是仍然不能确定按键的位置；然后，通过依次将列线的值拉高来检测各行线的值，直到检测到一条行线的值为 1 为止。其控制信号状态的转移图如图 6.2-20 所示。

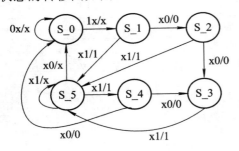

s_row|row/valid

row信号定义如下：

row=row[0] | |row[1]| |row[2]| |row[3]| |row[4]

图 6.2-20　十六进制键盘电路的键盘扫描和编码器的控制信号状态转移图

此时行线和列线的交叉处就是按键的位置。根据已确定的按键的位置输出其对应的编码信息。其键盘编码表如表 6.2-1 所示。

表 6.2-1　十六进制键盘电路的编码器码表

key	row[3:0]	col[3:0]	code
0	0001	0001	0000
1	0001	0010	0001
2	0001	0100	0010
3	0001	1000	0011
4	0010	0001	0100
5	0010	0010	0101
6	0010	0100	0110
7	0010	1000	0111
8	0100	0001	1000
9	0100	0010	1001
A	0100	0100	1010
B	0100	1000	1011
C	1000	0001	1100
D	1000	0010	1101
E	1000	0100	1110
F	1000	1000	1111

为了使测试更接近于真实的物理环境，测试平台中必须包括模拟按键状态的信号发生器，能确认按键对应行线的模块 row_signal 和被测试模块 hex_keypad_grayhill_072。模拟按键状态的信号发生器可以嵌入在测试平台中，通过不断地给 key 信号赋值，模拟产生不同的按键信号。row_signal 模块用于检测按键的有效性并确定按键所处的行。而 synchronizer 模块通过检测各行线值的或逻辑来确定是否有按键按下，当此模块的输出发生变化时，被测模块 hex_keypad_grayhill_072 将会确定按键的位置并输出相应的代码。其 Verilog HDL 程序代码如下：

```verilog
//顶层模块
module keypad(clock, reset, row, code, valid, col);
    input   clock, reset;
    input   [3:0] row;
    output [3:0] code;
    output valid;
    output [3:0] col;
    wire s_row;
    hex_keypad_grayhill U1(.code(code), .col(col), .valid(valid),
                        .row(row), .s_row(s_row), .clock(clock),
                        .reset(reset));
    synchronizer U2(.s_row(s_row), .row(row), .clock(clock), .reset(reset));
endmodule
//编码模块
module hex_keypad_grayhill(code, col, valid, row, s_row, clock, reset);
    output[3:0]     code;
    output          valid;
    output[3:0]     col;
    input[3:0]      row;
    input           s_row;
    input           clock, reset;
    reg[3:0]        col;
    reg[3:0]        code;
    reg [5:0]       state, next_state;
    parameter   s_0 = 6'b000001, s_1 = 6'b000010, s_2 = 6'b000100;
    parameter   s_3 = 6'b001000, s_4 = 6'b010000, s_5 = 6'b100000;
    assign valid = ((state == s_1) || (state == s_2) || (state == s_3) || (state == s_4))
            &&row;
    always@(row or col)
      case({row, col})
            8'b0001_0001: code = 0;         //0
            8'b0001_0010: code = 1;         //1
            8'b0001_0100: code = 2;         //2
            8'b0001_1000: code = 3;         //3
            8'b0010_0001: code = 4;         //4
            8'b0010_0010: code = 5;         //5
            8'b0010_0100: code = 6;         //6
            8'b0010_1000: code = 7;         //7
            8'b0100_0001: code = 8;         //8
```

```
            8'b0100_0010: code = 9;        //9
            8'b0100_0100: code = 10;       //A
            8'b0100_1000: code = 11;       //B
            8'b1000_0001: code = 12;       //C
            8'b1000_0010: code = 13;       //D
            8'b1000_0100: code = 14;       //E
            8'b1000_1000: code = 15;       //F
            default          code = 0;
        endcase
    always@(state or s_row or row)    //状态转化逻辑
        begin
            next_state = state;       col = 0;
            case(state)
                s_0:begin
                        col = 15;
                        if(s_row) n    ext_state = s_1;
                    end
                s_1:begin
                        col = 1;
                        if(row)        next_state = s_5;
                        else           next_state = s_2;
                    end
                s_2:begin
                        col = 2;
                        if(row)        next_state = s_5;
                        else           next_state = s_3;
                    end
                s_3:begin
                        col = 4;
                        if(row)        next_state = s_5;
                        else           next_state = s_4;
                    end
                s_4:begin
                        col = 8;
                        if(row)        next_state = s_5;
                        else           next_state = s_0;
                    end
                s_5:begin
                        col = 15;
                        if(!row)       next_state = s_0;
```

```
                    end
            endcase
        end
    always@(posedge clock or posedge reset)
        if(reset)          state <= s_0;
        else          state <= next_state;
endmodule
//*********************************************//
module synchronizer(s_row, row, clock, reset);
    output        s_row;
    input [3:0]   row;
    input         clock, reset;
    reg           a_row, s_row;
    always@(negedge clock or posedge reset)
        begin
            if(reset)
              begin
                  a_row <= 0;
                  s_row <= 0;
              end
            else
              begin
                  a_row <= (row[0]||row[1]||row[2]||row[3]);
                  s_row <= a_row;
              end
        end
endmodule
//*********************测试代码*************************
//模拟键盘产生信号
module row_signal(row, key, col);
    output    [3:0] row;
    input     [15:0] key;
    input     [3:0] col;
    reg       [3:0] row;
    always@(key or col)
      begin
          row[0] = key[0]&&col[0]||key[1]&&col[1]||key[2]&&col[2]||key[3]
          &&col[3];
          row[1] = key[4]&&col[0]||key[5]&&col[1]||key[6]&&col[2]||key[7]
```

```
                        &&col[3];
                        row[2] = key[8]&&col[0]||key[9]&&col[1]||key[10]&&col[2]||key[11]
                        &&col[3];
                        row[3] = key[12]&&col[0]||key[13]&&col[1]||key[14]&&col[2]||key[15]
                        &&col[3];
                end
        endmodule
        //测试模块
        module hex_keypad_grayhill_tb;
            wire [3:0] code;
            wire valid;
            wire [3:0] col;
            wire [3:0] row;
            reg clock;
            reg reset;
            reg   [15:0] key;
            integer   j, k;
            reg   [39:0] pressed;
            parameter   [39:0] key_0 = "key_0";
            parameter   [39:0] key_1 = "key_1";
            parameter   [39:0] key_2 = "key_2";
            parameter   [39:0] key_3 = "key_3";
            parameter   [39:0] key_4 = "key_4";
            parameter   [39:0] key_5 = "key_5";
            parameter   [39:0] key_6 = "key_6";
            parameter   [39:0] key_7 = "key_7";
            parameter   [39:0] key_8 = "key_8";
            parameter   [39:0] key_9 = "key_9";
            parameter   [39:0] key_A = "key_A";
            parameter   [39:0] key_B = "key_B";
            parameter   [39:0] key_C = "key_C";
            parameter   [39:0] key_D = "key_D";
            parameter   [39:0] key_E = "key_E";
            parameter   [39:0] key_F = "key_F";
            parameter   [39:0] None = "None";
            keypad U1(.clock(clock), .reset(reset), .row(row), .code(code), .vaild(vaild), .col(col));
            //顶层模块
            row_signal U2(.row(row), .key(key), .col(col));   //产生测试信号
            always@(key)begin
```

```verilog
        case(key)
            16'h0000: pressed = None;
            16'h0001: pressed = key_0;
            16'h0002: pressed = key_1;
            16'h0004: pressed = key_2;
            16'h0008: pressed = key_3;
            16'h0010: pressed = key_4;
            16'h0020: pressed = key_5;
            16'h0040: pressed = key_6;
            16'h0080: pressed = key_7;
            16'h0100: pressed = key_8;
            16'h0200: pressed = key_9;
            16'h0400: pressed = key_A;
            16'h0800: pressed = key_B;
            16'h1000: pressed = key_C;
            16'h2000: pressed = key_D;
            16'h4000: pressed = key_E;
            16'h8000: pressed = key_F;
            default:pressed = None;
        endcase
    end


    initial #2000 $stop;
    initial begin clock = 0;
                    forever #5 clock = ~clock;
        end
    initial begin reset = 1;
                    #10 reset = 0;
        end
    initial begin for(k = 0; k <= 1; k = k+1)
                begin key = 0;
                    #20 for(j = 0; j <= 16; j = j+1)
                        begin
                            #20 key[j] = 1;
                            #60 key = 0;
                        end
                    end
            end
endmodule
```

其测试结果如图 6.2-21 所示。

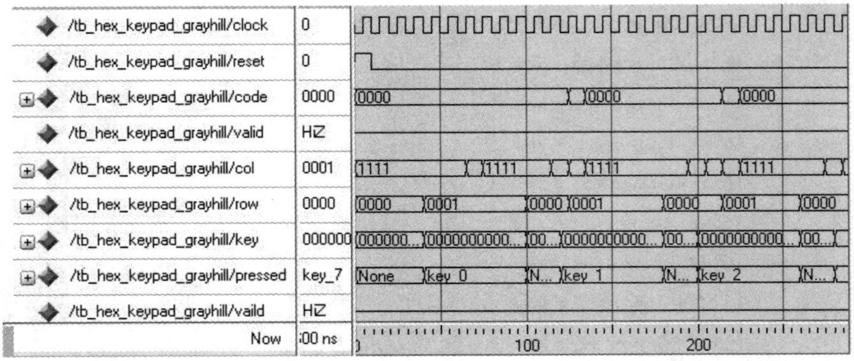

图 6.2-21　十六进制键盘电路的键盘扫描和编码器的测试结果

6.2.8　log 函数的 Verilog HDL 设计

ASIC 和 FPGA 的一个重要功能是实现计算函数加速器。随着通信、自动控制和多媒体信号处理计算量的增大，采用 Verilog HDL 设计计算函数加速器越来越重要。本小节将对典型的 log 计算函数加速器进行设计。通过这些例子，可了解一些初步的设计方法。

log 函数是一种典型的单目计算函数，相应的还有指数函数、三角函数等。对于单目计算函数的硬件加速器的设计，一般有两种简单的方法：一种是查找表的方式；一种是使用泰勒级数展开成多项式进行近似计算。这两种方式在设计方法和精确度方面有很大的不同。查找表方式是通过存储器进行设计，设计方法简单，但其精度需要通过提高存储器的深度来实现，且在集成电路中所占面积较大，因此这种方式通常在精度要求不高的近似计算中使用。泰勒级数展开方式采用乘法器和加法器来实现，可以通过增加展开级数来提高计算的精确度。

例 6.2-11　用 Verilog HDL 设计采用查找表方式的 log 函数，输入信号位宽为 4 bit，输出信号位宽为 8 bit。

单目计算函数的特点是只有一个输入信号和一个输出信号，在结构上与存储器工作原理相似。实现函数操作，是将函数中的计算结果存入存储器中，将输入信号(操作数)作为地址访问存储器，那么存储器输出的结果就是函数的运算结果。由于从存储器中读取数据要比复杂计算的速度快得多，所以通常采用查找表结构；这可以在很大程度上提高运算速度。查找表的方法一般适用于位数比较低的情况；如果位数较高，则会占用大量的内存。表 6.2-2 是输入 4 bit、输出 8 bit 信号的 log 函数计算表。

表 6.2-2　log 函数计算表

输入数据	运算结果	输入数据	运算结果
1000	00000000	1100	00011001
1001	00000111	1101	00100000
1010	00001110	1110	00100100
1011	00010101	1111	00101000

其中，输入数据为 1 位整数位与 3 位小数位，精确到 2^{-3}；输出结果为 2 位整数位和 6 位小数位，精确到 2^{-6}。其 Verilog HDL 程序代码如下：

```verilog
module log_lookup(x, clk, out);
    input [3:0] x;
    input clk;
    output [7:0] out;
    reg [7:0] out;
    always@(posedge clk)
        begin
            case(x)
                4'b1000:out <= 8'b00000000;
                4'b1001:out <= 8'b00000111;
                4'b1010:out <= 8'b00001110;
                4'b1011:out <= 8'b00010101;
                4'b1100:out <= 8'b00011001;
                4'b1101:out <= 8'b00100000;
                4'b1110:out <= 8'b00100100;
                4'b1111:out <= 8'b00101000;
                default:out <= 8'bz;
            endcase
        end
endmodule
//***********************测试代码***************************//
module log_lookup_tb;
    reg clk;
    reg [3:0]x;
    wire [7:0] out;
    initial
        begin
            x = 4'b1000;
            clk = 1'b0;
            repeat(7)
            #10 x = x+1;
        end
    always #5 clk = ~clk;
    log_lookup U1(.x(x), .clk(clk), .out(out));
endmodule
```

其测试结果如图 6.2-22 所示。

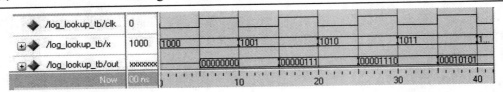

图 6.2-22　查找表方式的 log 函数的测试结果

例 6.2-12　用 Verilog HDL 设计采用泰勒级数展开方式的 log 函数，输入信号位宽为 4 bit，输出信号位宽为 8 bit。

泰勒级数的定义：若函数 f(x)在点的某一邻域内具有直到(n + 1)阶导数，则在该邻域内 f(x)的 n 阶泰勒公式为

$$f(x) = f(x_0) + f'(x_0)(x - x_0) + \frac{1}{2}f''(x_0)(x - x_0)^2 + \cdots + \tag{6.2-3}$$
$$\frac{1}{n!}f^{(n)}(x_0)(x - x_0)^n + \cdots$$

泰勒级数可以将一些复杂的函数用多项式相加的形式进行近似，从而简化其硬件的实现。$\log_a x$ 在 $x_0 = b$ 处的泰勒级数展开为

$$\log_a x = \log_a b + \frac{1}{b}\log_a e(x - b) - \frac{1}{2b^2}\log_a e(x - b)^2 + \cdots \tag{6.2-4}$$

误差范围为

$$|R_n| = \left| \frac{1}{(n + 1)!} \cdot \frac{(-1)^n}{[b + \theta(x - b)]^{n+1}} \log_a e(x - b)^{n+1} \right|$$

$$< \frac{1}{(n + 1)!} \cdot \frac{1}{b^{n+1}} \cdot \log_a e \,|\, (x - b)^{n+1} \,| \tag{6.2-5}$$

在 $x_0 = 1$ 处展开为

$$\lg x \approx 0.43(x - 1) - 0.22(x - 1)^2 \tag{6.2-6}$$

误差范围为

$$|R_n| < \frac{1}{3!} \cdot \lg e \,|\, x - 1 \,|^3 < 0.072\ 382 \tag{6.2-7}$$

其电路结构如图 6.2-23 所示。

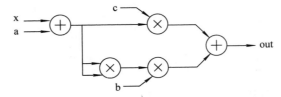

图 6.2-23　泰勒级数展开方式的电路结构

上述的 log 函数在 x = 1 处展开，并且要求 x 的取值范围为 1 < x < 2，输入 4 位二进制数据 x，精确到 2^{-3}，其中 1 位整数位、4 位小数位；输出 8 位二进制数据，精确到 2^{-6}，其

中 2 位整数位、6 位小数位。设计中所用到的乘法器均采用前文给出的乘法器。其 Verilog HDL 程序代码如下：

```
module log(x, out);
    input[3:0]    x;
    output[7:0]   out;
    wire [3:0]    out1;
    wire [7:0]    out2, out3, out5, out;
    wire [3:0]    out4;
    assign out4 = {out3[7:4]};
    assign out1 = x-4'b1000;                    //x-1
    wallace U1(.x(out1), .y(4'b0111), .out(out2));    //0.43 × (x-1)
    wallace U2(.x(out1), .y(out1), .out(out3));       //x-12
    wallace U3(.x(out4), .y(4'b0011), .out(out5));    //0.22 × (x-1)²
    assign out = out2-out5;                     //0.43 × (x-1)-0.22 × (x-1)²
endmodule
//***************************测试代码***********************//
module log_tb;
    reg [3:0] x = 4'b1000;
    wire [7:0] out;
    log U1(.x(x), .out(out));
    always
    #10 x = x+1;
    always@(x)
        begin
            if(x == 4'b0000)
            $stop;
        end
endmodule
```

其测试结果如图 6.2-24 所示。

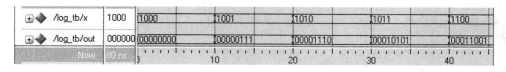

图 6.2-24　泰勒级数展开方式的 log 函数的测试结果

6.3　总线控制器设计

　　总线是主设备与从设备进行数据通信的通道，是数字系统的重要组成部分。本节将对几种常见的总线控制器进行介绍，使大家能够更好地了解数字系统的通信原理。

6.3.1 UART 接口控制器

串行数据接口一般有 RS-232、RS-422 与 RS-485 标准，最初都是由电子工业协会(EIA)制定并发布的。目前 RS-232 是 PC 与通信业中应用最广泛的一种串行数据接口。RS-232 采取不平衡传输方式及单端通信。RS-232 共模抑制能力较差，加上信号线上的分布电容，其传送距离最大约为 15 m，最高速率为 20 kb/s。RS-232 是点对点的通信方式，其驱动负载为 3～7 kΩ。因此 RS-232 适合本地设备之间的通信。

RS-232 最常见的是 9 脚接口，其中常用引脚信号定义如图 6.3-1 所示。

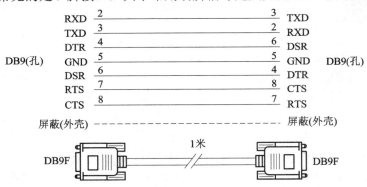

图 6.3-1　RS-232 常用引脚信号定义

表 6.3-1 给出了 RS-232 常用引脚信号的定义。

表 6.3-1　RS-232 常用引脚信号的定义

引脚号	功　能　说　明	缩　写
2	接收数据	RXD
3	发送数据	TXD
4	数据终端准备	DTR
5	信号地	GND
6	数据设备准备好	DSR
7	请求发送	RTS
8	清除发送	CTS

串口也称作 UART(Universal Asynchronous Receiver/Transmitters)，在实际应用中，通常只用 TXD 和 RXD 两个引脚，而其他的引脚都不使用。UART 接口时序如图 6.3-2 所示。

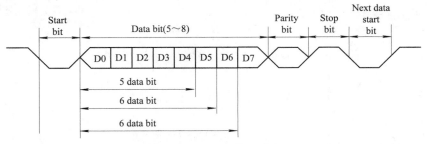

图 6.3-2　UART 接口时序

　　在没有数据的情况下接口处于高电平(Mark)，在数据发生前先将电平置低(Space)一个周期，该周期称为起始比特(Start bit)，之后开始发送第 0 个到最后一个比特数据。UART 接口每次可以发送 6 位或 7 位，或 8 位数据。在数据位之后可以有选择地发送一个校验位，可以是奇校验位，也可以是偶校验位。校验位后一个比特是一个或多个停止位，此时数据线回归到高电平，可以进行下一个比特的发送。

　　一个简单的 UART 结构如图 6.3-3 所示。

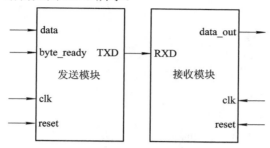

图 6.3-3　UART 结构示意图

　　发送模块的功能是将数据以串行的形式发送出去，并且将每一组的串行数据加上开始位和停止位。当 byte_ready 信号有效时，数据被载入移位寄存器并添加开始位(低电平)和停止位(高电平)；当 byte_ready 信号无效时，移位寄存器开始移位操作，将数据以串行的形式发送出去。

```
module UART_transmitter(clk, reset, byte_ready, data, TXD);
    input       clk, reset;
    input       byte_ready;                        //数据载入控制
    input       [7:0] data;
    output      TXD;                               //串行数据
    reg         [9:0] shift_reg;
    assign      TXD = shift_reg[0];
    always@(posedge clk or negedge reset)
        begin
            if(!reset)
            shift_reg <= 10'b1111111111;
            else if(byte_ready)
            shift_reg <= {1'b1, data, 1'b0};       //加起始位与终止位
            else
            shift_reg <= {1'b1, shift_reg[9:1]};   //输出串行数据
        end
endmodule
```

　　接收模块的功能是接收发送模块输出的串行数据，并以并行的方式将数据送入存储器。当接收模块检测到开始位(低电平)时开始接收数据，并且输入串行数据，存入移位寄存器，当接收完成时将数据并行输出。

```verilog
module UART_receiver(clk, reset, RXD, data_out);
    parameter   idle = 2'b00;
    parameter   receiving = 2'b01;
    input    clk, reset;
    input    RXD;                            //串行数据
    output   [7:0] data_out;
    reg      shift;                          //移位控制
    reg      inc_count;                      //计数器加控制
    reg      [7:0] data_out;
    reg      [7:0] shift_reg;
    reg      [3:0] count;
    reg      [2:0] state, next_state;
    always@(state or RXD or count)
    begin
        shift = 0;
        inc_count = 0;
        next_state = state;
        case(state)
                idle:if(!RXD)next_state = receiving;    //监测起始信号
                receiving:begin
                    if(count == 8)
                        begin
                            data_out = shift_reg;         //数据输出
                            next_state = idle;
                            count = 0;                    //计数器清零
                            inc_count = 0;
                        end
                    else
                        begin
                            inc_count = 1;
                            shift = 1;
                        end
                end
            default:next_state <= idle;
        endcase
    end
    always@(posedge clk or negedge reset)
    begin
    if(!reset)
```

```verilog
        begin
            data_out <= 8'b0;
            count <= 0;
            state <= idle;
        end
    else begin
            state <= next_state;
        if(shift)
            shift_reg <= {shift_reg[6:0], RXD};            //接收串行数据
        if(inc_count)
            count <= count+1;
        end
    end
endmodule
//***********************测试代码***************************
module UART_tb;
    reg clk, reset;
    reg [7:0] data;
    reg byte_ready;
    wire [7:0] data_out;
    wire     serial_data;
    initial
        begin
            clk = 0;
            reset = 0;
            byte_ready = 0;
            data = 8'b10101010;
            #40 byte_ready = 1;
            #50 reset = 1;
            #170 byte_ready = 0;
        end
    always #80 clk = ~clk;
    UART_transmitter U1(.clk(clk), .reset(reset), .byte_ready(byte_ready),
                        .data(data), .TXD(serial_data));
    UART_receiver      U2(.clk(clk), .reset(reset), .RXD(serial_data), .data_out(data_out));
    endmodule
```

其测试结果如图 6.3-4 所示。

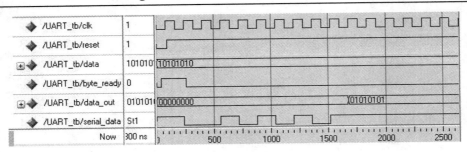

图 6.3-4　UART 接口控制器的测试结果

6.3.2　SPI 接口控制器

串行外设接口(Serial Peripheral Interface,SPI)是一种同步串行外设接口,能够实现微控制器之间或微控制器与各种外设之间以串行方式进行的通信数据交换。SPI 可以共享,便于组成带多个 SPI 接口器件的系统,且传送速率高、可编程、连接线少,具有良好的扩展性,是一种优秀的同步时序电路。

SPI 总线通常有 4 条线:

- 串行时钟线(SCLK);
- 主机输入/从机输出数据线(MISO);
- 主机输出/从机输入数据线(MOSI);
- 低电平有效从机选择线(SS_N)。

SPI 系统可分为主机设备和从机设备两大类,主机设备提供 SPI 时钟信号和片选信号,从机设备是接收 SPI 信号的任何集成电路。当 SPI 工作时,在移位寄存器中的数据逐位从输出引脚(MOSI)输出,同时从输入引脚(MISO)逐位接收数据。发送和接收数据操作都受控于 SPI 主设备时钟信号(SCLK),从而保证了同步。因此只能有一个主机设备,但可以有多个从机设备。通过片选信号(SS_N),可同时选中一个或多个从机设备。其典型结构如图 6.3-5 所示。

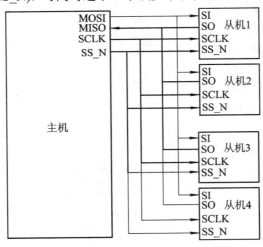

图 6.3-5　SPI 典型结构

SPI 总线典型的数据传输时序图如图 6.3-6 所示。

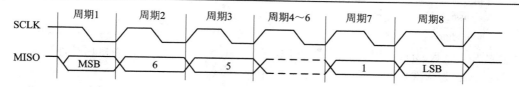

图 6.3-6　SPI 总线典型的数据传输时序图

SPI 总线每个时钟周期传送 1 bit 的数据，发送和接收数据的顺序是先高位再低位。

例 6.3-1　采用 Verilog HDL 设计一个简化的 SPI 接收机，用来完成 8 bit 数据的传输。SPI 接收机框图如图 6.3-7 所示。

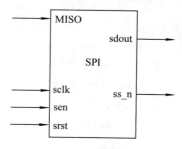

图 6.3-7　SPI 接收机框图

接收机的 Verilog HDL 程序代码如下：

```
module SPI (sdout, MISO, sclk, srst, sen, ss_n);
    output [7:0] sdout;
    output ss_n;
    input MISO, sclk, srst, sen;
    reg [2:0] counter;
    reg [7:0] shift_regist;
    reg ss_n;
    always @(posedge sclk)
      if (!srst)
        counter <= 3'b000;
      else if (sen)
            if (counter == 3'b111)
              begin
                counter <= 3'b000;
                ss_n <= 1'b1;
              end
            else
              begin
                counter <= counter+1;
                ss_n <= 1'b0;
              end
          else
            counter <= counter;
    always @(posedge sclk)
      if (sen)
        shift_regist <= {shift_regist[6:0], MISO};
      else
        shift_regist <= shift_regist;
```

```
    assign sdout = ss_n?shift_regist:8'bzzzzzzzz;
  endmodule
```

代码中，sclk 为接口时钟；srst 为清零信号，低电平有效；sen 为接口使能信号，高电平有效；ss_n 为片选信号，选择从设备，高电平有效。

当电路上电时，首先将清零信号置为有效，初始化电路。当 sen 使能信号有效后，开始传输数据，由于传输数据为 8 bit，因此 sen 使能信号应至少保持 8 个时钟周期。当 8 bit 数据全部输入后，片选信号 ss_n 有效，选择从机设备，将数据整体输出。片选信号 ss_n 由 3 bit 计数器产生，当计数器计数到 111 状态时，ss_n = 1，其他状态下 ss_n = 0。

```
module SPI_tb;
  reg MISO, sclk, sen, srst;
  wire [7:0] sdout;
  wire ss_n;
    SPI U1 (.sdout(sdout), .MISO(MISO), .sclk(sclk), .srst(srst), .sen(sen), .ss_n(ss_n));
  initial
    begin
      sclk = 0;
      srst = 0;
      MISO = 0;
      sen = 0;
      #10 srst = 1;
      #10 sen = 1;
      #80 sen = 0;
      #10 sen = 1;
      #80 sen = 0;
    end
  initial
    begin
      #30 MISO = 1;
      #10 MISO = 0;
      #10 MISO = 1;
      #10 MISO = 0;
      #10 MISO = 1;
      #10 MISO = 0;
      #10 MISO = 1;
      #20 MISO = 1;
      #10 MISO = 0;
      #10 MISO = 1;
      #10 MISO = 0;
      #10 MISO = 1;
```

```
            #10 MISO = 0;
            #10 MISO = 1;
            #10 MISO = 0;
        end
    always #5 sclk <= ~sclk;
endmodule
```

其仿真测试结果如图 6.3-8 所示。

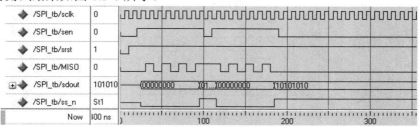

图 6.3-8　SPI 测试结果

本 章 小 结

本章结合数字电路设计的特点，介绍了数字系统的设计方法，对几种较为复杂数字电路的 Verilog HDL 实现给出了示例，以便读者通过这些电路的设计示例，加深对运用 Verilog HDL 进行数字电路和系统设计的理解。

思考题和习题

6-1　集成电路设计中的结构性设计方法有几种？简述每种设计方法的特点及其优、缺点。

6-2　简述层次化描述方法的基本思想，说明层次化描述方法在集成电路设计中的重要作用。

6-3　结合 6.2.1 节，具体阐述在集成电路设计中如何通过插入寄存器，将电路变成流水线型，并简单介绍流水线型电路的特点。

6-4　用 Verilog HDL 分别设计 4、5、8 倍分频器。

6-5　用 Verilog HDL 设计一个 4 bit 的向量叉乘的向量乘法器。

6-6　根据 Wallace 树乘法器的原理，用 Verilog HDL 设计一个 5 bit 的 Wallace 树乘法器。

6-7　画出可以检测 1010 序列的状态图，采用 Verilog HDL 程序设计语言，用 FSM(有限状态机)进行设计，并写出测试程序。

6-8　用查找表方式设计一个 4 bit 的乘法器，并说明用查找表方式进行电路设计的优、缺点。

6-9　用 Verilog HDL 设计一个 4 位 LED 显示器的动态扫描译码电路(习题 6-9 图)。要求：

(1) 4 个七段显示器共用一个译码驱动电路;

(2) 显示的数码管清晰明亮，无闪烁现象。

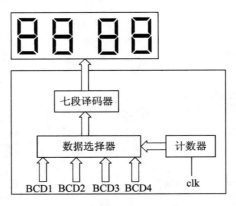

习题 6-9 图

提示：计数器的节拍会直接影响显示的效果，节拍太慢会使显示闪烁；节拍太快会使显示的数码管产生余辉，造成显示不够清晰。因此要合理选择计数器的工作频率。

6-10　设计一个 8 位数字显示的简易频率计。要求:

(1) 能够测试 10 Hz～10 MHz 方波信号;

(2) 电路输入的基准时钟为 1 Hz，测量值以 8421BCD 码形式输出;

(3) 系统有复位键;

(4) 采用分层次分模块的方法，用 Verilog HDL 进行设计。

6-11　用 Verilog HDL 设计一个 4 bit 的除法器，要求分别采用组合电路与查找表两种不同的方法设计。

6-12　用 Verilog HDL 分别设计曼彻斯特编码器和译码器。

6-13　根据 SPI 接收机的设计，用 Verilog HDL 设计一个 SPI 发射机。

6-14　用 Verilog HDL 设计一个 IIC 接口控制电路。

6-15　用 Verilog HDL 设计一个 DDS 函数信号发生器(习题 6-15 图)。要求:

(1) 利用 DDS 技术产生稳定的正弦波、方波和三角波输出，输出信号的频率为 1 Hz～200 kHz，且频率可调，步进位为 1 Hz、100 Hz、1 kHz 和 10 kHz，峰值为 0～5 V。

(2) 显示电路用来显示输出信号的频率值，也可以显示键盘电路的调整过程。

(3) 用 Verilog HDL 进行建模和模拟仿真。

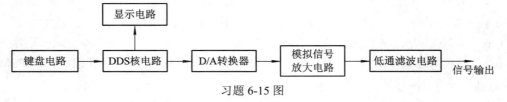

习题 6-15 图

第 7 章　仿真测试工具和综合工具

7.1　数字集成电路设计流程简介

在 EDA 技术高度发达的今天，没有一个设计工程师队伍能够用人工方法有效、全面、正确地设计和管理含有几百万个门的现代集成电路。利用 EDA 工具，工程师可以从概念、算法、协议等方面开始设计电子系统，通过计算机完成大量的工作，并可以将电子产品从系统规划、电路设计、性能分析到版图、封装的整个过程在计算机上自动完成。使用 EDA 工具有利于缩短设计周期，提高设计正确性，降低设计成本、保证产品性能，尤其是增加了一次投片成功率，因此，EDA 工具在大规模集成电路设计中已经被普遍采用。

利用 EDA 工具进行集成电路设计需要遵循一定的设计流程，这样才能保证设计任务高效率地完成。数字集成电路设计的典型流程如图 7.1-1 所示。下面分别介绍各设计阶段的主要任务。

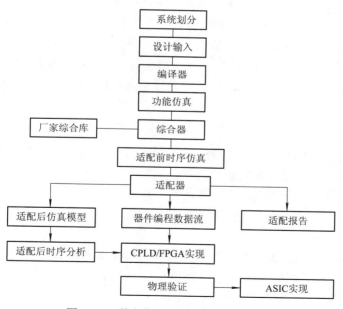

图 7.1-1　数字集成电路设计的典型流程

1. 设计规范

设计流程从已写出的设计规范开始。设计规范是一个包含功能、定时、硅片面积、功耗、可测性、故障覆盖率以及其他的设计准则的详细说明书。设计规范描述了项目要实现的功能，并确定设计的总体方案，以平衡各方面的因素，从而对整个项目有一个初步的规划；在系统设计阶段，根据对设计面积、功耗、I/O 和 IP 使用等情况的估算，确定所使用的芯片工艺和设计工具。有了设计规范，就可以进行设计划分了。

2. 设计划分

设计划分就是把一个复杂设计划分成较小而且较为简单的功能单元。这样一个过程通常被称为自顶向下的设计方法，或者是分层设计法。HDL 可以为需要进行划分、综合和验证的大型复杂系统提供一个通用框架，它支持具有混合抽象级别的自顶向下设计，可以将大型设计中的各部分连接在一起，来进行整个设计的功能和性能验证。

3. 设计输入

设计输入是指将设计划分阶段定义好的模块借助一定的设计输入手段转换为 EDA 工具能接受的信息格式。目前主要的设计输入手段有高级硬件描述语言 HDL(Verilog HDL/VHDL)和原理图方式。HDL 支持不同层次的描述，不依赖于各厂家的工艺器件，便于修改。

逻辑输入工具的功能是把逻辑图、状态机、真值表输入到计算机中，并进行语法、综合性检查等。目前的主流工具有 Cadence 公司的 Composer、Synopsys 公司的 Leda 以及 UltraEdit、Vim 等第三方的编辑工具。

Leda 是可编程的语法和设计规范检查工具，它能够对全芯片的 VHDL 和 Verilog HDL 描述或者两者混合描述进行检查，加速 SoC 的设计流程。Leda 预先将 IEEE 可综合规范、可仿真规范、可测性规范和设计复用规范进行了集成，以提高设计者分析代码的能力。

UltraEdit 是一款功能强大的文本编辑器，可以编辑文字、Hex、ASCII 码，内建英文单词检查、C++及 VB 指令突显，可同时编辑多个文件，而且即使开启很大的文件，速度也不会变慢。它是一个使用广泛的编辑器，但它并不直接支持 HDL。读者可以通过官方网站的链接下载 Verilog HDL/VHDL 的语法高亮文件，并把下载的文件复制到 WordFile.txt 文件中(在 UltraEdit 的安装目录下)，一般加在最后。这样就可以使用 UltraEdit 编辑 HDL 源代码了。

4. 仿真

设计输入完成并经 HDL 编译器检查没有语法错误后，就可以对设计进行验证了。这里的验证是指通过仿真软件验证其功能是否符合制定的设计规范；这一阶段的验证常被称为功能仿真或行为仿真。布局布线后，提取有关的器件延时、连线延时等时序参数(这些信息在反标注文件中)。在此基础上进行的仿真称为后仿真，也称时序仿真，它是接近真实器件运行的仿真。

仿真的结果取决于设计描述是否准确反映了设计的物理实现。仿真器不是一个静态工具，需要 Stimulus(激励)和 Response(输出)。Stimulus 由模拟设计工作环境的 Testbench 产生，Response 为仿真的输出，由设计者确定输出的有效性。

目前，仿真工具比较多，几乎每个公司的 EDA 产品都有仿真工具。Cadence 公司的 NC-Verilog 用于 Verilog 仿真，Mentor 公司推出的是 Verilog 和 VHDL 双仿真器 ModelSim，Synopsys 公司的则是 VSS/VCS 仿真器，这些都是业界广泛使用的仿真工具。

5. 综合

利用综合器对 HDL 代码进行综合优化处理，生成门级描述的网表文件，是将高层次描述转化为硬件电路的关键步骤。综合优化是针对 ASIC 芯片供应商的某一产品系列进行的，所以综合的过程要在相应的厂家综合库支持下才能完成。

综合实际上是根据设计功能和实现该设计的约束条件(如面积、速度、功耗和成本等)，将设计描述(如 HDL 文件、原理图等)变换成满足要求的电路设计方案；该方案必须同时满足预期的功能和约束条件。对于综合来说，满足要求的方案可能有多个，综合器将产生一个最优的或接近最优的结果。因此，综合的过程也就是设计目标的优化过程，最后获得的结构与综合器的性能有关。这个阶段产生目标 FPGA 的标准单元网表和数据库，供布局布线使用。网表中包含了目标器件中的逻辑元件和互连的信息。

在传统的 IC 设计流程中，前端综合或时序分析时没有精确的线和 CELL 延时信息，这样就容易造成布局前后的时序不收敛。随着工艺的进步，线延时占主导地位，时序收敛问题越来越严重。其根本的解决方法是将前后端的设计流程整合起来。物理综合就针对的是这种情况。在 0.18 μm 以下工艺技术的 IC 设计环境下，物理综合将综合、布局、布线集成于一体，让 RTL 设计者可以在最短的时间内得到性能最优的电路。通过集成综合算法、布局算法和布线算法，在 RTL 到 GDS Ⅱ 的设计流程中，提供可以确保 IC 设计的性能预估性和时序收敛性。

目前常用的逻辑综合工具有 Synopsys 公司的 Synplify 和 Design Compiler、Physical Compiler，以及 Cadence 公司的 RTL Compiler 等。

6. 适配布线

适配布线就是按照特定的工艺要求和约束条件利用适配器进行布局布线，最后生成版图。对于芯片设计而言，这个过程通常分为三步。① 布局规划，主要是标准单元、I/O Pad 和宏单元的布局。I/O Pad 预先给出了位置，而宏单元则根据时序要求进行摆放，标准单元则是给出了一定的区域，由工具自动摆放。布局规划后，芯片的大小，Core 的面积，Row 的形式、电源及地线的 Ring 和 Strip 就都确定下来了。② 时钟树生成(Clock Tree Synthesis)。③ 布局布线。

适配布线完成后，会产生多项设计结果。① 适配报告，包括芯片内部资源利用情况、设计的布尔方程描述情况等。② 适配后的仿真模型。③ 器件编程文件，根据适配后的仿真模型，可以进行适配后的时序仿真。因为此时已经得到了器件的实际硬件特性(如时延特性等)，所以以此仿真结果能比较精确地预期未来芯片的实际性能。

在 FPGA 设计中，各厂家都提供了相应的布局布线工具，例如 Altera 公司的 Quartus Ⅱ、Xilinx 公司的 ISE 等。在芯片设计领域，有 Cadence 公司提供的 SoC Encounter 和 Synopsys 公司的 Astro 等布局布线工具。

7. 时序分析

时序分析的目的是检查设计中是否有时序上的违规。同步电路的分析采用静态时序分析(STA)实现，异步电路的分析则需要运行特殊仿真激励确认。仿真工具可以用前仿真所用的工具。

　　静态时序分析的功能是根据设计规范的要求检查所有可能路径的时序，不需要通过仿真或测试向量就可以有效地覆盖门级网表中的每一条路径，在同步电路设计中快速地找出时序上的异常。可以识别的时序故障包括：建立/保持和恢复/移除检查(包括反向建立/保持)、最小和最大跳变，时钟脉冲宽度和时钟畸变，门级时钟的瞬时脉冲检测，总线竞争与总线悬浮错误，不受约束的逻辑通道，计算经过导通晶体管、传输门和双向锁存的延时，自动对关键路径、约束性冲突、异步时钟域和某些瓶颈逻辑进行识别与分类。

　　PrimeTime 是 Synopsys 公司开发的进行静态时序分析的工具，它可以进行精确的 RC 延时计算、先进的建模和时序验收。对于大型多时钟的设计，比如综合出的逻辑电路、嵌入式存储器和微处理器核的设计，PrimeTime 起到了关键性的作用。

　　动态时序分析主要是指门级(或对版图参数提取结果)的仿真，它主要应用在异步逻辑、多周期路径、错误路径的验证中。随着设计向 10 nm 以下的工艺发展，只用静态分析工具将无法精确验证串扰等动态效应。动态时序分析与静态时序分析的结合，可以验证时序逻辑的建立/保持时间，并利用动态技术来解决串扰效应、动态模拟时钟网络等问题。

8. 物理验证

　　物理验证通常包括设计规则检测(DRC)、版图与原理图对照(LVS)和信号完整性分析(SI)等。其中 DRC 用来检查版图设计是否满足工艺线能够加工的最小线宽、最小图形间距、金属宽度、栅和有源区交叠的最小长度等要求。如果版图设计违反设计规则，那么极有可能导致芯片在加工的过程中成为废品。LVS 则用来保证版图设计与其电路设计的匹配，保证它们的一致性。如果不一致，就需要修改版图设计。SI 用来分析和调整芯片设计的一致性，避免串扰噪声、串扰延时以及电迁移等问题的产生。

　　目前主要的物理验证工具有 Mentor 公司的 Calibre、Cadence 公司的 Dracula 和 Diva 以及 Synopsys 公司的 Hercules。此外，各大厂商也推出了针对信号完整性分析的工具。

9. 设计结束

　　在所有设计约束都已满足，也达到了定时约束条件的情况下，软件就会发出最终设计结束的信号。这时可用于制造集成电路的掩膜集就准备好了。掩膜集的描述是由几何数据(通常为 GDS Ⅱ格式)构成的，这些数据决定了集成电路制造过程中的光掩膜步骤的顺序。

　　将适配器布局布线后形成的器件编程文件通过下载工具载入到具体的 FPGA 或 CPLD 芯片中，可以方便地实现设计要求。如果是大批量产品的开发，则通过更换相应的厂家综合库，便可以转由 ASIC 实现。

7.2　测试和仿真工具

　　用 HDL 描述完一个硬件系统后要进行仿真验证，而如果想在计算机终端看到硬件描述语言的输出，则需要通过硬件描述语言的仿真器来完成。常用的 HDL 仿真器有很多种，例如 VCS、NCSim、Verilog HDL-XL、ModelSim、ActiveHDL 等。根据所使用的编程语言的不同，可以将仿真器分为 Verilog HDL 仿真器和 VHDL 仿真器；根据工作方式的不同，可以分为事件驱动(event-driven)仿真器和时钟驱动(cycle-driven)仿真器等类型。这些工具中，有的侧重于 IC 设计，如 NCSim、VCS 等；有的侧重于 FPGA/CPLD 的设计，如 ModelSim

和 ActiveHDL 等。

ModelSim 在 FPGA/CPLD 设计中应用广泛，这是因为 ModelSim 的出品公司为各种 FPGA/CPLD 厂家提供了 OEM 版本的 ModelSim 工具。ModelSim 可以用于仿真 Verilog HDL，也可以用于仿真 VHDL，同时也支持两种语言的混合仿真。

NCSim(根据使用语言不同，分为 NC-Verilog 和 NC-VHDL)和 VCS 分别由知名的 EDA 工具厂商 Cadence 和 Synopsys 公司提供，在 IC 设计中应用广泛。

本节首先介绍 ModelSim 的使用方法，然后介绍交互方式下 NC-Verilog 的使用。

根据设计阶段的不同，仿真可以分为 RTL 行为级仿真、逻辑综合后门级仿真和时序仿真三大类型。在仿真的后两个阶段，除了 Verilog HDL 源代码外还需要添加两个文件，即工艺厂商提供的库单元文件和延时反标注文件。下面会介绍如何在仿真器中加入这两个文件。

7.2.1 ModelSim 的使用

Mentor 公司的 ModelSim 是一种常用的 HDL 仿真软件，能提供友好的仿真环境，是业界唯一的单内核支持 VHDL 和 Verilog HDL 混合仿真的仿真器。它采用直接优化的编译技术、Tcl/Tk 技术和单一内核仿真技术，编译仿真速度快，编译的代码与平台无关，便于保护 IP 核。其个性化的图形界面和用户接口，为用户加快纠错提供了强有力的手段。

ModelSim 的主要特点是：RTL 和门级优化，本地编译结构，编译仿真速度快，跨平台、跨版本仿真；单内核 VHDL 和 Verilog HDL 混合仿真；源代码模板和助手，项目管理；集成了性能分析、波形比较、代码覆盖、数据流 ChaseX、Signal Spy、虚拟对象 Virtual Object、Memory 窗口、Assertion 窗口、源码窗口显示信号值、信号条件断点等众多调试功能；C 和 Tcl/Tk 接口，C 调试；对 SystemC 的直接支持，和 HDL 任意混合；支持 System Verilog 的设计功能；对系统级描述语言的最全面支持，如 SystemVerilog、SystemC、ASIC Sign off。

ModelSim 分为 SE、PE、LE 和 OEM 等几个版本，其中 SE 是最高级的版本，而集成在 Actel、Atmel、Altera、Xilinx 以及 Lattice 等 FPGA 厂商设计工具中的均是其 OEM 版本。SE 版本和 OEM 版本在功能和性能方面有较大差别，比如对于大家都关心的仿真速度问题，以 Xilinx 公司提供的 OEM 版本 ModelSim XE 为例，对于代码少于 40000 行的设计，ModelSim SE 比 ModelSim XE 要快 10 倍；对于代码超过 40000 行的设计，ModelSim SE 要比 ModelSim XE 快近 40 倍。ModelSim SE 支持 PC、UNIX 和 Linux 平台，提供全面、完善以及高性能的验证功能，全面支持业界广泛应用的标准。

本节介绍的是 ModelSim SE 10.4 版本，它采用用户图形界面操作模式，有许多窗口，如 Main 窗口、Workplace 窗口、Objects 窗口、Wave 窗口、Dataflow 窗口、List 窗口、Source 窗口、Watch 窗口。图 7.2-1 给出了 ModelSim 的常用窗口。

• 主(Main)窗口：ModelSim 唯一的控制窗口，也是控制命令的输入窗口。窗口中显示了 ModelSim 执行仿真的动作以及相应的信息。

• 结构(Workplace)窗口：该窗口按层次关系列出了工程中所有模块之间的关系。在结构窗口中选择固定模块，在信号窗口中会相应地显示这一模块信号的信息。

• 信号(Objects)窗口：显示被选中模块的信号、信号类型以及信号值。

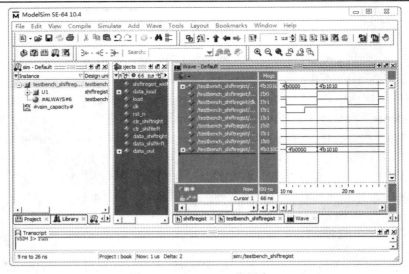

图 7.2-1　ModelSim 常用窗口

- 波形(Wave)窗口：显示仿真的结果波形。
- 数据流(Dataflow)窗口：用于追踪数据流，并以层次化、图形化的方式显示结果。
- 列表(List)窗口：以表格的形式显示仿真数据。
- 源代码(Source)窗口：显示工程中的相应源代码。
- 观察(Watch)窗口：用于实时监测变量在仿真中的变化情况。

ModelSim 有三种仿真流程：基本仿真流程(Basic Simulation Flow)、工程仿真流程(Project Simulation Flow)和多库仿真流程(Multi-Library Simulation)。在较复杂的设计中，推荐使用工程仿真流程，这种流程更容易管理维护设计中遇到的各种类型的文件，事实上工程仿真流程包含了基本仿真流程和多库仿真流程的核心内容，因此本节主要介绍工程仿真流程。

ModelSim 工程仿真流程包括建立库、建立工程、将设计文档(包括源文件和测试文件)加入到工程中并编译、仿真、调试。

1. 建立库并映射

建立并映射库有两种方法。

第一种方法：

在 ModelSim 中选择 File→New→Library 菜单命令，在弹出的对话框中填入库名称，点击 OK 按钮就完成了库的建立和映射。

第二种方法：

在 ModelSim> 提示符下运行如下命令：

    vlib work2

    vmap work work2

其中，第一条命令实现的是建立新库，第二条命令实现的是映射新库。work2 代表的是新建的工作库。运行完毕后就完成了库的建立和映射操作。

运行完 vlib 命令后会产生 work 库目录，该目录里存放有_info 文件，用于记录各种库中的各种模块。运行完 vmap 命令后会将 ModelSim 安装目录下的 ModelSim.ini 复制到当前的工作目录中并将库和目录对应起来，在[Library]中增加 work = work2 语句。

2．新建工程项目

选择 Main 窗口的 File→New→Project 菜单命令，新建一个工程。在 Project Name 中输入工程名，在 Project Location 下的对话框中输入保存该工程所有文件的文件夹的路径名。Default Library Name 对话框使用默认设置 work 即可。

3．输入源代码

选择 Main 窗口的 File→New→Source→Verilog HDL 菜单命令，出现源代码编辑窗口，将源代码输入并保存。源代码文件 shiftregist.v 如下：

```verilog
module shiftregist
    (data_out, clk, rst_n, load, data_load, ctr_shiftright, ctr_shiftleft, data_shiftright, data_shiftleft);
    parameter shiftregist_width = 4;
    output [shiftregist_width-1:0] data_out;
    input [shiftregist_width-1:0] data_load;
    inputload, clk, rst_n, ctr_shiftright, ctr_shiftleft, data_shiftright, data_shiftleft;
    reg [shiftregist_width-1:0] data_out;
    always @(posedge clk or negedge rst_n)
        if (!rst_n)
            data_out <= 0;
        else if (load)data_out <= data_load;
            else if (ctr_shiftright)
                    data_out <= {data_shiftright, data_out[shiftregist_width-1:1]};
                else if (ctr_shiftleft)
                        data_out <= {data_out[shiftregist_width-2:0], data_shiftleft};
                    else data_out <= data_out;
endmodule
```

4．将文件添加到工程中

刚才输入的文件已经保存在当前 Project 的文件夹中。在 Main 窗口中选择 Project→Add to Project→Existing File…菜单命令，将文件添加到工程中。

5．编译源代码

在 Workplace 窗口的 Project 对话框中选中 shiftregist.v，然后在 Main 窗口中选择 Compile →Compile Selected 菜单命令，对源代码进行编译。编译成功后，Transcript 对话框中将报告 "#Compile of shiftregist.v was successful"。如果当前工程中有多个 .v 文件，则可以选择 Compile→Compile All 菜单命令完成对源代码文件的批量编译，也可以一次选择多个文件进行编译。

6．建立并添加测试文件

用 Verilog HDL 编写测试激励文件，然后进行仿真操作。先输入测试激励文件的源代码，并存盘；然后将该文件添加到当前的工程项目中，再对该文件进行编译。其操作过程与前面介绍的相同。带控制端的移位寄存器的测试激励源代码文件 testbench_shiftregist.v 如下：

```
module testbench_shiftregist;
    parameter shiftregist_width = 4;
    reg [shiftregist_width-1:0] data_load;
    reg load, clk, rst_n, ctr_shiftright, ctr_shiftleft, data_shiftright, data_shiftleft;
    wire [shiftregist_width-1:0] data_out;
    always
        #5 clk = ~clk;
    initial begin data_load = 0; load = 0; rst_n = 1; ctr_shiftright = 0; ctr_shiftleft = 0; clk = 0;
            data_shiftright = 0; data_shiftleft = 0;
        end
    initial begin #10 rst_n = 0; #3 rst_n = 1;
        end
    initial begin #15 load = 1; data_load = 4'b1010; #10 load = 0;
        end
    initial begin #30 ctr_shiftright = 1; #20 data_shiftright = 1; #17 ctr_shiftright = 0;
            #20 ctr_shiftleft = 1; #25 data_shiftleft = 1; #20 data_shiftleft = 0;
        end
    shiftregist U1(.clk(clk), .rst_n(rst_n), .load(load), .ctr_shiftright(ctr_shiftright),
            .ctr_shiftleft(ctr_shiftleft), .data_shiftright(data_shiftright),
            .data_shiftleft(data_shiftleft), .data_load(data_load), .data_out(data_out));

endmodule
```

7. 打开仿真器

在 Main 窗口中选择 Simulate→Start Simulation…菜单命令,得到仿真设置对话框(注意:将当前工作库 work 前面的加号"+"点开,选择 testbench_shiftregist 作为顶层文件进行仿真)。

在 Design 选项卡相应的库名下选择 testbench_shiftregist 模块,再单击 OK 按钮。图 7.2-2 显示的就是打开仿真器后的界面。

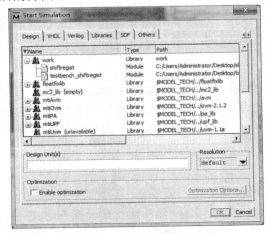

图 7.2-2　打开的仿真器界面

在这里需要注意的是，在 SE 版本中有个使能优化(Enable Optimization)选项，建议初学者不要选择优化。因为进行仿真时加载的是一个测试平台，而测试平台的很多语言是会被优化器优化掉的。

8．打开调试窗口

在 ModelSim 的 Main 窗口的 View 下面有各种全面反映用户设计模块各方面特性与内容的窗口，便于用户管理和调试。用户对一个窗口的修改将会自动引起相关窗口的变化，同时用户也可以方便地利用鼠标在窗口之间进行选择和拖放。

要打开窗口，在 Main 窗口的 View 下拉菜单中，单击相应的窗口名即可。已打开的窗口名前有"√"符号提示，再次单击该窗口名将关闭相应窗口，前面的"√"符号也将消失。例如，选择 View→Wave 菜单命令，将打开仿真波形窗口。

9．添加需要观察的信号

在 Workplace 窗口的 Sim 对话框中单击需要观察的模块名，在 Objects 窗口中则会列出该模块的各端口名及内部信号。可以单击选中其中一个需要观察的信号名，如果按住 Ctrl 键，则可以通过单击选中多个需要观察的信号名，然后选择下拉菜单中的 Add→To Wave →Slected Signals 命令打开 Wave 窗口，则被选中的信号就添加到 Wave 窗口中了。设计者还可以根据调试和测试需要，删除 Wave 窗口中的信号，或向其中添加新的信号。

10．运行仿真器

在 Main 窗口的下拉菜单 Simulate 选项下有控制仿真器运行的多个命令选项。选择 Simulate→Run 菜单命令，仿真会运行 100 ns(默认的仿真长度)后停止。

在 Main 窗口的 VSIM>提示符下，输入"run 500"，仿真器会再进行 500 ns 的仿真，共计仿真了 600 ns。

在主菜单、波形窗口或源代码窗口的工具条上，单击 Run-All 图标，仿真连续运行，直到被中断或在代码中遇到诸如 Verilog HDL 中的$stop 语句等，暂停仿真。若单击 Break 图标，则终止仿真运行。

在 Main 窗口中选择 Simulate→End Simulation…菜单命令，即可结束仿真。

11．调试

ModelSim 中的调试手段很多，主要包括：在代码中设置断点，步进调试；观察 Wave 窗口，测量时间；通过 Dataflow 窗口分析物理连接；通过 Memory 窗口观察设计中存储器的数值；统计测试代码覆盖率；比较波形。

Wave 窗口、Dataflow 窗口和 List 窗口是常用的分析手段。

1) 使用 Wave 窗口

观察设计波形是调试设计的一种方法。加载仿真后，就可以使用 Wave 窗口了。通过 View→Wave 菜单命令打开 Wave 窗口，如图 7.2-3 所示。在 Wave 窗口中可以采用多种手段进行调试，如向 Wave 窗口添加项目，对波形显示的图像进行缩放，在 Wave 窗口中使用游标，设置断点，存储波形窗口格式，将当前的仿真结果存储到波形记录格式文件(WLF)中等。

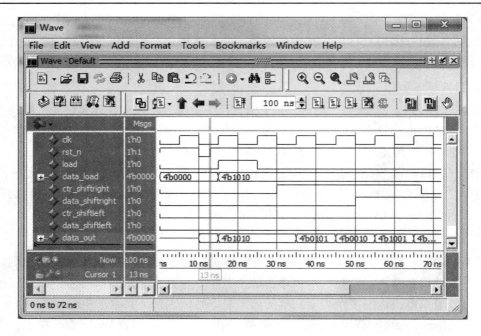

图 7.2-3 Wave 窗口

在 Wave 窗口中，游标用于指示仿真的时间位置。当 ModelSim 首次画波形时，自动地将一个游标放在 0 时刻的位置。使用游标可以测量时间间隔，也可以查找信号跳变的位置。在 Wave 窗口的任何位置单击，游标将重新回到鼠标单击的位置。可以对游标进行添加、命名、锁定和删除等操作。

要养成保存波形文件的良好习惯，以便进行项目的检查和对比。在 ModelSim 中可保存的波形文件及其保存方法如下：

(1) Format 文件。在 Wave 窗口中选择 File→Save Format...菜单命令，在新打开的窗口中填入 DO 文件(仿真脚本文件)的存储路径 E:/shiftregist/wave.do，单击 OK 按钮完成文件的存储。如果需要加载该文件，则在打开的 Wave 窗口中选择 File→Open 菜单命令，然后在弹出的 Open File 窗口中选择 wave.do 文件，即可打开该文件。在 Transcript 对话框中输入该文件的脚本内容并回车，将打开 Wave 窗口，恢复原来的信号、波形和游标状态。

(2) WLF 文件(Datasets)。ModelSim 的仿真结果也可以存储到一个波形格式记录文件中，用于以后浏览和与当前的仿真结果进行比较。通常使用术语"Dataset"表示已创建并可重加载的 WLF 文件。可在主菜单中选择 File→Datasets→Save as 命令，在 Save as 对话框中输入要保存的波形文件名称，点击 OK 按钮就完成了波形文件的保存。选择 File→Datasets→Open 菜单命令，在弹出的 Open Dataset 对话框中，在 Browse 中输入 Datasets 的路径，即可打开已保存的波形文件。

(3) VCD 文件。VCD 文件是 IEEE 1364 标准(Verilog HDL 标准)中定义的一种 ASCII 文件。它是一种 EDA 工具普遍支持的通用波形信息记录文件。

2) 使用 Dataflow 窗口

Dataflow 窗口能够对 VHDL 信号或者 Verilog HDL 的线网型变量进行图示化追踪。双击 Wave 窗口中需要追踪的信号，即可打开 Dataflow 窗口，如图 7.2-4 所示。

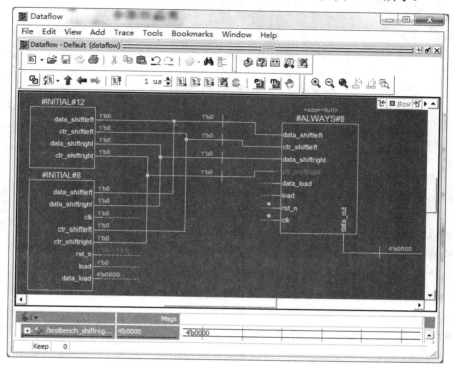

图 7.2-4　Dataflow 窗口

Dataflow 窗口有以下四个功能：

(1) 观察设计的连续性：可以检查设计的物理连接性，并可以逐个单元地观测所关注的信号、互连网络或寄存器的输入/输出情况。

(2) 追踪事件：跟踪一个非预期输出的事件；使用嵌入波形观察器，可以由一个信号的跳变回溯追踪，查到事件源头。

(3) 追踪未知态：数据流窗口追踪不定态的功能是工程师比较青睐的。在 Dataflow 窗口中使用 Trace→ChaseX 功能，会不断往驱动级追踪不定态传递的源头。当选择 ChaseX，图形界面不再变化时，就是不定态的源头了。之后就可以根据 Dataflow 窗口的结果，定位源代码产生不定态的语句，并加以改正。

(4) 显示层次结构：可以使用层次化实例显示设计的连通性。

3) 使用 List 窗口

List 窗口以表格化的方式显示数据，可以方便地通过搜索特殊值或者特定条件的数据，简化分析数据的过程。选择 View→List 菜单命令，打开 List 窗口，如图 7.2-5 所示。在 Sim 对话框中单击需要观察的模块名，点击鼠标右键，选择菜单命令 Add→To List→All item in region，可以将所有信号添加到 List 窗口，在窗口的左边显示的是仿真的时间点，右边显示的是每个时间点对应的变量值。

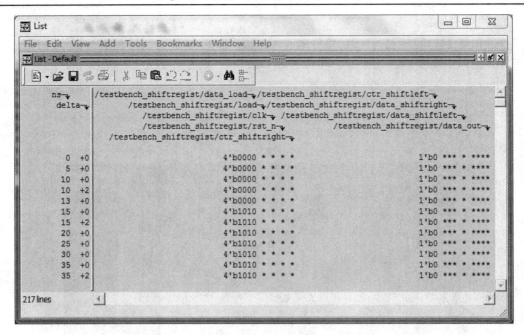

图 7.2-5　List 窗口

当要搜索特定的数值时，可在 List 窗口中选择 Edit→Search...菜单命令，在弹出的 List Signal Search 对话框中选择 Search Type 下的 Search for Signal Value 项，并输入想要搜索的数值。使用这种方式，可以很方便地查找仿真中的特殊值，还可以通过这种方式确定特殊值在什么时间点发生，并根据此时间点在 Wave 窗口中定位相应的波形。除此之外，还可以进行条件搜索，方法是在 Search Type 下的 Search for Expression 中点击后面的 Builder，建立搜索条件；条件可以是信号、事件、边沿等。

与 Wave 窗口一样，List 窗口可以保存数据的列表格式和列表内容。在 List 窗口中选择 File→Save Format 菜单命令，在弹出的 Save Format 对话框中输入所保存列表的名称，再点击"保存"按钮就可以了。数据列表文件也是一个后缀为 .do 的可执行脚本文件，可以通过命令 do file_name.do 打开列表文件。在 File→Write List 选项下选择一种格式，可完成对列表内容的保存。列表内容文件是 .lst 格式的文件；要查看文件内容，可通过记事本打开该类型文件。

12. 覆盖率测试

覆盖率是衡量仿真验证是否完备的重要指标。ModelSim 具有代码覆盖率(Code Coverage)测试功能，能统计 statement(语句)、branch(分支)、condition(条件)、expression(表达)、toggle(信号翻转)、fsm(有限状态机)等多种覆盖情况。

1) 编译

在 ModelSim 的 Workspace 里选中需要仿真代码覆盖率的 Verilog HDL 文件，然后点击右键，选择 Compile→Compile Properties，之后选择 Coverage 选项，出现如图 7.2-6 所示的窗口，根据需要选择选项，这里选 statement、branch、condition、expression、toggle 和 FSM。选择后点 OK 按钮，进行文件编译。

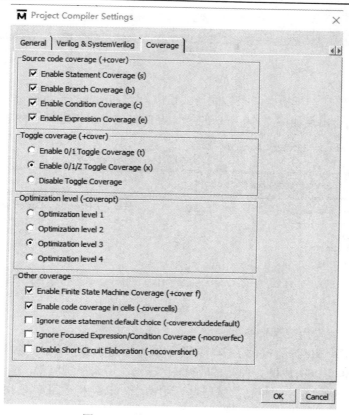

图 7.2-6　编译中的 Coverage 选项

2) 仿真

仿真时需要加入代码覆盖率选项，一种方式是点击 Simulate→Start Simulate→Other，出现图 7.2-7(a)所示窗口，将 Enable code coverage 选中；另一种方式是在 Library 窗口选择仿真模块后，点击右键，直接选择 Simulate with Coverage，如图 7.2-7(b)所示。最后点击 Run 按钮进行仿真。

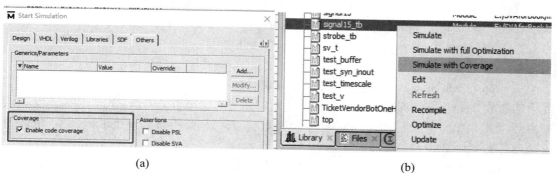

(a)　　　　　　　　　　　　　　　　　(b)

图 7.2-7　覆盖率仿真设置

3) 观察结果

在 Instance Coverage 窗口即可看到不同模块的各种覆盖率统计结果，如图 7.2-8 所示。

图 7.2-8　覆盖率统计结果

同时，覆盖率统计结果也会以报告的形式给出，点击 Instance Coverage → Code Coverage Report → OK，就会出现如图 7.2-9 所示的统计报告。这个报告也可以存成文件。

```
Coverage Report Summary Data by file

===================================================================
=== File: E:/SVAforBook/decoder2to4.v
===================================================================
   Enabled Coverage         Bins      Hits    Misses   Coverage
   ----------------          ----      ----    ------   --------
   Branches                    6         2        4      33.33%
   Statements                 15        11        4      73.33%


Total Coverage By File (code coverage only, filtered view): 53.33%
```

图 7.2-9　覆盖率统计报告

13. ModelSim 常用交互命令

ModelSim 的图形化界面提供了多种指令，既可以是单步指令，通过在主窗口的命令窗口中输入命令，也可以构成批处理文件(如 DO 文件)，用来控制编辑、编译和仿真流程。

下面介绍 ModelSim 中用于仿真的一些常用命令，其他指令可参考 ModelSim 说明书或帮助。

1) run 指令

指令格式：

　　　run[<timesteps>] [<time_unit>]

其中，参数 timesteps(时间步长)和 time_unit(时间单位)是可选项，time_unit 可以是 fs(10^{-15}s)、ps(10^{-12}s)、ns(10^{-9}s)、ms(10^{-6}s)、sec(1 s)等几种。

例如，"run"表示运行；"run 1000"表示运行 1000 个默认的时间单元(ps)；"run 3500ns"表示运行 3500 ns；"run-continue"表示继续运行；"run-all"表示运行全程。

2) force 指令

指令格式：

　　　force <item_name><value> [<time>]，[<value>][<time>]

其中，参数 item_name 不能默认，它可以是端口信号，也可以是内部信号，而且还支持通配符号，但只能匹配一个；参数 value 也不能默认，其类型必须与 item_name 一致；time 是可选项，支持时间单元。

例如，"force clr 1 100"表示经历 100 个默认时间单元延时后为 clr 赋值 1；"force clr 1，0 1000"表示为 clr 赋值 1 后，经历 1000 个默认时间单元延时后为 clr 赋值 0。

3) force-repeat 指令

指令格式：

　　　force <开始时间><开始电平值>，<结束电平值><忽略时间> -repeat <周期>

指令功能：每隔一定的周期(period)重复一定的 force 命令。该指令常用来产生时钟信号。

例如，"force clk 0 0，1 30-repeat 100"(-repeat 指令可以用-r 替代)表示强制 clk 从 0 时间单元开始，起始电平为 0，结束电平为 1，忽略时间(即 0 电平保持时间)为 30 个默认时间单元，周期为 100 个默认时间单元，占空比为(100 – 30)/100 = 70%。

4) force-cancel 指令

指令格式：

　　　　force-cancel < period >

指令功能：执行 period 周期时间后取消 force 命令。

例如，"force clk 0 0，1 30-repeat 60-cancel 1000"表示强制 clk 从 0 时间单元开始，直到 1000 个时间单元结束。

5) view 指令

指令格式：

　　　　view 窗口名

指令功能：打开 ModelSim 窗口。

例如，"view source"表示打开源代码窗口，"view wave"表示打开波形窗口，"view dataflow"表示打开数据流窗口。

14．DO 文件

创建 DO 文件就像在文本文件中输入命令一样简单，当然也可以将主窗口的复本保存为 DO 文件。例如，在 ModelSim 中创建一个 DO 文件，在该 DO 文件中添加脚本，实现向 Wave 窗口添加信号，并给这些信号提供激励，而后进行仿真。

选择 File→New→Source→Do 菜单命令，创建一个 DO 文件。在窗口中输入以下命令行：

```
vlib work
vmap work
vlog shiftregist.v testbench_shiftregist.v
vsim -L work -novopt work.testbench_shiftregist.v
add wave -position insertpoint sim:/testbench_shiftregist.v/*
run 2000ns
```

将以上文件保存为 shiftregist.do 文件，每次使用命令 do shiftregist.do 即可自动执行所需的仿真动作。

shiftregist.do 的功能：新建 work 库，将 work 库映射到当前工作目录，编译 shiftregist.v testbench_shiftregist.v 文件(默认编译到 work 库下)，仿真 work 库中名为 testbench_shiftregist 的模块，将 testbench_shiftregist 的所有信号加入到波形图中，运行 2000 ns。

完成移位寄存器仿真批处理文件的编辑后，以 shiftregist.do 为文件名，保存到与计数器设计文件相同的文件夹中，并通过 ModelSim 进行编译。

在 ModelSim 的命令窗口中执行 shiftregist.do 命令，可完成对移位寄存器的仿真。

7.2.2　NC-Verilog 的使用

Cadence NC-Verilog 是业界优秀的 Verilog HDL 仿真器，提供了高性能、高容量的事务

/信号视窗和集成的覆盖率分析功能，并支持 Verilog HDL 2001 特性。NC-Verilog 完全兼容 Incisive 一体化平台(Unified Platform)，使得用户能够很容易实现纳米(Nanometer)工艺集成电路上系统设计的数字化验证。

NC-Verilog 为 Verilog HDL 设计提供了业界优秀的仿真性能，它使用独特的本地 Incisive 一体化仿真器编译架构，从 Verilog HDL 直接生成高效的机器码用于高速执行。

一体化的 NC-Verilog 仿真和调试环境，很容易管理多个设计的运行和分析设计与测试平台。它的事务/波形视窗和原理图追踪器能迅速追踪设计行为到源代码。

NC-Verilog 是全编译仿真器，它直接将 Verilog HDL 代码编译为机器码执行。其过程如下：ncvlog 编译 Verilog HDL 源文件，按照编译指导(Compile Directive)检查语义及语法，产生中间数据；ncelab 按照设计指示构造设计的数据结构，建立信号连接，产生可执行代码和中间数据；ncsim 启动仿真核，调入设计的数据结构，构造事件序列，调度并执行事件的机器码。

1．工作模式的选择

运行 NC-Verilog 的命令是 nclunch。第一次运行 NC-Verilog 时，需要选择工作模式。这里可供选择的主要是 Multiple Step 和 Single Step 模式。请选择 Multiple 模式，此模式对应的仿真流程是 ncvlog、ncelab、ncsim 三步。这两种工作模式在参考手册内有详细说明。图 7.2-10 显示的是 NC-Verilog 的启动界面。

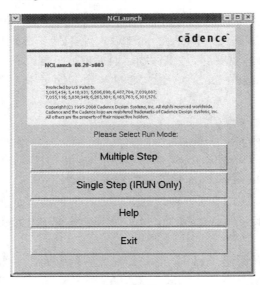

图 7.2-10　NC-Verilog 的启动界面

2．建立工作环境

作为编译仿真工具，最核心的是源代码部分，由于 NC-Verilog 的源文件编辑界面效果不佳，这里建议用户使用其他支持 VHDL/Verilog HDL 的工具编写代码，在确保没有语法错误后再导入到 NC-Verilog 中进行编译。

选择 File→Set Design Directory 菜单命令进行设置，弹出的对话框如图 7.2-11 所示，会要求填写如下的选项：

- Design Directory：一般就是项目所在的目录，即启动 NCLaunch 时所在的目录。
- Library Mapping File：点击"Create cds.lib File…"按钮，会弹出一个 Create a cds.lib file 对话框。其中的文件名是"cds.lib"，选择"Save"。此时在弹出的对话框中选择"Include Default Libraries"，将会在当前项目目录下建立 INCA_lib 文件夹，用来保存整个设计中全部的库信息。
- Work Library：在建立了 cds.lib 之后将出现 worklib 的默认选项，无须更改。

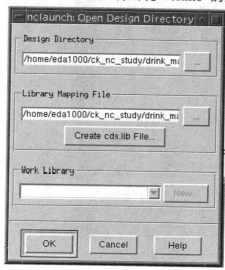

图 7.2-11　建立工作环境

需要说明的是，当完成上述环境设置之后，在工作平台的右上方将出现"Error：Unable to find an hdl.var file to load in"的错误，暂时无须关注此错误。在进行任意文件编译之后软件将自动生成 hdl.var 文件，重新载入工作目录后(File→Set Design Directory)，此错误将消失。

3. 编译

用鼠标左键选择 NCLaunch 界面左窗口中的源文件"shiftregist.v"和"testbench_shiftregist.v"。若有多个设计文件，可以按住 Ctrl 键的同时选择。

第一次编译时选择 Tool→Verilog Compiler 菜单命令，以后可以直接点击工具栏中的 vlog 按钮。

应特别注意的是，在编译成功第一个文件后，应重新载入工作目录(File→Set Design Directory)以确保错误消失。

4. 载入设计文件

用鼠标左键选择 NCLaunch 界面右窗口中工作目录(worklib)下的顶层实体 worklib/testbench_shiftregist/module(必须提醒的是：如果右边的 worklib 前面没有出现"+"，则请首先检查右边工作平台上对应的的工作路径，确定工作路径已经转换到了和左边一致的目录下)，然后选择 Tool→Elaborator 菜单命令，在弹出的对话框里选中"Access Visibility"的 Read 属性，再确定。载入设计文件后的 NCLaunch 界面如图 7.2-12 所示。

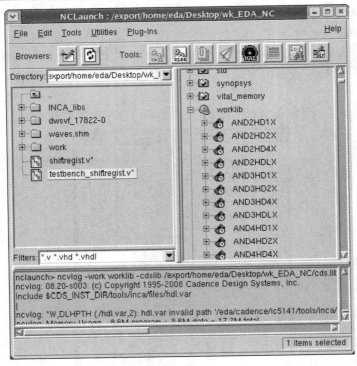

图 7.2-12　载入设计文件

5. 仿真

用鼠标左键选择 NCLaunch 界面右窗口中 Snapshots 下的顶层实体(snapshots /worklib/testbench_shiftregist/module)。然后选择 Tool→Simulator 菜单命令，在弹出的对话框中单击"确定"按钮，弹出仿真器窗口，如图 7.2-13 所示。弹出的默认窗口有两个，点击 Design Browser→SimVision 窗口工具栏中的波形按钮，开启波形仿真窗口。

在 Design Browser→SimVision 窗口内展开左边浏览器中的 Simulator，在右边的列表中选择希望观察的信号。选中后，点击鼠标右键，选择 Send to Waveform Window。

根据实际波形的需要，在 Waveform→SimVision 窗口内把时间显示单位换成 μs、ns 或 ps，然后开始仿真：

(1) 选择 Simulation→Run 菜单命令或者直接点击工具栏中"开始"按钮，开始仿真波形。如果加入了新的信号，需要重新仿真；点击复位，再次仿真。

(2) 在 Console 窗口中直接输入命令，设定仿真时间，例如输入 run 2000 ns。

仿真验证在整个项目设计过程中有着重要的意义。科学合理的仿真方法和仿真技巧可以达到事半功倍的效果；反之，如果只是一味地进行理论分析而不会利用多种工具的优点，则可能会使实际项目寸步难行。

设计者在设计过程中应时刻仿真验证自己的设计。一个系统由很多模块构成，建议每个模块完成后，都要进行完整的仿真测试，不要等到整个系统完成了再整体仿真。这样可以缩短整个设计的周期，提高设计效率。

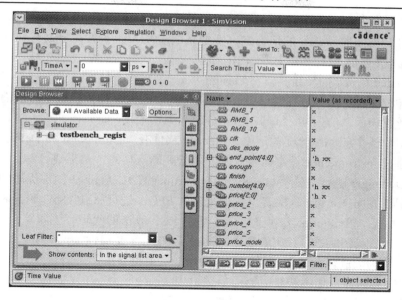

图 7.2-13　仿真器窗口

7.3　综　合　工　具

逻辑综合是前端电路模块设计的重要步骤之一。逻辑综合是在标准单元库和特定的设计约束的基础上，把设计的高层次描述转换成优化了的门级网表的过程。Design Compiler 是 Synopsys 公司用于电路逻辑综合的核心工具，利用它可以方便地将 HDL 描述的电路转换到基于工艺库的门级网表；它是 ASIC 设计领域使用较多的逻辑综合工具之一。FPGA 逻辑综合领域存在着多种逻辑综合工具，其中 Synplify 以其逻辑综合速度快、逻辑综合效果好而备受关注，成为 FPGA 设计逻辑综合的常用工具。

7.3.1　Synplify 的使用

Synplify、Synplify Pro 和 Synplify Premier 是 Synplicity 公司(Synopsys 公司于 2008 年收购了 Synplicity)提供的专门针对 FPGA 和 CPLD 实现的逻辑综合工具。Synplicity 公司的工具涵盖了可编程逻辑器件(FPGA、PLD 和 CPLD)的综合、验证、调试、物理综合及原型验证等方面。

Synplify Pro 是高性能的 FPGA 综合工具，为复杂可编程逻辑设计提供了优秀的 HDL 综合解决方案：其包含的 BEST 算法可对设计进行整体优化；自动对关键路径进行 Retiming，可以使性能提高 25%，支持 VHDL 和 Verilog HDL 的混合设计输入，并支持网表*.edn 文件的输入；增强了对 System Verilog 的支持；Pipeline 功能提高了乘法器和 ROM 的性能；有限状态机优化器可以自动找到最优的编码方法；在 Timing 报告和 RTL 视图及 RTL 源代码之间可进行交互索引；自动识别 RAM，避免了繁复的 RAM 例化。

Synplify Premier 是功能强大的 FPGA 综合环境。Synplify Premier 不仅集成了 Synplify Pro 所有的优化选项，包括 BEST 算法、Resource Sharing、Retiming 和 Cross-Probing 等，而

且更是集成了具有专利的 Graph-Based Physical Synthesis 综合技术，并提供 Floor Plan 选项，是业界领先的 FPGA 物理综合解决方案，能把高端 FPGA 性能发挥到最优，从而可以轻松应对复杂的高端 FPGA 设计和单芯片 ASIC 原型验证。这些特有的功能包括：全面兼容 ASIC 代码；支持 Gated Clock 的转换；支持 Design Ware 的转换。同时，因为整合了在线调试工具 Identify，极大地方便了用户进行软硬件协同仿真，确保设计一次成功，从而大大缩短了整个软硬件开发和调试的周期。Identify 是 RTL 级调试工具，能够在 FPGA 运行时对其进行实时调试，加快整个 FPGA 验证的速度。Identify 软件有 Instrumentor 和 Debugger 两部分，在调试前，通过 Instrumentor 设定需要观测的信号和断点信息，然后进行综合，布局布线；最后，通过 Debugger 进行在线调试。Synplify Premier HDL Analyst 提供优秀的代码优化和图形化分析调试界面；Certify 确保客户在使用多片 FPGA 进行 ASIC/SoC 验证时快速而高效地完成工作；之后，Synopsys 公司又推出了基于 DSP 算法的代码产生和综合工具 Synplify DSP，架起了算法验证和 RTL 代码实现之间的桥梁；HAPS 是高性能的 ASIC 原型验证系统，大大减少了流片失败的风险，节省了产品推向市场的时间。

Synplify 软件的界面如图 7.3-1 所示。

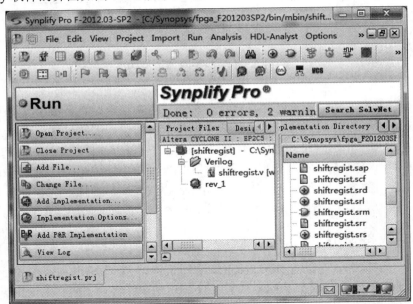

图 7.3-1　Synplify 软件界面

Synplify 软件的具体使用步骤如下。

1. 创建工程

选择 File→New→Project File 菜单命令，然后填入工程名，点击 OK 按钮保存。

创建工程后，其中 rev_1 表示版本 1。Synplify 允许对同一个设计根据不同的综合约束条件，创建多个不同的综合版本。

2. 添加文件

该步骤是把设计的源文件添加到工程中。设计文件可以是一个，也可以是多个。添加文件的方法是：选择 Project→Add Source File 菜单命令或者单击界面左边的 Add File...按钮，在弹出的对话框中选择要添加的源文件即可。如果事先没有源文件，可以选择新建 VHDL 或者 Verilog HDL 源文件，然后在 HDL 编辑器中编写代码并保存。

3. 保存工程

点击工具栏中的 Save 图标，对工程及源文件进行保存。

4. 语法和综合检测

可以用 Run 菜单中的 Syntax Check 和 Synthesis 对源程序进行检测，检测的结果保存在 Syntax.log 文件中。如果有错误，则会用红色标出；双击标注，可以对错误进行定位。

另外，选择 Run→Compiler Only 菜单命令，也可以对源文件进行检测。

5. 编译综合前的设置

选择 Project→Implementation Options 菜单命令或者单击界面左侧的 Implementation Options...按钮，即可出现设置对话框。在设置对话框中，设计者可以选择器件、添加一些简单约束等。

在 Device 中选择 Altera CYCLONE II 器件，同时，还可以对与器件映射有关的选项进行设定，包括最大扇出、IO、Pipelining 等。

在 Options 中可以对 Physical Synthesis、FSM Compiler、Resource Sharing、Retiming 等优化选项进行设定。在 Constraints 中可以对时钟频率进行约束，设置时钟频率为 100 MHz。在 Timing Report 中可以设定关键路径的数量。在 Verilog HDL 中的 Top Level Module 中填入 shiftregist。

6. 编译

选择 Run→Compiler Only 菜单命令，就可以对设计进行单独编译。在编译后产生的文件中，扩展名为 .srr 的文件是工程报告文件，包括工程检错、编译、综合和时序等所有工程信息；扩展名为 .tlg 的文件是工程组织结构信息文件；扩展名为 .srs 的为 RTL 视图文件，是设计者经常要检查的，双击该文件或者点击工具栏的 ● 图标，会出现如图 7.3-2 所示的移位寄存器的 RTL 视图。

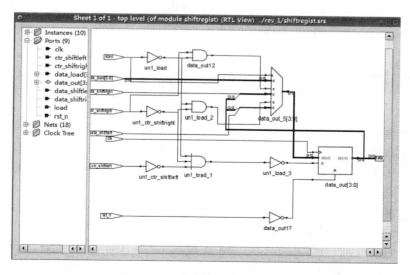

图 7.3-2 移位寄存器的 RTL 视图

RTL 视图由两部分组成，左边区域是模块、结构的分类目录，包括例化(Instances)、端口(Ports)、网线(Nets)和时钟树(Clock Tree)四部分。Instances 目录下是本工程所有调用的模块的实例名和硬件原语，Ports 是模块各层次 IO 端口的组织关系，Nets 是模块中所有连线名称，Clock Tree 是以树状结构图显示的时钟的依赖关系。RTL 视图具有强大的 CrossProbing 互连切换功能，双击 RTL 视图的某一模块，就可以连接到产生该模块的 RTL 源代码处，这有利于用户理解代码与硬件的对应关系，方便调试。

7. 综合

选择 Run→Synthesize All 菜单命令或者单击面板上的 Run 按钮，即可进行综合。综合后主要产生设计的门级网表，门级网表可以拿到布局布线工具中进行设计的最后实现。综合后还会产生一些其他文件，包括综合报告、Log 文件、脚本文件等。综合后已经根据所选的器件产生了门级电路，设计者可以通过 Technology 视图功能观察门级电路，方法是选择 HDL-Analyst→Technology→Hierarchical View 菜单命令，或者点击工具栏的 🖵 图标即可。使用这种方法可以查看层次结构显示的与工艺相关的综合结果。移位寄存器的 Technology 视图如图 7.3-3 所示。

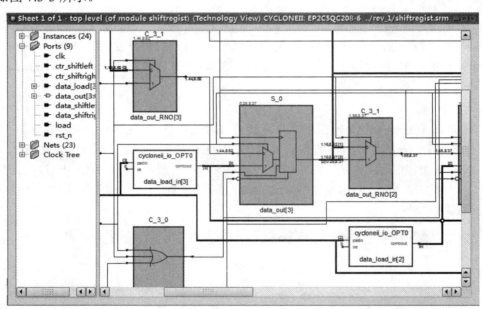

图 7.3-3   移位寄存器的 Technology 视图

在 Technology 视图下可以利用 Push/Pop Hierarchy 层次功能进入硬件的更底层，也可以在此图上显示关键路径；还可以把 Technology 视图展平成门级，方法是选择 HDL-Analyst→Technology→Flattened to Gates View 菜单命令，如图 7.3-4 所示，可查看到门级电路的与工艺相关的综合结果。

需要注意的是，之前介绍的 RTL Viewer 显示的其实是综合工具对 RTL 代码的编译结果，是由基本电路单元连接成的电路，与综合器件无关。由于不同语句、不同方法会导致不同的 RTL 电路，因此 RTL 电路可以用于客观地评价电路的设计效果。在 RTL 视图中看到的不是实际综合出来的结果，只有通过 Hierarchical View 工具才能观测到最后的综合结果。

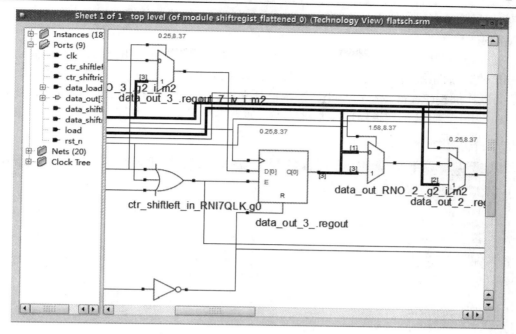

图 7.3-4　移位寄存器的门级电路视图

在综合后生成的 .srr 文件中包含了详细的时序和资源利用情况的报告，包括时间特性(Timing Report)，即最长延迟时间/最高频率、各端口的时间信息；面积特性(Area Report)，即器件使用数量(IO 单元、LUT 单元、DSP 块)、门输入数量、节点数量。用户可以通过这个报告，分析设计能够运行的速度和硬件上资源的消耗。但这些都是综合后的估计，更准确的报告通过布局布线后才能得出。

8. 分析综合结果

综合通过后，设计者可以点击 View Log 按钮或者双击打开 shiftregist.srr 文件来查看综合报告。综合报告包括了如图 7.3-5 所示的信息。通过查看综合结果，检查系统设计是否满足要求，如系统时钟频率是否达到要求、资源消耗了多少等。同时还可以找出系统设计中存在的问题，如较差路径的起点和较差路径的终点、最差路径等信息。其中，比较重要的是时序方面的报告。

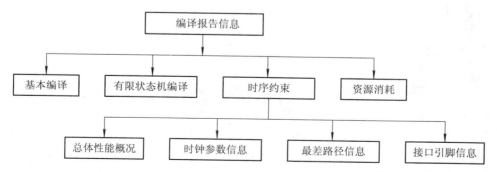

图 7.3-5　综合报告包含的信息

综合后会产生时序报告以及相应的时序估计值。设计的实际时序状况依赖于布局布线工具，如果调整布局布线工具的时间约束，则可以很容易地让设计的工作频率在 10%～20% 的范围内变化。

在 Timing Report 中，设计者可以看到用户要求的工作频率(Requested Frequency)和 Synplify 综合后系统估计的最高允许的工作频率(Estimated Frequency)；同时也可以看到用户要求的工作周期(Requested Period)、系统估计允许的工作周期(Estimated Period)以及裕量 (Slack)。其中，裕量 = 要求周期 – 估计周期。如果裕量大于 0，则满足时序要求；如果裕量小于 0，则不满足时序要求。图 7.3-6 所示的是时序报告。

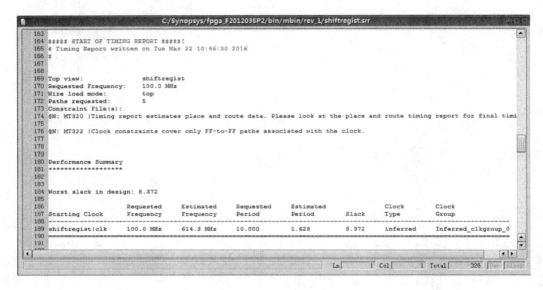

图 7.3-6　时序报告

如果裕量小于 0，不满足时序要求，就要分析长延时路径的起点信息(Starting Points with Worst Slack)，如图 7.3-7 所示。Arrival Time 是时钟从开始端到达该路径终点的延迟时间(也可以说是传播时间)。不符合时序要求的路径裕量会是负值。同样，在终点信息的报告中，相应路径的 Slack 也是最小的。

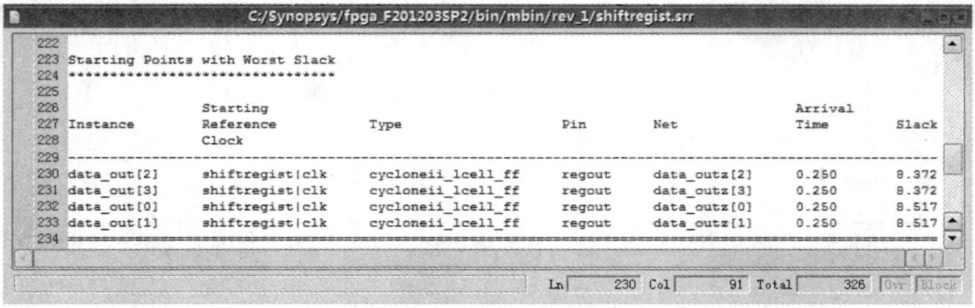

图 7.3-7　最长路径起点信息

最差路径信息是对最差路径作的一个总结，它指出了最差路径的时间裕量以及路径的起点和终点。图 7.3-8 显示的是最差路径信息。最差路径通常叫做关键路径(Critical Path)。设计者通过分析这些路径，可以寻找到优化这些路径的方法。

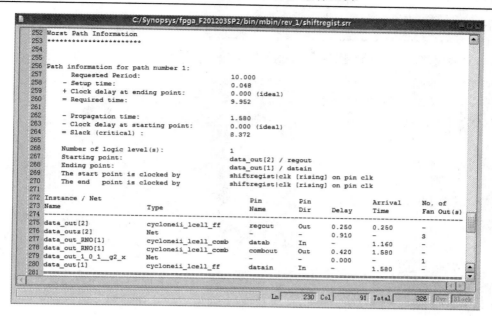

图 7.3-8 最差路径信息

7.3.2 Design Compiler 的使用

　　Design Compiler 是 Synopsys 公司综合软件的核心产品，它提供了约束驱动时序最优化选择，并支持众多的设计类型，能把设计者的 HDL 描述综合成与工艺相关的门级设计。它能够从速度、面积和功耗等方面来优化组合电路和时序电路设计，并支持层次化设计。

　　Design Compiler 按照所有标准 EDA 格式读/写文件，包括 Synopsys 内部数据库(.db)和方程式(.eqn)格式。除此之外，Design Compiler 还提供与第三方 EDA 工具的链接，比如布局布线工具，这些链接使得 Design Compiler 和其他工具实现了信息共享。

　　通过 Design Compiler，设计者可以利用用户指定的门阵列、FPGA 或标准单元库，生成高速、面积优化的 ASIC；能够在不同工艺技术之间转换设计；探索设计的均衡性，包括延时、面积和在不同负载、温度、电压情况下的功耗等设计约束条件；优化有限状态机的综合，包括状态的自动分配和状态的优化。

　　当第三方环境仍支持延时信息和布局布线约束时，可将输入网表和输出网表或电路图整合在一起输入至第三方环境，自动生成和分割层次化电路图。

　　图 7.3-9 所示是 Design Compiler 的工作界面。

　　Design Compiler 基本的综合流程如下。

1. 编写 HDL 文件

　　输入 Design Compiler 的设计文件通常都是用诸如 VHDL 和 Verilog HDL 等硬件描述语言编写的。这些设计描述必须谨慎地编写，以获得可能的最好的综合结果。在编写 HDL 代码时，设计者需要考虑设计数据的管理、设计划分和 HDL 编码风格。划分和编码风格直接影响综合和优化过程。

　　虽然 Design Compiler 的综合流程中包含该步骤，但实际上它并不是 Design Compiler

的一个步骤。设计者不能用 Design Compiler 工具来编写 HDL 文件。

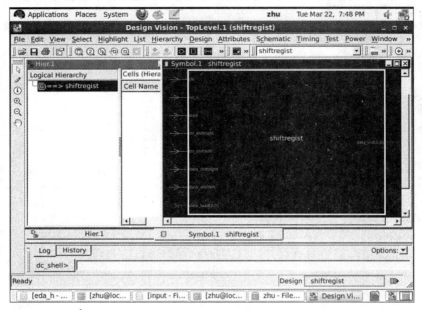

图 7.3-9　Design Compiler 的工作界面

2. 指定库

选择 File → Setup 菜单命令，通过 link_library、target_library、symbol_library 和 synthetic_library 命令为 Design Compiler 指定链接库、对象库、符号库和综合库。

链接库和对象库是工艺库。对象库是指用 RTL 级的 HDL 描述门级时所需要的标准单元综合库，它是由芯片制造商(Foundry)提供的，包含了物理信息的单元模型。链接库可以是同 target_library 一样的单元库，或者是已综合到门级的底层模块设计，其作用如下：在由下向上的综合过程中，上一层的设计调用底层已综合的模块时，将从 link_library 中寻找并链接起来。

符号库定义了设计电路图时所调用的符号。设计者在应用 Design Analyzer 图形用户界面时，就会用到这个库。

另外，设计者必须通过 synthetic_library 命令来指定任何一种特殊的有许可的设计工具库(不需要指定标准设计工具库)。

3. 读入设计

Design Compiler 使用 HDL Compiler 将 RTL 级设计和门级网表作为设计输入文件读入。选择 File→Read 菜单命令，在打开的文件对话框中选中要打开的文件，例如选择 shiftregist.v 文件。在 Log 框中出现 successfully 字样，表明读入文件成功。有时可能要读入多个文件，每个文件中都有电路 module，则读入后要指定这些 module 中的最顶层 module，例如顶层 module 名是 top，则可以键入命令 current_design top 来指定它。

点击 Symbol 按钮，可以查看该电路的 Symbol 图，如图 7.3-10 所示。

如果设计者用 read_file 或 read 命令读入 RTL 设计，等于实现了 analyze 和 elaborate 命令组合的功能。

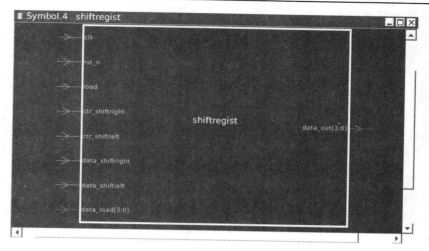

图 7.3-10　电路的 Symbol 图

4．定义设计环境

Design Compiler 要求设计者模拟出待综合设计的环境。这个模型由外部的操作环境(制造流程、温度和电压)、负载、驱动、扇出、线负载模型等组成，它直接影响到设计综合和优化的结果。

5．设置设计约束

设计约束定义了时序(时钟、时钟错位、输入延时和输出延时)和面积(最大面积)等设计目标。在最优化过程中，Design Compiler 试图满足这些目标，但不会违反任何设计规则。为能够正确地优化设计，必须设置更接近现实情况的约束。

1) 设置时钟约束

在 Symbol 图上选中 clk 端口，再选择 Attributes→Specify Clock 菜单命令来设置时钟约束，例如设计者可以进行如下设置：给时钟取名为 clock，周期为 20 ns，上升沿为 0 ns，下降沿为 10 ns。然后点击 OK 按钮，时钟约束设置完成。

以上操作的相应命令是：

create_clock -name clock -period 20 -waveform{0 10} [get_ports clk_i]

2) 设置复位信号约束

在 Symbol 图上选中 rst_n 端口(在本例中它是复位端口)，再选择 Attributes→Optimization Directives→Input Port 菜单命令；勾选 Don't touch network 选项，然后点击 OK 按钮。

以上操作的相应命令是：

set_dont_touch_network

3) 设置输入信号延时约束

在 Symbol 图上同时选中输入端口，再选择 Attributes→Operating Environment→Input Delay 菜单命令。设置 Relative to clock 为 clock(即刚才加约束的时钟信号)，并设置上升延时为 12 ns(根据经验，该值是时钟周期的 60%，本例中设置了时钟周期为 20 ns，20 × 0.6 = 12 ns)。

以上操作的相应命令是：

set_input_delay

4) 设置输出端口约束

在 Symbol 图上选中输出端口，再选择 Attributes→Operating Environment→Output Delay 菜单命令，设置输出延时为 8 ns。

以上操作的相应指令是：

    set_output_delay

5) 设置面积约束

选择 Attributes→Optimization Constraints→Design Constraints 菜单命令，设置 Max area 的值为 0，表明让 DC 沿电路面积为 0 的方向优化电路，使面积最小。当然，面积为 0 是达不到的。Max fanout 为 4，Max transition 为 0.5(具体含义参见 synthesis.pdf)。

以上操作的相应命令是：

    set_max_area 0，set_max_fanout 4，set_max_transition 0.5

6. 优化设计

选择 Design→Compile Design 菜单命令，点击 OK 按钮，启动综合和优化进程。

以上操作的相应命令是：

    compile -map_effort medium

特别地，map_effort 选项可以设置为 low、medium 或 high。

初步编译时，如果设计者想对设计面积和性能有一个快速的了解，则将 map_effort 设置为 low；默认编译时，如果设计者在进行设计开发，则将 map_effort 设置为 medium；当在进行最后设计实现编译时，则将 map_effort 设置为 high。通常设置 map_effort 为 medium。

7. 查看报告

通常 Design Compiler 根据设计综合和优化的结果生成众多的报告，设计者根据诸如面积、约束和时序报告来分析和解决任何的设计问题，或者改进综合结果。

选择 Design→Report Area 菜单命令，点击 OK 按钮，查看面积报告，如图 7.3-11 所示。相应的命令为 report_area。报告总面积为 1092.608009，单位是平方微米。

```
****************************************
Report : area
Design : shiftregist
Version: G-2012.06-SP2
Date   : Tue Mar 22 20:02:30 2016
****************************************

Library(s) Used:

    smic25_ss (File: /home/zhu/lib/Synopsys/smic25_ss.db)

Number of ports:                        15
Number of nets:                         39
Number of cells:                        24
Number of combinational cells:          20
Number of sequential cells:              4
Number of macros:                        0
Number of buf/inv:                       6
Number of references:                   11

Combinational area:       619.519997
Buf/Inv area:              95.743999
Noncombinational area:    473.088013
Net Interconnect area:      undefined  (Wire load has zero net area)

Total cell area:         1092.608009
Total area:                 undefined
```

图 7.3-11　面积报告

选择 Design→Report Constraints，点击 OK 按钮，查看约束报告。相应的命令为 report_constraint -all_violators。从图 7.3-12 可以看出，max_area(最大面积)一项约束不满足。因为我们设置的最大面积约束是 0，而实际综合出的电路面积是 1092.61 平方微米，所以该项 violator 是合理的。

```
************************************
Report : constraint
        -all_violators
Design : shiftregist
Version: G-2012.06-SP2
Date   : Tue Mar 22 20:02:30 2016
************************************


  max_area


                    Required        Actual
Design              Area            Area            Slack
-------------------------------------------------------------
shiftregist         0.00            1092.61         -1092.61   (VIOLATED)
```

图 7.3-12　约束报告

如果是较为复杂的设计代码，还会有 max_fanout 这一项约束不满足。由于 rst_i 是复位信号，故其扇出非常高，同时由于之前对 rst_i 信号设置了 don't_touch，DC 在综合的过程中没有对该信号进行优化，在 DRC 的时候会违反设定的 max_fanout(最大扇出)，所以该项 violator 也是合理的。如果还存在其他 violators，说明前面的约束设置不合理或电路设计不合理，需要对其进行修改。

选择 Design→Report Timing，点击 OK 按钮，查看时序报告。其相应的命令为 report_timing。报告的是最大延时路径，这里看到图 7.3-13 中所标 slack 值为 6.61，是正值，说明电路满足时序要求。如果该值是负的，就表明电路不满足前面所设定的时序约束条件，要更改原设计或调整约束。

```
Point                               Incr        Path
-------------------------------------------------------------
clock clock (rise edge)             0.00        0.00
clock network delay (ideal)         0.00        0.00
input external delay                12.00       12.00 r
ctr_shiftleft (in)                  0.00        12.00 r
U30/Z (OR3HD2X)                     0.36        12.36 r
U29/Z (BUFHD2X)                     0.25        12.61 r
U31/Z (OAI221HD4X)                  0.58        13.20 f
data_out_reg[0]/D (FFDRHDLX)        0.00        13.20 f
data arrival time                               13.20

clock clock (rise edge)             20.00       20.00
clock network delay (ideal)         0.00        20.00
data_out_reg[0]/CK (FFDRHDLX)       0.00        20.00 r
library setup time                  -0.20       19.80
data required time                              19.80
-------------------------------------------------------------
data required time                              19.80
data arrival time                               -13.20
-------------------------------------------------------------
slack (MET)                                     6.61
```

图 7.3-13　时序报告

8. 保存设计数据

利用 write 命令可保存综合过的设计。Design Compiler 在退出时并不自动保存设计。

在使用 Synplify 或 Design Compiler 对设计进行约束时，如果对电路结构不熟悉，就不要进行过多的约束。约束越多，意味着使用者必须对自己的设计越了解；不恰当的约束不仅不能优化综合结果，反而会带来负面影响。

7.4 布局布线工具及后仿真

本节将利用 ModelSim、Synplify Pro 和 Altera 公司的 Quartus Ⅱ这三种工具在 Altera FPGA 上完成对移位寄存器模块的仿真和验证。其工作思路是：① 设计一个带控制端的移位寄存器，利用 ModelSim 进行功能仿真；② 利用 Synplify Pro 进行综合，生成 shiftregist.vqm 文件；③ 利用 Quartus Ⅱ导入 shiftregist.vqm 进行自动布局布线，并生成 shiftregist.vo(Verilog HDL Output File)网表文件与 shiftregist.sdo(Stand Delay Output File)延时反标注文件，用作后仿真(Post-Sim)；④ 利用 ModelSim 进行后仿真，看是否满足要求。

在 7.2.1 节已经利用 ModelSim 对 shiftregist 模块进行了功能仿真，在 7.3.1 节也已经对 shiftregist 模块利用 Synplify Pro 进行了综合，所以在这一节将直接介绍利用 Quartus Ⅱ布局布线和后仿真。建议读者自己先新建如下的文件夹：F:\shiftregist\pre-sim、F:\shiftregist\syn、F:\shiftregist\apr、F:\shiftregist\post-sim，以保存相应阶段的文件。仿真所需要的文件有综合生成的网表文件(.vo 文件)、测试激励文件(.v 文件)，以及 Altera 器件库具有时延信息的文件(.sdo 文件)。

7.4.1 工具简介

本小节以 Altera 公司的 Quartus Ⅱ软件为例介绍用于数字集成电路设计的自动布局布线及后仿真流程。Quartus Ⅱ是一个完全集成化的可编程逻辑设计环境，软件界面友好，使用便捷，功能强大，具有开放性、与结构无关、多平台、完全集成化、丰富的设计库、模块化工具等特点，支持原理图、VHDL、Verilog HDL 以及 AHDL(Altera Hardware Description Language)等多种设计输入形式，内嵌综合器以及仿真器，可以完成从设计输入到硬件配置的完整 PLD 设计流程。此外，Quartus Ⅱ通过 DSP Builder 工具与 Matlab/Simulink 相结合，可以方便地实现各种 DSP 应用系统；支持 Altera 的片上可编程系统(SOPC)开发，集系统级设计、嵌入式软件开发、可编程逻辑设计于一体，是一种综合性的开发平台；提供 FPGA 与 Mask-Programmed Devices 开发的统一工作流程。

1. 支持的器件

Quartus Ⅱ的不同版本软件可以支持 Altera 公司的 MAX 3000A 系列、MAX 7000 系列、MAX 9000 系列、ACEX 1K 系列、APEX 20K 系列、APEX Ⅱ系列、FLEX 6000 系列、FLEX 10K 系列和 MAX7000/MAX3000 等乘积项器件，并支持 MAX ⅡCPLD 系列、Cyclone、Cyclone Ⅱ/Ⅲ/Ⅳ/Ⅴ、Stratix Ⅱ/Ⅲ/Ⅳ/Ⅴ等，还支持 IP 核，用户可以充分利用成熟的模块，简化设计的复杂性，加快设计速度。

2. 对第三方 EDA 工具的支持

Quartus Ⅱ软件并不直接集成第三方软件，而仅仅提供与这些 EDA 工具的接口。用来实现这种链接的工具是 NativeLink。NativeLink 能实现第三方工具与 Quartus Ⅱ的无缝交互，双方在后台进行参数行和命令的沟通，使用者完全不必在意 NativeLink 操作的具体细节。它提供给用户的是具有良好互动性的用户界面，设计人员甚至可以在任何一方工具中完成整个操作流程。Quartus Ⅱ集成设计环境对第三方 EDA 工具的良好支持也使用户可以在设计流程的各阶段使用熟悉的第三方 EDA 工具，如使用 ModelSim 对逻辑进行仿真验证，使用 Synplify Pro 进行逻辑综合。常用第三方 EDA 工具的使用方法可参照 7.2 节和 7.3 节。

3. Quartus Ⅱ用户界面

正确安装 Quartus Ⅱ集成设计环境(本小节以 Quartus Ⅱ 13.0 版本为例)后，双击桌面图标，启动软件，进入如图 7.4-1 所示的界面。该用户界面由标题栏、菜单栏、工具栏、资源管理窗口、编辑状态显示窗口、信息显示窗口和工程工作区组成，软件界面友好，符合 Windows 系统应用软件的典型特征。

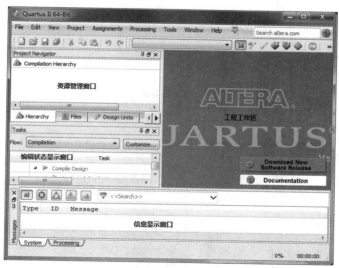

图 7.4-1　Quartus Ⅱ软件用户界面

- 标题栏：显示当前工程的名称和存储路径。
- 菜单栏：主要由文件(File)、编辑(Edit)、视图(View)、工程(Project)、资源分配(Assignments)、操作(Processing)、工具(Tools)、窗口(Window)和帮助(Help)菜单项组成，各菜单项及其下拉菜单中包含了 Quartus Ⅱ软件的全部核心操作命令。
- 工具栏：部分菜单命令可以通过单击工具栏中的工具按钮来执行。工具栏一旦被打开，用户可以用鼠标将其拖动至任意位置。将鼠标悬停在工具图标上，则可显示相应命令。用户也可以选择 Tools→Customize...来定制工具栏按钮。
- 资源管理窗口：显示当前工程中所有相关的资源文件。资源管理窗口左下角有 5 个标签，分别是结构层次(Hierarchy)、文件(Files)、设计单元(Design Units)、知识产权核元件(IP Component)和修正(Revisions)。结构层次窗口在工程编译之前只显示了顶层模块名称，工程编译一次后，此窗口按层次列出工程中的所有模块，并列出每个源文件对应的资源使用情况。文件窗口列出了工程编译后的所有文件，也可以是图形编辑文件，文件类型有设计器件文件(Design Device Files)、软件文件(Software Files)和其他文件(Others Files)。设计单元窗口列出了工程编译后的所有单元，如 AHDL 单元、Verilog 单元、VHDL 单元等，一个设计文件对应一个设计单元，参数定义文件没有对应的设计单元。

- 工程工作区：器件设置、约束设置、底层编辑器编译报告等均显示在工程工作区中。当 Quartus Ⅱ实现不同功能时，此区域将打开不同的操作窗口，显示不同的内容，进行不同的操作。

- 编辑状态显示窗口：主要显示模块综合、布局布线过程及状态。

- 信息显示窗口：编译或者综合整个过程的详细信息显示窗口，包括编译通过信息和报错信息。如果编译过程因错误而终止，双击信息显示窗口中的错误信息可跳转至相应的代码处，方便查找和排除错误。

7.4.2 布局布线

1．新建工程

首先创建一个工程，用来存放和管理设计过程中编写和生成的文件。启动 Quartus Ⅱ软件，选择 File→New Project Wizard 菜单命令，弹出如图 7.4-2 所示的对话框，单击 Next > 按钮，进入工程路径与名称设置对话框。

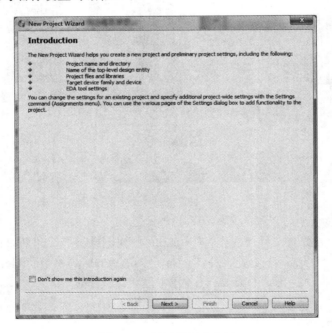

图 7.4-2　新工程创建向导

2．选择工程路径与设置工程名称

在图 7.4-3 所示对话框中点击 ⋯ 按钮，选择工程文件夹路径。注意，路径中最好不要出现中文字符，否则可能在后面的布局布线过程中出现意想不到的错误，这里选择已经建立好的路径 F:\shiftregist\apr。在工程名一栏中输入工程名称，这里的工程名取为 shiftregist(工程的命名最好体现设计内容)。工程名称一旦确定，最后一栏的顶层设计实体名则自动设置为与工程名相同，即 shiftregist；本书建议工程名、顶层设计文件名、顶层设计实体名保持一致。完成上述设置后单击 Next > 按钮，进入下一项设置。

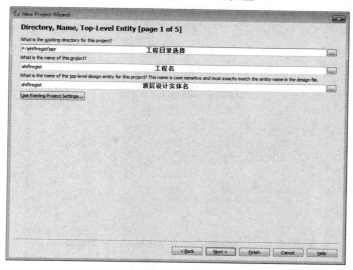

图 7.4-3 工程路径与名称设置对话框

3. 添加设计文件

在对设计进行布局布线操作前，需将之前的逻辑综合结果作为设计文件导入工程，本小节以第三方 EDA 工具 Synplify Pro 为例，将逻辑综合结果 shiftregist.vqm 文件导入。单击图 7.4-4 中的 ... 按钮，找到目标文件，单击 Add 按钮进行添加。如果现在不进行添加文件操作，也可以在后续编辑过程中通过 Assignments→Settings...→Files 菜单命令添加。单击 Next > 按钮，进入器件选择窗口。

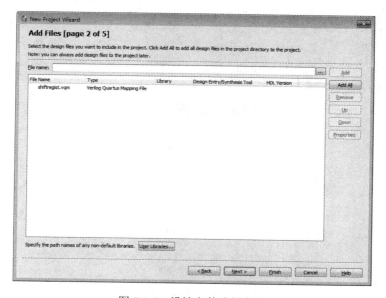

图 7.4-4 设计文件选择窗口

4. 设定 Family 和 Device

Quartus Ⅱ支持众多可编程器件的配置。为了进行物理验证，必须首先指定一个确切的器件，这里选用 Cyclone Ⅱ系列的 EP2C5AF256A7 芯片(具体情况需根据实验箱上 FPGA 芯片的型号来进行选择)。为了迅速找到所需要的型号，如图 7.4-5 所示，首先在 Device family 的 Family 栏下拉列表中选择 Cyclone Ⅱ系列，再通过窗口右上角的封装(Package)、引脚数(Pin count)、速度等级(Speed grade)筛选条件进行选择，也可以在 Name filter 一栏直接输入芯片的具体型号来进行选择。单击器件目录选中器件，点击 Next > 按钮进入设计工具选择窗口。

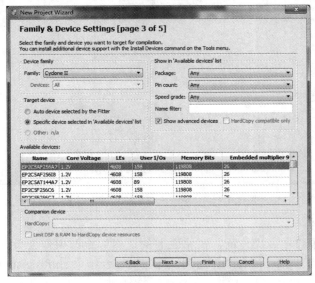

图 7.4-5　器件选择对话框

5. 设定相关 EDA tools

Quartus Ⅱ针对仿真验证、逻辑综合和时序分析等过程提供了第三方软件接口，允许用户使用第三方 EDA 软件来分析和优化设计，与 Quartus Ⅱ互补。如图 7.4-6 所示界面，本小节在输入与综合工具中选择 Synplify Pro，文件格式选择 VQM。在仿真工具的下拉列表中选择 ModelSim，文件格式选择 Verilog HDL。设置完成后单击 Next > 按钮，将对所建立工程的信息和各项设置进行汇总显示。

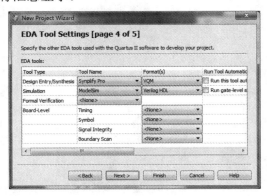

图 7.4-6　综合器与仿真器选择

6. 确认信息

在工程信息汇总对话框中可以查看之前设定的所有信息。如果发现问题，可以点击 `< Back` 按钮返回修改。单击 `Finish` 按钮则完成工程的建立，如图 7.4-7 所示。

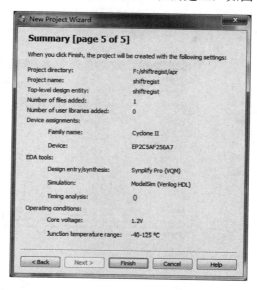

图 7.4-7 工程信息显示窗口

7. 读取信号端口信息

选择 Processing→Start→Start Analysis&Elaboration 菜单命令，对设计进行分析和检查，同时软件还可读取信号端口信息。

8. 引脚锁定

根据硬件接口设计要求对芯片进行引脚锁定。选择 Assignments→Pin Planner 菜单命令，弹出如图 7.4-8 所示的窗口，双击对应引脚后，在 Location 空白框中选择要锁定的引脚，逐次完成所有引脚的分配。

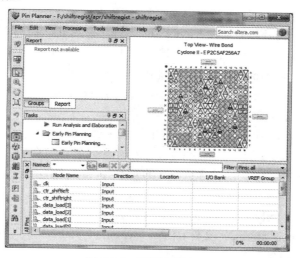

图 7.4-8 引脚分配窗口

选择 Assignments→Device...菜单命令或单击工具栏中的 🖱 按钮，打开器件设置窗口，选择 Device and Pin Options，弹出图 7.4-9 所示窗口，切换到 Unused Pins 选项卡，对未用引脚进行设置。将 Unsigned Pins 选项卡中的 Reserve all unused pins 设置为输入三态，然后单击 OK 按钮完成引脚锁定设置。

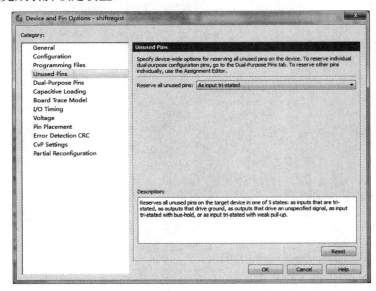

图 7.4-9　未用引脚设置选项卡

9．全编译

完成上述操作后，选择 Processing→Start Compilation 菜单命令或单击工具栏中的 ▶ 按钮进行编译，即可开始对输入设计文件进行自动布局布线操作。编译成功后，会在 F:\shiftregist\apr 目录下生成 simulation 子目录，设计者可在 F:\shiftregist\apr\simulation\modelsim 目录下找到用于后仿真验证所需要的 shiftregist.vo 和 shiftregist.sdo 文件。

7.4.3　后仿真

本小节以使用第三方 EDA 工具 ModelSim 为例，针对独立使用 ModelSim 的方法，介绍数字集成电路设计的后仿真流程。ModelSim 工具的具体使用方法可参照 7.2 节内容。

(1) 新建工程。启动 ModelSim，然后建立一个 Project。建立的方法和前面介绍功能仿真时的方法一样，注意 Project Location 路径选择为 F:\shiftregist\post-sim，Project Name 栏填为 shiftregist，如图 7.4-10 所示。

(2) 加入文档。首先将用 Quartus Ⅱ生成的网表文件 shiftregist.vo 添加到上述 Project 中。

由于设计采用了 Altera 的 Cell Library 来综合电路，所以综合后的 Netlist 里所包括的那些 Logic Gates 与 Flip-Flop 都是出自于 Altera 的 Cell Library，因此仿真时需添加 Cell Library。仿真库的添加方法见 7.4.4 小节。

设计时所选用的 Family 是 Cyclone Ⅱ，所以在 Quartus Ⅱ edasim_lib 里将 Cyclone Ⅱ 的 Cell Library(cycloneii_atoms.v 文件)加入。cycloneii_atoms.v 可以在目录 C:\altera\13.0\quartus\eda \sim_lib 下找到。

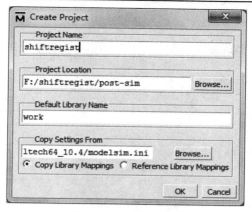

图 7.4-10　新建工程

最后添加测试平台 testbench_shiftregist.v，并在测试平台里加上`timescale 1ns/1ns。

(3) 编译。选择 Compile→Compile All，即可编译工程中的所有文件。

(4) 仿真设置。在 ModelSim 主菜单中选择 Simulate→Start Simulation…，并在弹出的对话框中进行如下设置：首先，在 Design 选项卡下点开 work 前面的加号"+"，选择测试文件 testbench_shiftregist，不勾选 Enable optimization，如图 7.4-11 所示。其次，打开 Libraries 选项卡，在 Search Libraries 项目下点击 Add…按钮，在弹出的 Select Library 对话框中点击 Browse…按钮，找到 work 文件夹的路径并加入，如图 7.4-12 所示。这里因为刚才编译时已经将 cycloneii_atoms.v 库的信息加进了 work，所以添加 work 库的同时也就添加了 Altera 的 Cyclone II 器件库。最后，在 SDF 选项卡下添加延时反标注文件，点击 Add…按钮，在弹出的 Add SDF Entry 对话框中，点击 Browse…按钮，找到 .sdo 文件的路径并加入。在作用区域(Apply to Region)下所填的是测试模块名和测试模块中的例化文件名，格式是"/测试文件顶层模块名/测试文件中例化文件名"，本例中填写为"/testbench_shiftregist/U1"，如图 7.4-13 所示。

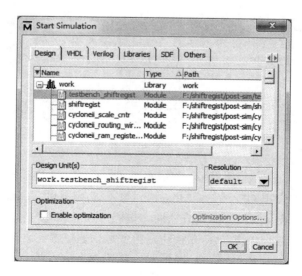

图 7.4-11　选择测试文件

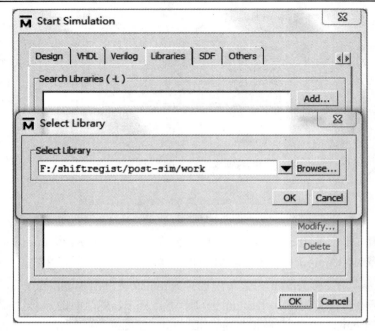

图 7.4-12　添加器件库

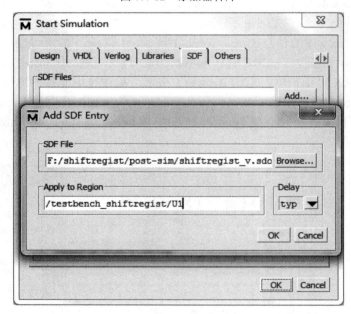

图 7.4-13　添加延时反标注文件

　　以上工作完成后，点击 OK 按钮，ModelSim 将自动按照设定完成对仿真目标的加载。

　　(5) 仿真调试。在以上工作全部完成之后，按照 7.2.1 小节的方法，运行仿真器。打开波形窗口，将信号添加进去，点击 Run 按钮，得到后仿真的波形，如图 7.4-14 所示。将后仿真的波形与前仿真的波形进行对比。波形对比能快速定位设计在修改前后的区别。在进行波形对比前要先保存原设计的波形文件，该文件称为对比对象。

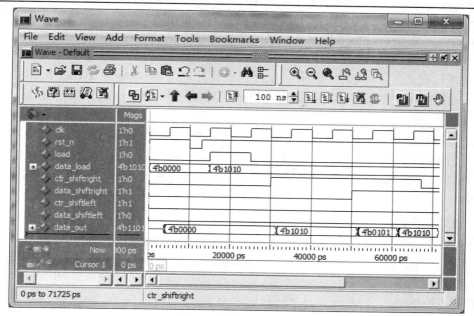

图 7.4-14　后仿真波形

在 ModelSim 中使用波形对比向导，可以方便地完成波形对比，具体的工作可以分为如下几个步骤：

① 打开波形对比向导设置。在 Wave 窗口中选择 Tools → WaveformCompare → Comparision Wizard 菜单命令，打开波形对比向导。

② 导入波形文件，作为对比对象。在 Reference Dataset 对话框中，导入原先保存的波形文件，再点击 Next 按钮。

③ 选择对比信号的范围。在四个选项中选择 Specify Comparison by Signnal，对比人为指定的信号，然后点击 Next 按钮。

④ 根据信号范围选择需要对比的信号。在导入波形的所有信号中，选择要对比的信号，然后点击 Next 按钮。

⑤ 分析数据。完成上面几个步骤之后，点击开始比较按钮。ModelSim 软件自动完成波形的对比，并将相关的信息显示在窗口上。

7.4.4　添加仿真库

ModelSim 中的工作库只能有一个，而资源库则可以有多个。其中，ModelSim 安装后有些库已经默认安装，例如 IEEE 库中包含预编译的 Synopsys 的 IEEE 算法包，用于仿真加速等功能。这些库都有专门用途，初学者不宜更改。在仿真时，系统可以调用这些资源库来进行仿真，并且这些库是固定不变的。而工作库(默认的为 work 库)只有一个，它用来存放不同设计的编译文件等，并且是不断更新变化的。

ModelSim 仿真中会调用四种常用的仿真库：

(1) 元件库，例如 Stratix 元件库，是在仿真中必用的特定型号的 FPGA/CPLD 库。

(2) primitive，是调用 Altera 的原语(primitive)设计仿真时需要的库。

(3) Altera_mf，是调用 MagaFunction 设计仿真时需要的库。

(4) Lpm，是调用 Lpm 元件设计仿真时需要的库。

第一种元件库是进行时序仿真时不可缺少的资源库，后三种库是调用了相应的 Altera 设计模块进行设计时才必须用到的库。值得一提的是，在 ModelSim-altera 的 AE 版本中，后三种库是已经编译好的，在 ModelSim-altera 安装目录下的 altera 文件夹中可以找到。

时序仿真需要与具体的器件相对应，这些器件可以自由选择，可以选用 Xilinx 公司的，也可选用 Altera 公司的。ModelSim 并没有自带这些器件库，需要使用者手动添加。在上面测试与综合的实例中，设计者是将用到的器件库和仿真激励文件一起进行编译的，器件库的相关内容直接被编译进了当前的工作库中。下面将介绍在编译代码之前如何永久地在 ModelSim 中添加 Altera 的器件库。这样，使用时只需要调用即可，无须再次编译。

1. 设置工作路径

打开 ModelSim 安装目录(本文中 ModelSim 安装在 C:\Modeltech64_10.4 目录下)，新建文件夹 altera。后面的步骤将在该目录下的 primitive、altera_mf、lpm、stratix 文件夹下存放编译的库。

启动 ModelSim，在 Main 窗口中选择 File→Change Directory 菜单命令，将当前工作路径转到 altera 文件夹；或者在命令行中执行 cd C:\Modeltech64_10.4/altera 命令。

2. 新建库

在 Main 窗口中选择 File→New Library 菜单命令，新建一个名为 primitive 的库。

3. 查找编译资源库所需的文件

在 Quartus Ⅱ 安装目录下找到 quartus\eda\sim_lib 文件夹，用于编译资源库的文件有 220model.v、220model.vhd、220pack.vhd、altera_mf.v、altera_mf.vhd、altera_mf_components.vhd、altera_primitives.v、altera_primitives.vhd、altera_primitives_components.vhd、cycloneii_atoms.v、cycloneii_atoms.vhd、cycloneii_components.vhd 等。为方便起见，把它们复制到 altera 中的 Primitive 文件夹下。

4. 编译库

有些书中是把这些文件一起编译的，这适用于 Verilog HDL 和 VHDL 混合仿真，但如果只用一种语言，如 Verilog HDL，则完全没有必要全部编译。这几个文件可分为 Verilog HDL 组 (220model.v、altera_mf.v、altera_primitives.v、stratix_atoms.v) 和 VHDL 组 (220model.vhd、220pack.vhd、altera_mf.vhd、altera_mf_components.vhd、altera_primitives.vhd、altera_primitives_components.vhd、stratix_atoms.vhd、stratix_components.vhd)。

编译时根据需要编译一组或全部编译。下面以 Verilog HDL 组为例，首先编译 primitive 库。

在主菜单中选 Compile→Compile...命令，查找 altera_primitives.v 文件并对它进行编译，如图 7.4-15 所示。

对 VHDL 文件编译有所不同。LPM 库的 220model.vhd 和 220pack.vhd 可以同时编译；MegaFunction 库中先编译 altera_mf_components.vhd 文件，后编译 altera_mf.vhd 文件；primitive 库中先编译 altera_primitive_components.vhd 文件,后编译 altera_primitive.vhd 文件。元件库，如 Cyclone Ⅱ库中，先编译 cycloneii_atoms.vhd 文件，后编译 cycloneii_components.vhd 文件；如果是其他系列的元件库，则只要把对应的 cycloneii 改成其他系列的名称即可,

例如，若是 cyclone 库，则文件改为 cyclone_atoms.vhd、cyclone_components.vhd 或 cyclone_atoms.v。

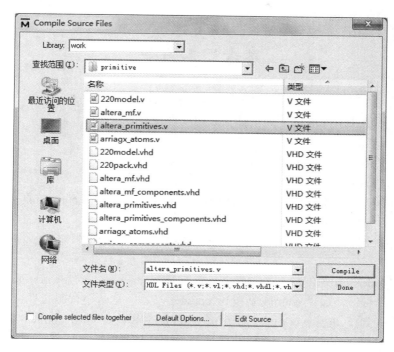

图 7.4-15 对 altera_primitives.v 文件进行编译

5. 添加其他的库

重复步骤 2、3、4，添加 altera_mf、lpm、stratix 库。

6. 配置 modelsim.ini 文件

这一步是为了将编译好的库文件信息添加进系统库，使以后不用再重复添加。

将 ModelSim 根目录下的配置文件 modelsim.ini 的属性(只读)改为可写，用记事本或者其他文本编辑软件打开它。如下所示添加库(注，第 1 步的工程必须在 ModelSim 的安装目录下才能使用此相对路径)：

    primitive = $MODEL_TECH/../altera/primitive

    altera_mf = $MODEL_TECH/..altera/altera_mf

    lpm = $MODEL_TECH/../altera/lpm

    stratix = $MODEL_TECH/../altera/stratix

注意，修改后关闭并改回只读属性。

本 章 小 结

本章介绍了典型的数字集成电路设计流程，给出了每个阶段的主要任务和目前常用的软件；常用仿真工具 ModelSim 和 NCSim 的基本使用流程及调试手段；Synplify Pro 和 Design

Compiler 的基本使用；通过一个带左移右移控制的移位寄存器，结合 ModeSim、Synplify Pro 和 Quartus Ⅱ 软件介绍了仿真、综合、布局布线全过程，并且简要说明了如何将常用的库文件信息添加进 ModelSim。

思考题和习题

7-1　结合数字集成电路的设计流程，思考每个阶段的主要任务。

7-2　为什么在 0.18 μm 以下的设计中采用物理综合？

7-3　什么是建立时间和保持时间？

7-4　比较静态时序分析和动态时序分析的优、缺点。

7-5　功能仿真和时序仿真有何区别？

7-6　波形窗口、数据流窗口和列表窗口这三种窗口在 ModelSim 仿真调试过程中分别有怎样的特点？如何正确使用这三个窗口进行仿真调试？

7-7　针对给出的移位寄存器的例子，重新编写 Testbench 测试向量，验证其功能是否正确。

7-8　在 ModelSim 中创建一个 DO 文件，完成以下任务：新建 work 库，将 work 库映射到当前的工作目录，编译 counter.v 和 tb_counter.v 文件(这两个代码文件可以在 ModelSim 的 Example 中找到)，仿真 work 库中名为 tb_counter 的模块，将 tb_counter 中所有的信号加进波形图中。

7-9　在 ModelSim 中如何进行波形对比？

7-10　Synplify 综合后的 RTL 视图和 Hierarchical View 视图有何区别？

7-11　如何从综合报告中分析最差路径信息以及时序信息？

7-12　综合过程中各种库文件的含义和区别是什么？

7-13　一个全减器有三个输入 x、y 和 z(前面的借位)，以及两个输出 D(差)和 B(借位)。D 和 B 的逻辑等式如下：

$$D = x'y'z + x'yz' + xy'z' + xyz$$
$$B = x'y + x'z + yz$$

要求：为全减器编写 Verilog HDL RTL 描述；使用身边的工艺库综合该全减器；优化电路，使其达到最快速度；把同样的激励应用于 RTL 和门级网表上，比较它们的输出。

7-14　使用 Verilog HDL RTL 描述设计一个 3 线—8 线译码器。给译码器提供三位输入 a[2:0]，译码器的输出是 out[7:0]，由 a[2:0]索引到的输出位的值是 1，其他位是 0。要求：使用身边现有的工艺库综合该译码器；优化电路，使其面积最小；把同样的激励应用到 RTL 和门级网表，比较它们的输出。

7-15　什么是延时反标注文件？如何生成延时反标注文件？

7-16　自己编写一段产生正弦波形的代码，用 ModelSim 分别进行前仿真和后仿真，用模拟的方式查看波形以及加入时延信息后波形的变化。

7-17　ModelSim 仿真时工作库、资源库的概念是什么？

7-18　利用 7.4.4 小节的方法将自己常用的库文件信息编译添加进 ModelSim 的系统库中。

第 8 章　System Verilog 设计与验证

8.1　概　　述

如第 1.1 节所述，在 21 世纪初数字集成电路向着系统级方向发展，电路规模和复杂性不断增加，利用 Verilog HDL 对系统级芯片(SoC)进行设计及验证越来越困难。为了解决 Verilog HDL 的局限性，Accellera 组织对 IEEE 1364 Verilog-2001 标准进行扩展增强，将硬件描述语言(HDL)与现代的高层级验证语言(HVL)相结合，成为系统级设计和验证的语言，并将其称为 System Verilog，简称 SV 语言。

8.1.1　System Verilog 语言的发展

由 OVI(Open Verilog International)和 VI(VHDL Internatioanl)两个国际标准化组织合作成立的 Accellera 组织一直致力于推出用于系统级芯片设计和验证的语言。2002 年 6 月，Accellera 发布了第一个 System Verilog 语言标准。最初在基于 Verilog-2001 扩展的开发过程中，新加入的这些语言被称为"Verilog++"，但最后决定命名为"System Verilog 3.0"。从名称可以看出，它不是一种完整的独立语言，是 Verilog HDL 的扩展，因而它被认为是 Verilog 的第三代语言(Verilog-95 是第一代，Verilog-2001 是第二代)。System Verilog 3.0 在 IEEE 1364-2001 Verilog 的基础上添加了高级的 Verilog 和"C"数据类型，对于设计和验证来说，这是向前迈进了重要的一步，同时扩展了 Verilog 可综合性语言结构并支持在更高层次上构建硬件模型。

2003 年 5 月，Accellera 发布 System Verilog 3.1 标准，该版本主要是扩展了大量的验证结构。它添加了 C++风格的"类"构造、属性、继承，增加了允许约束随机验证的功能，有增强的 SystemVerilog 断言子集，添加了 Functional Coverage 子集等。

Accellera 通过与主要的 EDA 公司密切合作，继续完善 System Verilog 3.1 标准，如 Synopsys 向 System Verilog 项目提供验证技术，包括基于 Vera、OpenVera 断言的测试台构造，VCS Direct C 模拟 C/C++接口，一个覆盖应用程序的编程接口等。2004 年 5 月，Accellera 批准了 System Verilog 的最终草案，并将它命名为 System Verilog 3.1a。

2004 年 6 月，Accellera 将 System Verilog 3.1a 标准提交给 IEEE 标准协会，希望 System Verilog 作为扩展集添加到下一版本的 IEEE Verilog 1364 标准中。然而，最终 IEEE Verilog 标准委员会决定不将 System Verilog 合并到 Verilog 1364 标准中，而给它一个新的标准编号 1800。2005 年 11 月，IEEE 1800-2005 System Verilog 标准正式向公众发布。

2009 年，IEEE 1800-2005 System Verilog 与 IEEE 1364-2005 Verilog 标准合并，作为 IEEE 1800-2009 System Verilog 标准发布。同时，IEEE 终止了旧的 Verilog-1364 标准，"Verilog" 的名称正式被"System Verilog"替代。

面对硬件设计和验证难度的不断增加，System Verilog 标准也在不断发展，以跟上时代的步伐。2012 年发布了 IEEE 1800-2012 System Verilog 标准，增加了设计和验证增强功能。2017 年发布了 IEEE 1800-2017 System Verilog 标准，此版本并未在 2012 版标准中添加任何新的语言功能，仅修正了 2012 版标准中的勘误表，并增加了对语言语法和语义规则的澄清。表 8.1-1 列出了 System Verilog 标准发展的主要历程。

表 8.1-1　System Verilog 标准发展的主要历程

时间	名　称	说　明
2002 年	System Verilog 3.0	Accellera 发布(第三代 Verilog 语言)，主要增强高层次架构建模语言
2003 年	System Verilog 3.1	Accellera 发布，主要针对高级验证和 C 语言集成
2004 年	System Verilog 3.1a	Accellera 发布，主要是对 System Verilog 3.1 的更正和澄清，以及对 Verilog 的一些附加增强，如 System Verilog 构造的 VCD 和 PLI 规范
2005 年	IEEE Std 1800-2005 System Verilog	Accellera 发布，作为 IEEE 1364-2005 Verilog 的扩展
2009 年	IEEE Std 1800-2009 System Verilog	IEEE Std 1800-2005 标准与 Verilog 1364-2005 标准合并
2012 年	IEEE Std 1800-2012 System Verilog	增强设计和验证语言构造
2017 年	IEEE Std 1800-2017 System Verilog	基于 IEEE Std 1800-2012 的修正版

8.1.2　System Verilog 语言架构

System Verilog 是一种系统级的硬件描述语言，它建立在 Verilog HDL 的基础上，同时结合了 VHDL、C/C++以及验证平台语言和断言语言，它是一种多语言的组合。得益于多个 EDA 公司的捐赠，System Verilog 语言在 Verilog HDL 基础上主要扩展的组件包括：

- SUPERLOG 扩展合成子集(SUPERLOG ESS)，来自 Co-Design Automation 公司；
- Open VERA 验证语言，来自 Synopsys 公司；
- PSL 断言，来自 IBM 公司(最初为 Sugar 断言)；
- Open VERA Assertions(OVA)，来自 Synopsys 公司；
- VCS Direct C 模拟 C/C++ 接口和覆盖应用程序编程接口(API)，来自 Synopsys 公司；
- 独立编译和 $readmem 扩展，来自 Mentor 公司；
- 联合和高级语言特性，来自 BlueSpec 公司。

上述这些扩展组件和 Verilog HDL 一起构成了 System Verilog 语言，其架构如图 8.1-1 所示，包括在设计和验证部分的语言扩展。

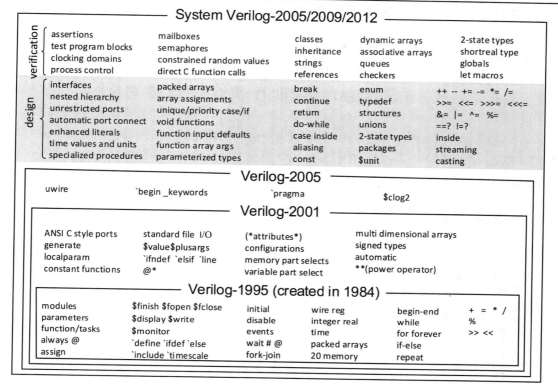

图 8.1-1　SystemVerilog 语言架构

System Verilog 在设计上有助于编写可综合硬件电路的主要扩展包括：

(1) 封装通信和协议检查的接口(interface)；

(2) 增加类似 C 语言的数据类型(如 int 型)、用户自定义数据类型 typedef、枚举类型 enum、数据类型转换等；

(3) 结构体(struct)和联合体(union)；

(4) 可被多个设计块共享的定义包(package)；

(5) 增加类似 C 语言的运算符及赋值操作符，如++、--、+=等；

(6) 显示过程块；

(7) 优先级(priority)和唯一(unique)修饰符；

(8) 增加过程语句，如 do-while、array assignments 等。

System Verilog 在验证方面扩展的子集主要包括：

(1) 产生测试激励、驱动、响应及监控等；

(2) 断言子集(assertions)：先进的验证语言用于形式和半形式验证，检查来自 DUT 的组合/顺序逻辑响应；

(3) 功能覆盖子集：测量设计的功能覆盖率；

(4) C 和 C++ 仿真接口(Direct Programming Interface，DPI)及覆盖率应用程序编程接口(API)：直接用于 C/C++ 连接及 Assertion API 和 Coverage API。

相对于 Verilog HDL 在寄存器级、逻辑级、门级设计上的优势，System Verilog 更适合于可重用可综合 IP 和可重用验证 IP 设计，以及特大型基于 IP 的系统级设计和验证。同时，它和芯片验证方法学(如 UVM)相结合，可作为实现方法学的一种语言工具，从而大大增强模块复用性，提高芯片开发效率，缩短开发周期。

8.2　System Verilog 程序设计语句

和 Verilog HDL 一样，System Verilog 语言可分为面向设计和面向验证两大类。本节主要列举 System Verilog 对 Verilog HDL 设计语言的增强和扩展功能，使其适用高层次系统级的抽象建模。

8.2.1　数据类型

设计中常用的数据类型是整型。除了 Verilog HDL 已有的整型类型 wire、reg 和 interger 外，System Verilog 从 VHDL 和 C/C++语言中引入 logic、int 等数据类型，具体如表 8.2-1 所示。

表 8.2-1　System Verilog 新增的数据类型

数据类型名	说　　明	默认初值
logic	四态数据	x
bit	双态数据	0
byte	双态数据，8 位有符号整数或 ASCII 字符	0
shortint	双态数据，16 位有符号整数	0
int	双态数据，32 位有符号整数	0
longint	双态数据，64 位有符号整数	0

在 Verilog HDL 中，数值可取值 0、1、x 和 z，四态数据主要面向 RTL 综合，其中 z 值被用来表示无连接或三态设计逻辑，x 值有助于检测多驱动设计错误。但在更高级别的抽象建模中，如系统和事务级别，逻辑值 z 和 x 很少用到，因此 System Verilog 定义了双态数据类型，即只能取 0 或 1 值。相对于四态数据，双态数据有利于加快仿真速度并减少内存的使用。同时，这些类似 C 语言的双态数据可用于 C/C++ 的接口。System Verilog 的 DPI 可将 Verilog 模型转换为 C 或 C++ 模型；使用具有共同类型的数据，可以简单而高效地在两种语言之间来回传递数据。

logic 类型是 System Verilog 中最常用的数据类型，下面就重点介绍 logic 类型的语义。System Verilog 中的 logic 类型是变量类型，是对 reg 类型的扩展。它既可以作为寄存器类型在过程块中被赋值，也可以用在连续赋值语句和结构描述中作为网线类型使用。在例 8.2-1 的 Verilog HDL 描述的模块 test(图 8.2-1)中，信号线 atob 连接了 u1 模块的输出端 out 和 u2 模块的输入端 in。在实际的物理电路中，atob、u1.out 和 u2.in 是同一个信号，但由于它们处于不同模块的不同端口或其不同的赋值方式，导致数据类型不同。在 System Verilog 描述中，信号 atob、u1.out 和 u2.in 都可用 logic 来定义，保证了同一个信号在模块内部、模块外部和测试平台中的一致性；它使得在任何抽象层次上建模都更加容易。

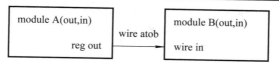

图 8.2-1　test 模块内部电路

例 8.2-1　Verilog HDL 中同一信号在不同模块中的数据类型定义。

```
module A(out,in);                      module B(out,in);
    output out;                            output out;
    input in;                              input in;
    reg out; //在过程块中赋值应是 reg 类型    wire out; //在连续赋值语句中赋值应是 wire 类型
    wire in; //输入端口是 wire 类型         wire in;    //输入端是 wire 类型
    always@(in)                            assign out=in;
        out=in;
endmodule                              endmodule
module test;
    reg t_in;
    wire a2b; //结构描述中的 wire 类型
    wire t_out;
    A u1(.out(a2b), .in(t_in));
    B u2(.out(t_out), .in(a2b));
    initial      t_in =1;
endmodule
```

　　需要注意的是，logic 类型变量只能是一个模块的输出端口；只能由一条连续赋值语句写入(否则要用 wire 类型)；不能既用于连续赋值，又用于过程赋值。例如，下面的代码段中变量 sum 定义成 logic 类型，但是它同时在过程块和连续赋值语句中赋值，则会报 "Variable 'sum' written by continuous and procedural assignments." 错误。

```
    logic sum;
    always @(a, b)
        sum = a + b;
    assign sum = sum + 1;
```

　　除了常用的整型数据类型外，System Verilog 还定义了实型数据类型，包括 real 类型(类似 C 语言中的 double 类型)、shortreal 类型(类似 C 语言中的 float 类型)、realtime 类型以及字符串类型(string)、静态变量(static)等。

　　System Verilog 在基本数据类型的基础上，引入 C/C++语言中构造类型的概念，设计了数组(array)、自定义(typedef)、枚举(enum)、结构体(struct)和联合体(union)等灵活多样的数据类型，以满足不同抽象层次的建模。

1. 数组(array)

　　在 Verilog HDL 中学习了数组类型的定义及赋值，如 "reg [7:0] mem [1:256];"。Verilog 中对数组不能整体访问，必须使用数组名加上一个或多个索引地址的方式访问数组中的每个元素。在 System Verilog 中同样定义了数组，但将数组分成合并数组和非合并数组两大类。

(1) 合并数组(packed array)，在数组名前声明数组的大小。例如：

```
logic [1:32] b;              //32 bit 矢量
logic [3:0][7:0] a;          //4 个元素，每个元素位宽为 8 bit
```

对合并数组的访问可以是指定某一个单元整体访问，也可以仅访问某个单元中某一位或某几位。例如：

```
a[2] = 8'hFF;                //将 8'hFF 赋给地址为 2 的元素
a[1][0] = 1'b1;              //将 1'b1 赋给地址为 1 的元素中的第 0 位
```

(2) 非合并数组(unpacked array)，在数组名后声明数组的大小。例如：

```
logic [7:0] LUT [0:255];                //一维数组，256 个元素，每个元素位宽为 8 bit
logic [7:0] RGB [0:15][0:15][0:15];     //三维数组，共 4096 个元素，每个元素位宽为 8 bit
```

对非合并数组的定义也可以写成 C 语言风格的形式，此时默认地址从 0 开始。例如：

```
logic [7:0] LUT [256];
logic [7:0] RGB [16][16][16];
```

对非合并数组的访问是指定某一个单元整体访问，不能单独访问某一位或某几位。例如：

```
data = LUT[7];               //读取地址为 7 的单元数值
RGB[0][0][0] = 8'h1A;        //将 1'b1 赋给地址为[0][0][0]的元素
```

在 Verilog HDL 中，任何一个时间只能访问一个数组元素，若将一个数组中的数据完全复制到另一个数组中，则需要借助循环语句。在 System Verilog 非合并数组中，支持多个数组元素同时赋值给另一个数组的对应元素。如：

```
logic [31:0] big_array [0:255];
logic [31:0] small_array [0:15];
assign small_array = big_array[16:31];
```

2．自定义(typedef)

Verilog HDL 不允许用户定义新的数据类型，System Verilog 则通过使用 typedef 提供了一种方法来定义新的数据类型。其语法为

```
typedef existing_type mytype_t;
```

例如：

```
`ifdef   STATE2
    typedef  bit    bit_t;   //双态逻辑
`else
    typedef  logic   bit_t;  //四态逻辑
endif
```

这时类型 bit_t 很容易在四态逻辑和双态逻辑之间切换，以满足不同仿真器和综合器对 bit 类型的要求。

3．枚举(enum)

指令操作码或状态机中用 Verilog HDL 宏定义或参数定义来取代常数，以提高代码可读性及维护性，但是需要单独对每一个常数定义其对应的宏名或参数名。System Verilog 引入

C/C++语言中的枚举类型，可以自动为列表中的每个名称分配不同的数值。其基本语法为

　　　　enum data_type {enum_name0, enum_name1,…} 变量名

　　例如：

　　　　enum {WAITE, LOAD, DONE} state;　　//定义 state 变量为枚举类型，它包含 3 个有效数值

　　上例中没有定义变量 state 的数据类型，枚举型默认的数据类型是 int 型，即变量 state 是 32 位双态整型数据。枚举缺省值是从 0 开始递增 1 的整数，因此列表中 WAITE=0，LOAD=1，DONE=2。在枚举定义中也可以自定义列表中每个名称对应的数值。例如：

　　　　//定义 2 个 3 位具有 4 个数值状态的枚举变量，其中数值为独热码

　　　　　enum logic [2:0] {WAITE = 3'b001,

　　　　　　　　　　　　　LOAD = 3'b010,

　　　　　　　　　　　　　DONE = 3'b100} state, nextstate;

其中，变量 state、nextstate 是 3 位的 logic 类型，可取的数值是 one-hot 码。

　　由于枚举型变量数值只能在列表范围内且每个名称对应的数值是唯一的，因此可以防止出现难以检测到的编码错误。例如：

　　　　always_comb

　　　　　case (state)

　　　　　　WAITE: nextstate = state + 1;　　　//语法错误

　　　　　　LOAD : nextstate = state + 1;　　　//语法错误

　　　　　　DONE : nextstate = state + 1;　　　//语法错误

　　　　endcase

　　报语法错误的原因是 nextstate 可能取到列表中以外的数值，如果 nextstate 可取的数值用"parameter [2:0] WAITE=3'b001, LOAD=3'b010, DONE=3'b100;"来定义，就不会报语法错误。

　　利用 typedef 定义一个枚举类型，这样可在多条定义语句中声明多个变量或网线是此类型。例如：

　　　　typedef　enum {WAITE, LOAD, DONE} state_t;　　　//定义枚举类型 state_t

　　　　state_t state;　　　　　　　　　　　　　　　　//定义变量 state 是枚举型

　　　　state_t　nextstate;　　　　　　　　　　　　　//定义变量 nextstate 是枚举型

4．结构体(struct)

　　同 C/C++类似，如果在设计中不同类型的变量具有逻辑关联性，如接口协议中既有控制信号，又有地址和数据总线，这时可利用结构体将这些变量组合在一起并赋予一个共同的名称。例如：

　　　　struct {

　　　　　　bit [7:0] opcode;

　　　　　　bit [23:0] addr;

　　　　　　}IR;　　　　　　//定义结构体变量 IR

　　　　IR.opcode = 1;　　　　//给 IR 中的成员 opcode 赋值 1

　　同样，利用 typedef 定义一个结构体类型，这样可在多条定义语句中声明多个变量是此

类型。例如：

```
    typedef struct {
        bit [7:0] opcode;
        bit [23:0] addr;
        } instruction_s;                //定义结构体类型
    instruction_s   IR1;                //定义变量 IR1 是结构体 instruction_s 类型
    instruction_s   IR2;                //定义变量 IR2 是结构体 instruction_s 类型
```

使用结构体的好处是既能对结构体变量整体读操作或写操作，也可以将一个结构体变量整体赋值给另一个相同类型的结构体变量，这样可以使代码更加简洁，保持同一类型结构体的一致性。例如：

```
    IR1={8'h1A,234};
    IR2=IR1;
```

5. 联合体(union)

同 C/C++类似，联合体和结构体的区别在于任何一个时间内只存在一个联合体成员，所以联合体变量所占位数由最大位宽成员决定。例如：

```
    typedef union { int i; shortreal f; } num_u;    //定义联合体类型
    num_u n;                            //定义变量 n 是联合体 num_u 类型
    n.f = 0.0;                          //成员 f 为浮点数
    n.i=1;                              //成员 i 为整数
```

上面的代码段显示，如果需要用不同的格式对同一个变量进行反复读/写，则可以利用联合体变量。虽然相对于结构体，联合体变量减少了存储空间，但需要创建更加复杂的数据结构。

8.2.2　操作符

Verilog HDL 提供了很多运算符用于算术运算、逻辑判断及位操作等。System Verilog 在此基础上新增加了一些操作符，以方便更高层次的建模，见表 8.2-2。

表 8.2-2　System Verilog 运算符

	Verilog HDL	System Verilog 新增	说　明	System Verilog 示例

算术运算符	+、-、*、/、%、**	++、--	递增和递减	for (int i; i<=7; i++) //等同于 i = i + 1
				y = a++; //等同于 y = a; a = a + 1

相等运算符	==、!=	==?、!=?	只比较非 x 位非 z 位,遇到 x、z 或?,就认为此位比较结果为"真"	if (address ==? 16'hFF??) //低 8 位无须 //比较

续表

	Verilog HDL	System Verilog 新增	说　明	System Verilog 示例

比较运算符	<、<=、>、>=	inside{ }	判断变量是否在某范围之内	if (data inside {[0:255]}) ... //如果 data 在 0 到
				//255 之间
				if (data inside {3'b1?1}) ... //如果 data 为
				//3'b101、3'b111、3'b1x1、3'b1z1

移位运算符	<<、>>、<<<、>>>	{<<M{N}}
		{>>M{N}}
			从矢量移位扩展到数组单元的移动，将变量 N 左移或右移 M 个单元	logic [7:0] a;
				logic [7:0] b = 8'b00110101;
				always_comb
				a = { << { b }}　//设置 a 的数值是
				//8'b10101100 (变量 b 的逆序)
				logic [7:0] a [0:3];
				logic [31:0] e = 32'hAABBCCDD;
				always_comb
				{>>8{a}} = e; //设置 a[0]=AA, a[1]=BB,
				//a[2]=CC, a[3]=DD

赋值操作符	=	+=、-=、*=、/=、%=、&=、^=、|=、<<=、>>=、<<<=、>>>=	借鉴C语言复合运算符的思想，结合 Verilog HDL 基本运算符和赋值语句	accumulator += b; //等同于 accumulator =
				//accumulator + b;

System Verilog 还增加了 C/C++语言中的强制类型转换功能，通过使用 casting 操作符 "'" 将变量数据类型、数据宽度及数据符号强制转换成任意类型，很好地解决了变量类型或位宽不一致的错误。例如：

```
sum = int'(r * 3.1415);        //将结果转换为 int 类型，再赋给 sum
sum = 16'(a + 5);              //将结果转换为 16 位宽度，再赋给 sum
sum = signed' (a) + signed'(b); //将 a、b 转换成有符号值
```

同时，casting 操作符还可以用于数据位的自动填充。例如：

```
logic [15:0] a, b, c, d;
a = '0;          //设置所有位为 0
b = '1;          //设置所有位为 1
c = 'x;          //设置所有位为 x
d = 'z;          //设置所有位为 z
```

8.2.3　模块的定义及调用

在 Verilog HDL 中，连接到模块端口的数据类型被限制为线网类型以及变量类型中的

reg、integer 类型。在 System Verilog 中则去除了这种限制，任何数据类型都可以通过端口传递，包括实数、数组和结构体。

在 Verilog HDL 结构调用语句中，若使用名称对应法，则要写明信号线和其连接的端口。例如：

   dff U1 (.q(q), .d(d), .clk(mclk), .rst(rst));

System Verilog 提供了调用语句的两种简化方式，如果信号名和端口名一样，则可省略信号名。例如：

   dff U1 (.q, .d, .clk(mclk), .rst);

更加简化的形式是 " .* "，表示除了明确给出端口连接关系的，剩下的所有端口和与之连接的信号名字一样。例如：

   dff U1 (.*, .clk(mclk));

在模块定义时使用参数可提高模块的可配置性及重复使用率，System Verilog 在传统 parameter 基础上扩展，将数据类型参数化，如例 8.2-2 所示。

  例 8.2-2 数据类型参数化的加法器。

```
        module adder #(parameter type dtype = logic [0:0])        //默认 dtype 是 1 bit logic 类型
                    (input dtype a, b,
                      output dtype sum);
            assign sum = a + b;
        endmodule
        module top (input logic [15:0] a, b,
                    input logic [31:0] c, d,
                    output logic [15:0] r1,
                    output logic [31:0] r2);
            adder #(.dtype(logic [15:0])) i1 (a, b, r1);            //16 位加法器
            adder #(.dtype(logic signed [31:0])) i2 (c, c, r2);    //32 位有符号加法器
        endmodule
```

在例 8.2-2 中，模块 adder 定义了一个参数类型 dtype，代表 1 bit 的 logic 类型；在模块 top 中调用 adder 模块，其中 top.i1 模块中的 dtype 类型被修改成 16 bit 的 logic 类型，top.i2 模块中的 dtype 类型被修改成 32 bit 的 logic signed 类型。

8.2.4　过程块

在 Verilog HDL 中使用 always 过程块进行电路设计，仿真工具或综合工具通过解析代码来 "推断" 或 "猜测" always 过程块设计的是组合逻辑、latch，还是时序逻辑。不同 EDA 工具的"推断"结果可能会不一样，比如在组合电路设计中由于编程错误产生不需要的 latch，这种错误在综合后才能发现，从而导致功能仿真和综合后的时序仿真结果不一致。为了明确 always 过程块设计的电路类型，System Verilog 增加了三种 always 过程块：always_comb(组合逻辑)、always_latch(latch 块)和 always_ff(时序逻辑)。这样 EDA 工具就不需要 "推断" 设计者的意图，同时当这些过程块的内容与该类型逻辑不匹配时，EDA 工具就发出警告。

1．always_comb

过程块 always_comb 表明设计的电路是组合逻辑。下面的代码是分别用 Verilog HDL 和 System Verilog 设计的 2 选 1 电路。

Verilog HDL：

```
always @ (a or b or sel)
    begin
        if (sel)
            y = a;
        else
            y = b;
    end
```

System Verilog：

```
always_comb
    begin
        if (sel)
            y = a;
        else
            y = b;
    end
```

使用 always_comb 块来设计组合电路，EDA 工具会自动推导出完整的敏感事件表，这样就避免了由于设计者书写的敏感事件表不完整而导致的复杂译码电路和锁存器的出现。虽然在 Verilog-2001 标准中增加了@(*)结构来自动推断完整的事件敏感表，但是这个构造并不完善。例如：

```
function decode;              //无输入端口
    begin
        case (sel)
            2'b01: decode = d | e;
            2'b10: decode = d & e;
            default: decode = c;
        endcase
    end
endfunction
```

```
//Verilog HDL                                  //System Verilog
    always @(*)                                    always_comb
        begin         //等效@(data)                    begin         //等效@(data, sel, c, d, e)
        a1 = data << 1;                                a1 = data << 1;
        b1 = decode( );   //调用函数 decode              b1 = decode( );     //调用函数 decode
    end                                            end
```

always @*推导出的敏感列表中的信号是块内直接的读信号，如上面代码中的信号 data；但它不能推导出过程调用语句中的函数或任务内部的读信号，如函数 decode 中的信号 sel、c、d 和 e。用 always_comb 过程块就不存在这个问题，它会把这个块内所有层次中的读信号都推断出来。使用 always_comb 块的另一个好处是，因为软件工具知道这个块是组合逻辑，就可以验证块内的语句是否满足组合电路的要求。例如：

```
module always_comb_test (input logic a, b, output logic c);
    always_comb
        if (a) c = b;
endmodule
```

由于这个块已表明是组合逻辑，但块内的 if 语句没有对应的 else 分支，不符合组合逻辑的要求，这样综合工具会发出警告并对变量 c 综合出一个 latch。

2．always_latch

过程块 always_latch 类似 always_comb，EDA 工具会自动推导出完整的事件敏感列表。但是 always_latch 明确指出这个过程块是基于 latch 的逻辑，因此会检查内部语句是否满足 latch 特点。例如：

```
module always_latch_test (input logic a, b, c, output logic d);
    always_latch
        if (a)    d = b;
        else      d = c;
endmodule
```

EDA 工具会发出警告，因为这个过程块中 if-else 分支完整，没有产生 latch。

例 8.2-3　使用 always_latch 设计一个 5 bit 的计数器。

```
module counter (input clk, ready, reset_n,
                    output logic [4:0] count);
    logic enable;
    logic overflow;
    always_latch
      begin                                        //锁存"enable"信号
        if (!reset_n)
          enable <= 0;
        else if (ready)
          enable <= 1;
        else if (overflow)
          enable <= 0;
      end
    always @(posedge clk, negedge reset_n)
      begin                                        //5 位计数器
        if (!reset_n)
          {overflow, count} <= 0;
        else if (enable)
          {overflow, count } <= count + 1;
      end
endmodule
```

在例 8.2-3 中输入信号 ready 变为高电平后，enable=1 触发计数器开始工作，但 ready 高电平只维持很短的时间，随后 enable 被锁存，一直保持为高电平，直到信号 overflow 变成高电平。

3. always_ff

过程块 always_ff 表明设计的是一个时序电路。例如：

```
always_ff @ (posedge clock, negedge reset_n)
    if (!reset_n)
        q <= 0;
    else
        q <= d;
```

注意，在 always_ff 中必须要定义事件敏感列表，这样才能确定复位或置位等控制信号和时钟是同步还是异步。在事件敏感列表中必须都是边沿触发(posedge 或 negedge)的形式，如下面的代码综合后会发出警告，因为没有产生一个触发器。

```
module always_ff_test (input a, b, c,
                        output logic out);
    always_ff @ (a, b, c)
        if (a)
            out = b;
        else
            out = c;
endmodule
```

8.2.5　分支语句

在 Verilog HDL 中用于 RTL 建模的高级程序语句主要是 if-else 和 case，如果没有遵循严格的编码风格，则它们会产生优先级的选择结构或分支的非唯一性。在 case 语句中如果没有正确使用 full_case 和 parallel_case 综合指令，还会引起一些其他的错误。System Verilog 中对分支语句进行了功能增强，如在 if 或 case 关键字之前使用唯一性(unique)和优先级(priority)决策修饰符，从而明确了分支是否唯一，或者结构是否具有优先级。

1. if-else 语句增强

System Verilog 中增加了 unique 或 priority 关键字用于 if-else 语句，以减少 EDA 工具决策的模糊性，并可以在早期设计阶段就发现潜在的设计错误。

在图 8.2-2 中，首先用传统的 if-else 语句设计一个多路选择器，如代码 a 所示，EDA 工具产生优先级的选择电路。对于这个选择器，优先级的顺序并不重要，只是设计者在代码编写中碰巧列出了这样的逻辑顺序，因此在 if 前加上 unique 修饰符表示每个分支是唯一的，这样 EDA 工具可以优化出并行的电路结构，如代码 b 所示。若在 unique if 中出现多个分支同时满足的情况，如代码 c 所示，则在编译或仿真阶段会报警。同时利用 unique if 还可以检查是否产生了不需要的 latch。对代码 b，当 sel 等于 1、2、4 以外的其他数据时，没有一个分支条件满足，因此对 out 没有赋值更新，这时会产生 latch，保持原值不变，EDA 工具报警。

//代码 a	//代码 b	//代码 c
logic [2:0] sel;	logic [2:0] sel;	logic [2:0] sel;
always_comb	always_comb	always_comb
begin	begin	begin
if (sel == 3'b001)	**unique** if (sel == 3'b001)	**unique** if (sel[0])
out = a;	out = a;	out = a;
else if (sel == 3'b010)	else if (sel == 3'b010)	else if (sel[1])
out = b;	out = b;	out = b;
else if (sel == 3'b100)	else if (sel == 3'b100)	else if (sel[2])
out = c;	out = c;	out = c;
end	end	end

图 8.2-2　用 if-else 语句设计多路选择器

相对于 unique 代表各分支是独立的，结构上是并行的，关键字 priority 明确表示 if-else 具有优先级。当有多分支条件满足时，选择优先级高的分支完成相应的赋值操作。例如：

```
always_comb
    begin
        priority if (req0)
                irq = 4'b0001;
            else if (req1)
                irq = 4'b0010;
            else if (req2)
                irq = 4'b0100;
            else if (req3)
                irq = 4b1000;
    end
```

与 unique if 一样，在 always_comb 中使用 priority if 也可以检查是否产生了不需要的 latch。

2．case 语句增强

修饰符 unique 和 priority 也可用在 case/casez/casex 语句中，作为并行或优先级结构的指示。例如：

```
unique case (<case_expression>)          priority case (<case_expression>)
... //case 分支                          ... //case 分支
endcase                                 endcase
```

使用 unique case 结构时，EDA 工具同样检查每个分支是否相互独立，即没有多个分支条件同时满足的情况。在图 8.2-3 的代码 a 中，使用 casez 语句允许出现无关位或屏蔽位，这样可以简化译码电路，但是当 request 信号的位中出现多个"1"时，多个分支判断同时成立。仿真工具对这个潜在问题不会告警，综合工具可能会发现但没有办法判断设计者的真实意图。在代码 b 中使用了 unique case 语句，明确告诉 EDA 工具 case 中的分支应该是独立并行的，不能多个分支同时成立，这样在语句执行时如果不满足 unique 要求就会发出警告。使用 priority 修饰符允许多个分支同时成立，这时执行第一个满足要求的分支语句，如代码 c 中优先级最高的是 slave1_grant 分支。与 if-else 语句类似，在 always_comb 块中使用上述两种 case 结构可以检测不需要的 latch。

//代码 a	//代码 b	//代码 c
logic [2:0] request;	logic [2:0] request;	logic [2:0] request;
always_comb	always_comb	always_comb
casez (request)	**unique** casez (request)	**priority** case (1'b1)
3'b1??: slave1_grant = 1;	3'b1??: slave1_grant = 1;	slave1_grant: request = 3'b100;
3'b?1?: slave2_grant = 1;	3'b?1?: slave2_grant = 1;	slave2_grant: request = 3'b010;
3'b??1: slave3_grant = 1;	3'b??1: slave3_grant = 1;	slave3_grant: request = 3'b001;
endcase	endcase	endcase

图 8.2-3　用 case 语句设计多路选择器

对于 case 语句，综合工具虽然也提供了综合指令 parallel_case 和 full_case，但这可能会导致 RTL 级功能仿真和综合后的门级仿真不一致。

System Verilog 语言新增的 unique 和 priority 修饰符是语言的一部分，它们会被所有仿真工具、综合工具、形式验证工具等支持并按统一的规则检查，确保了工具之间的一致性。

8.2.6　循环语句

Verilog HDL 支持的循环语句有 for、repeat 和 while，System Verilog 中增强了 for 语句的功能，同时又增加了新的循环用于 RTL 建模。

1．for 语句

借鉴 C 语言中 for 的用法，System Verilog 在传统的 for 语句中增加了语句内定义循环控制变量数据类型，对多个变量赋初值，有多条赋值语句，如下面代码。注意，for 内部定义的变量 i 是一个局部变量，只能在循环体内使用。

```
for (int i=0; i<=15; i++) ...          //局部变量 i
for (int i=0, j=15; j>0; i++, j--) ... //多个循环控制变量
```

2．do-while 循环

System Verilog 增加了 C 语言中的 do-while 循环，即先执行后判断。与 while 的区别是，do-while 至少会执行一次循环体。例如：

```
do begin
    $display( "addr=%d",addr);
    addr--;
  end
while (addr>0);
```

先执行循环体内部语句$display 和 addr--，再判断 addr 是否大于 0。

3．跳转语句

Verilog HDL 提供 disable 语句控制代码的执行，可以中断正在执行的语句块或任务。System Verilog 引入了 C 语言中的跳转语句 break 和 continue，使循环控制更加灵活，代码更加直观和简洁。语句 continue 指跳出或结束本次循环，进入到下一次循环的判断中；而 break 语句是跳出或结束整个循环。

8.2.7 任务和函数

System Verilog 为 Verilog HDL 的任务和函数增强了一些功能，使复杂电路的设计和验证更加灵活高效，具体见表 8.2-3。

表 8.2-3 System Verilog 任务与函数

语言要素	Verilog HDL	System Verilog 增强功能	System Verilog 示例
函数端口	函数只能有 input 端口 a	函数可以有 input、output 和 inout 端口，也可以没有端口定义	function [63:0] add (input [63:0] a, b, output overflow); 　{overflow, add} = a + b; endfunction
函数/任务默认端口类型和数据类型	无默认端口类型；默认数据类型 reg	默认端口为 input 类型；默认数据类型为 logic	//a 和 b 为输入，y1 和 y2 为输出 function int compare (int a, b); ... endfunction task mytask (a, b, output y1, y2); ... endtask
函数返回值	通过函数名返回一个数值	• 可以没有返回值，这时函数定义为 function **void** 函数名 • 通过输出端口返回多值； • 通过 return 返回	function [31:0] adder ([31:0] a, b); 　return a + b; endfunction
函数/任务调用方式	只能端口位置对应	支持端口名对应	always_comb ripple_add(.sum(result), .co(carry),.a(in1), .b(in2));
函数/任务内部执行顺序	多条语句通过 begin- end 或 fork-join 确定	默认 begin-end	function states_t NextState(states_t State); 　NextState = State; 　case (State) 　... 　endcase endfunction

参数化的任务/函数	不支持	支持	virtual class Functions #(parameter SIZE=32);
			　static function [SIZE-1:0] adder (input [SIZE-1:0] a, b);
			　return a+b;　//默认为 32 位加法器
			　endfunction
			endclass
			always_comb
			y = Functions #(.SIZE(64))::adder(a,b);
			//配置成 64 位加法器

空任务/函数	至少有 begin-end，如： task no_t; 　begin 　end endtask	可以没有 begin-end	task no_t; endtask

8.2.8　包

Verilog HDL 中参数、任务和函数必须在模块内部定义，如果多个模块中使用同样的参数、任务或函数，则不得不重复定义或使用 `ifdef 或 `include 编译预处理指令，增加了代码编写量，同时代码维护性也差。System Verilog 通过增加用户自定义的包(package)解决这一问题，package 提供了一个声明，它可以在任何模块中引用。package 可包含的内容包括：

- 参数定义语句 parameter/localparam；
- 常数定义语句 const；
- 自定义数据类型 typedef；
- 任务和函数定义 task/function；
- 包的输入语句 import；
- 包的输出语句 export。

包的定义示例：

```
    package alu_types;
        localparam DELAY = 1;
        typedef logic [31:0] bus32_t;
        typedef logic [63:0] bus64_t;
        typedef enum logic [3:0] {ADD, SUB, ...} opcode_t;
        typedef struct {
                    bus32_t i0, i1;
                    opcode_t opcode;
                    } instr_t;
        function automatic logic parity_gen(input d);
            …;
        endfunction
    endpackage
```

该示例代码由关键词 package 开始、endpackage 结束，在第一行定义了包的名称 alu_types。在 alu_types 包中，包含了局部参数 DELAY 定义、自定义数据类型 bus32_t 和 bus64_t 定义、枚举类型 opcode_t 和结构体 instr_t 定义，以及函数 parity_gen 定义。

包定义后可被多个模块使用，其调用语法是：

```
    包名 ::
```

例如：

```
    module alu
        (input alu_types :: instr_t instruction,   //端口定义使用包 alu_types 中定义的数据类型
        output alu_types :: bus64_t result );
        alu_types :: bus64_t temp;              //在 module 内部使用包 alu_types 中定义的数据类型
        ...
    endmodule
```

在上例模块 alu 中使用了 alu_types 包中的 bus64_t 和 instr_t 类型定义了 3 个变量，但每次都要重复写包名，为了简化，System Verilog 提供了直接包的调用方式：

    import 包名 ::   *

例如：

```
module alu
    import alu_types ::*;   //引入包 alu_types 中定义的任何内容
    (input instr_t instruction,
    output bus64_t result);
    bus64_t temp;
    ...
endmodule
```

模块 alu 在定义变量之前，加入 import alu_types ::*; 表明模块中的变量使用的自定义数据类型来自包 alu_types 中定义的数据类型，其后调用相关数据类型就可省略包名，这样代码更加简洁。

8.2.9　接口

Verilog HDL 模块之间的连接是通过模块端口进行的，例如：

```
module top;
    wire sig1, sig2, sig3, sig4;
    wire clock, reset;
    mod_a u1 (.sig1(sig1), .sig2(sig2),.sig3(sig3),.sig4(sig4),.clk(clock),.rstN(reset) );
    mod_b u2 (.sig1(sig1),.sig2(sig2),.sig3(sig3),.sig4(sig4),.clk(clock),.rstN(reset) );
endmodule
```

```
module mod_a (input sig1, sig2,          module mod_b (input sig3, sig4,
            input clk, rstN,                        input clk, rstN,
            output sig3, sig4);                     output sig1, sig2);
    ...                                      ...
endmodule                                endmodule
```

上面的例子中模块 mod_a 和 mod_b 的端口数量和类型一样，top.u1 和 top.u2 通过端口连接在一起。上面写法的缺点是如果多个模块端口完全相同，则在定义和调用时需要重复写多次；若某个模块端口进行了修改，则与其相关的调用语句中的端口连接都需要改动，这些无疑增加了代码编写量，容易出现错误。

System Verilog 提供了一个较高层次抽象的模块端口封装机制，称为接口(interface)。接口是将一组信号封装在一起作为一个独立的端口，它独立于模块。其语法如下：

```
interface 接口名(端口列表);
    信号定义;
endinterface
```

若在模块内部使用接口，使用前需将这个接口实例化，语法为

　　　接口名 实例名(端口连接);

用 interface 重新改写上面的代码：

```
interface intf_1;
    wire sig1, sig2, sig3, sig4;          //将 4 个信号封装成接口
endinterface
module top;
    wire clock, reset;
    intf_1 i1( );                         //接口调用
    mod_a u1 (.a1(i1), .clk(clock), .rstN(reset) );   //接口 intf_1 连接
    mod_b u2 (.b1(i1), .clk(clock), .rstN(reset) );   //接口 intf_1 连接
endmodule: top
module mod_a ( intf_1 a1,                 //接口 intf_1 作为模块 mod_a 的一个端口
               input clk, rstN);
    ...
endmodule: mod_a
module mod_b (intf_1 b1,                  //使用接口 intf_1 作为模块 mod_b 的一个端口
              input clk, rstN);
    ...
endmodule: mod_b
```

上例中将信号 sig1、sig2、sig3、sig4 封装成一个接口 intf_1；在定义模块 mod_a 和 mod_b 端口时，使用接口 intf_1 作为它们的一个端口；在 top 模块中调用 mod_a 和 mod_b，对应的端口连接也必须使用接口 intf_1。模块 mod_a 和 mod_b 的 clk、rstN 输入端口没有封装在接口 intf_1 内，可以将 clk、rstN 作为 intf_1 的端口，把 intf_1 改写成具有端口的接口。例如：

```
interface intf_2(input logic clk, rstN);
    wire sig1, sig2, sig3, sig4;          //将 4 个信号封装成接口
endinterface
module top;
    wire clock, reset;
    intf_2 i2(.clk(clock),. rstN(reset));  //接口调用
    mod_a u1 (.a1(i2));                   //接口 intf_1 连接
    mod_b u2 (.b1(i2));                   //接口 intf_1 连接
endmodule: top
module mod_a ( intf_2 a1);            module mod_b (intf_2 b1);
    ...                                  ...
endmodule: mod_a                     endmodule: mod_b
```

在接口 intf_2 中定义了 sig1、sig2、sig3、sig4 都是线网型，默认端口方向是双向的，System Verilog 中设置关键词 modport，可明确表示每个端口的方向。例如：

```
interface intf_3;
```

```
        wire sig1, sig3;
        logic sig2, sig4;
        modport a_ports (input sig1,output sig2);
        modport b_ports (input sig3,output sig4);
    endinterface: intf_3
```

类似 module，interface 也可以是参数化的，通过修改参数以提高 interface 的适用性。例如：

```
    interface intf_4 #(WIDTH=8) (input logic clk, rstN);
        logic [WIDTH-1:0] sig1, sig2, sig3, sig4;              //将 4 个信号封装成接口
    endinterface
    module top;
        wire clock, reset;
        intf_4   #(. WIDTH(16))   i4(.clk(clock),. rstN(reset));   //修改位宽
        mod_a u1 (.a1(i4));                                   //接口 intf_1 连接
        mod_b u2 (.b1(i4));                                   //接口 intf_1 连接
    endmodule: top
```

对 interface 中的信号使用的语法为

```
    接口名.信号名
```

例如：

```
    always @(posedge intf_2.clk, negedge intf_2.resetN)
```

从上面的例子看出，使用 interface 接口的好处是将端口声明集中定义，使用这个接口时调用即可，减少了连接的错误；增加或删除端口只需要在定义中修改一次，不需要像 Verilog HDL 层层修改，减少了出错的概率。但是在模块内部使用端口信号时，需要在信号名前加入接口名，使代码变得冗长。

下面利用上述 System Verilog 相关语法设计状态机，实现一个售卖机的例子。

例 8.2-4　基于 System Verilog 设计的售卖机。

```
    interface intf_Vendor(input logic clock,reset);          //定义接口
        logic Ten, Twenty, Ready, Dispense, Return, Bill;
    endinterface

    package definitions;                                     //定义包
        parameter ON   = 1'b1;                               //参数类型
        parameter OFF = 1'b0;
        enum logic [5:0] {RDY, BILL10, BILL20, BILL30, DISP, RTN} State, NextState;   //枚举类型
        enum {CASE[5]} Testcase;
        parameter TRUE = 1'b1;
        parameter FALSE = 1'b0;
        parameter CLOCK_CYCLE = 20ns;
```

```
        parameter CLOCK_WIDTH = CLOCK_CYCLE/2;
        parameter IDLE_CLOCKS = 2ns;
    endpackage


module Vendor (intf_Vendor VendorIO);              //使用接口 intf_Vendor
    import definitions::*;                         //调用包 definitions


    always_ff @(posedge VendorIO.clock)            //时序逻辑
        begin
            if (VendorIO.reset)                    //使用接口中的变量
                State <= RDY;
            else
                State <= NextState;
        end


    always_comb
        begin                        //状态转移，组合逻辑
            case (State)
                RDY:    if (VendorIO.Ten)               NextState = BILL10;
                        else if (VendorIO.Twenty)       NextState = BILL20;
                        else                            NextState = RDY;
                BILL10: if (VendorIO.Ten)               NextState = BILL20;
                        else if (VendorIO.Twenty)       NextState = BILL30;
                        else                            NextState = BILL10;
                BILL20: if (VendorIO.Ten)               NextState = BILL30;
                        else if (VendorIO.Twenty)       NextState = DISP;
                        else                            NextState = BILL20;
                BILL30: if (VendorIO.Ten)               NextState = DISP;
                        else if (VendorIO.Twenty)       NextState = RTN;
                        else                            NextState = BILL30;
                DISP:                                   NextState = RDY;
                RTN:                                    NextState = RDY;
            endcase
        end


    always_comb
        begin                        //不同状态下的输出，组合逻辑
            case (State)
                RDY: begin
```

```
                              VendorIO.Ready    = ON;
                              VendorIO.Bill     = OFF;
                              VendorIO.Dispense = OFF;
                              VendorIO.Return   = OFF;
                  end
        DISP: begin
                              VendorIO.Ready    = OFF;
                              VendorIO.Bill     = OFF;
                              VendorIO.Dispense = ON;
                              VendorIO.Return   = OFF;
                  end
        RTN: begin
                              VendorIO.Ready    = OFF;
                              VendorIO.Bill     = OFF;
                              VendorIO.Dispense = OFF;
                              VendorIO.Return   = ON;
                  end
        BILL10: begin
                              VendorIO.Ready    = OFF;
                              VendorIO.Bill     = ON;
                              VendorIO.Dispense = OFF;
                              VendorIO.Return   = OFF;
                  end
        BILL20: begin
                              VendorIO.Ready    = OFF;
                              VendorIO.Bill     = ON;
                              VendorIO.Dispense = OFF;
                              VendorIO.Return   = OFF;
                  end
        BILL30: begin
                              VendorIO.Ready    = OFF;
                              VendorIO.Bill     = ON;
                              VendorIO.Dispense = OFF;
                              VendorIO.Return   = OFF;
                  end
        endcase
    end
endmodule
//************************测试代码************************************
```

```
module Vendor_tb;
    reg clock, reset;

    import definitions::*;                              //调用包 definitions
    intf_Vendor intf1(.clock(clock),.reset(reset));     //调用接口 intf_Vendor
    Vendor U1(intf1);                                   //调用模块 Vendor

    initia
      begin
        clock = FALSE;                                  //使用包 definitions 中的参数
        forever #CLOCK_WIDTH clock = ~clock;
      end

    initial
      begin
        reset = 1;
        @(negedge clock)    reset = 0;

        repeat(4) @(negedge clock) {intf1.Ten,intf1.Twenty} = 2'b10;     //case #1:10+10+10+10
        @(negedge clock) {intf1.Ten,intf1.Twenty} = 2'b00;

        Testcase = Testcase.next;
        repeat(2) @(negedge clock) {intf1.Ten,intf1.Twenty} = 2'b01;     //case #2: 20+20
        @(negedge clock) {intf1.Ten,intf1.Twenty} = 2'b00;

        Testcase = Testcase.next;
        @(negedge clock) {intf1.Ten,intf1.Twenty} = 2'b10;               //case #3: 10+10+20
        @(negedge clock) {intf1.Ten,intf1.Twenty} = 2'b10;
        @(negedge clock) {intf1.Ten,intf1.Twenty} = 2'b01;
        @(negedge clock) {intf1.Ten,intf1.Twenty} = 2'b00;

        Testcase = Testcase.next;
        @(negedge clock) {intf1.Ten,intf1.Twenty} = 2'b10;               //case #4: 10+20+20
        @(negedge clock) {intf1.Ten,intf1.Twenty} = 2'b01;
        @(negedge clock) {intf1.Ten,intf1.Twenty} = 2'b01;
        @(negedge clock) {intf1.Ten,intf1.Twenty} = 2'b00;
        $finish;
      end
endmodule
```

在上例中，模块 Vendor 和仿真平台 Vendor_tb 中都调用了包 definitions 和接口 intf_Vendor，提高了代码的使用率和维护性。其仿真波形如图 8.2-4 所示。

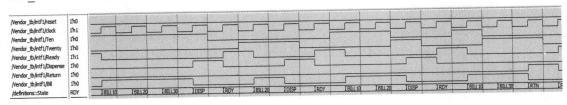

图 8.2-4　售卖机仿真波形

8.3　基于 System Verilog 的仿真验证

专用集成芯片设计的复杂度以指数形式增长，这使得验证工作成为芯片设计流程中的瓶颈，有关数据表明，接近 70%～80% 的设计时间花费在了功能验证中。预测所有可能的极端情况并发现隐藏的设计错误是功能验证的关键，同时在验证过程中希望能尽早发现这些错误已满足项目资源和上市时间的要求。System Verilog 提供了用于描述复杂验证环境的语言结构，如增加约束随机产生激励，覆盖率统计分析提高自动化验证效率，断言验证检测设计者意图并诊断错误，特别是引入了面向对象的编程结构，有助于采用事务级的验证和提高验证的重用性。这些特性允许用户开发生成各种验证场景的测试平台，一种典型的可重用测试平台如图 8.3-1 所示。

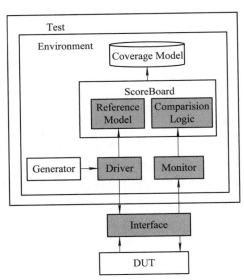

图 8.3-1　基于 System Verilog 的可重用测试平台

在图 8.3-1 中，信号发生器 Generator 产生不同输入激励送到驱动模块 Driver 中，接口 Interface 包含了所有的设计端口信号，用于驱动和监控；驱动 Driver 将产生的激励信号通过 Interface 送给被测电路；监视器 Monitor 通过监控被测电路 DUT 的输入/输出信号，从而捕获电路行为；计分板 ScoreBoard 包含参考模型 Reference Model 和比较逻辑 Comparision

Logic，参考模型接收激励信号并产生期望值，比较逻辑将 DUT 输出与期望值进行比较。在成功比较后，计分板产生功能覆盖。Environment 包含上面提到的所有验证组件，构成一个通用的测试环境。测试 Test 实例化 Environment 对象，生成一个特定的测试场景。下面介绍在上述测试平台中需要用到的与测试相关的 System Verilog 语法。

8.3.1　面向对象的编程

过程编程语言如 Verilog HDL、C 的数据定义和对数据的操作是各自独立的。例如，在 Verilog HDL 中，数据声明和函数或任务可以独立定义，没有任何形式的联系；一个函数可以对多个数据进行操作，多个函数可以对同一个数据进行操作。这种情况下，程序的功能会变得难以理解。在面向对象编程语言中，数据和对数据的操作可以封装到一个独立的对象中。面向对象编程(Object-Oriented Programming，OOP)是一种成熟的计算机编程模型，它是围绕数据或者对象而不是功能逻辑来组织的，它能够提高代码可重用性和开发效率。

System Verilog 引入了 C++ 语言中"类"的概念。类描述的是一组有相同特性(属性)和相同行为(方法)的对象。在程序中，类实际上就是数据类型，就像整型、实数型一样。在验证平台中，类和对象对于激励的产生和数据的高层抽象很有帮助，如类可以用来封装一个通用的操作，从而在验证平台的不同地方重用。

1. 类的定义

下面定义了一个名为"Packet"的类，类的内部定义了数据变量(也称为属性)command/address/master_id/i，以及对这些数据变量(属性)进行处理的任务 clean 和函数 new/get。其中 new( )函数被称为构造函数。构造函数用于实例化类时为其初始化，如下面代码中对变量 command、address 和 master_id 赋初值。类中的构造函数只能有一个，且没有返回值。

```
class Packet;
    bit [3:0] command;              //变量或属性定义
    bit [40:0] address;
    bit [4:0] master_id;
    integer i=1;
    function new;                   //构造函数，完成类的初始化
        command = IDLE;
        address = 41'b0;
        master_id = 5'bx;
    endfunction
    task clean( );                  //类中的方法定义
        command = 0; address = 0; master_id = 5'bx;
    endtask
    function integer get( );        //类中的方法定义
        get = i;
    endfunction
endclass
```

2．类的声明(句柄的声明)

类就像用户自定义的一种数据类型，在 module/class/function/task 等地方可以创建变量为某个类的类型。例如：

        Packet my_packet;

        Packet packet_array[32];

此时变量名如 my_packet 也称为类的句柄(handle)。句柄为 System Verilog 提供了一种安全的、类似于指针的机制。默认情况下，句柄将为空(null)，此时是不包含任何实际内容的句柄。例如，上面的 my_packet 句柄没有指向任何有效内容或内存空间。

3．类的实例化(创建对象)

通过构造函数 new( )对句柄初始化，创建了类的对象，如下面的"my_packet=new( );"，此时对象名即变量名，也是对象的实际句柄。通过 new( )这个构造函数给对象分配内存空间，并且把实际入口地址赋给对象的句柄 my_packet。

        class obj_example;

        ...

        endclass

        task task1(obj_example myexample);

            if (myexample == null) myexample = new;

        endtask

上述 task 端口变量 myexample 是 obj_example 类型，功能是判断句柄 myexample 是否初始化，如果没有初始化，则通过 new 创建新的对象，并且句柄 myexample 指向这个新的对象。

如果在类的定义中，函数的参数和类属性的命名相同，如下面 Demo_this 类中变量 x 既是类的属性，也是函数 new( )的参数，此时需要加"this"进行区别。关键字 this 用于明确引用当前对象的类属性或方法。在 new( )函数中将形参 x 的数值赋给 Demo_this 对象中的变量 x。

        class Demo_this;

            integer x;

            function new (integer x)

              this.x = x;

            endfunction

        endclass

4．使用对象

就如 Verilog 中的层次化引用一样，通过"**.**"操作符来访问对象中的成员。例如：

        Packet my_packet;   //定义变量 my_packet 类型是 Packet 类

        initial

          begin

            my_packet = new( );   //创建对象

            my_packet.command = INIT;   //对象成员赋值

```
            my_packet.address = $random;
            my_packet.clean( );                    //调用对象中的任务
        end
```

5. 类的继承和多态

　　继承是类中一个非常重要的概念，是让一个类(子类)获得另一个类(父类)的属性和方法的途径。通过使用关键词"extends"，子类不仅可以继承并修改父类的所有属性和方法，还可以创建自己的属性和方法。在实际应用中，将共性的属性和方法放在父类中，子类只关注自己特有的属性和方法，这样提高了代码的扩展性。在下面的代码中，类 LinkedPacket 是 Packet 的子类，它继承了 Packet 中所有的属性和方法，就像它们在自己类内定义的一样；同时 LinkedPacket 还有自己的函数 get_next( )和属性 j。

```
        class LinkedPacket extends Packet;
            integer j=2;
            function integer get_next();
                get_next =-j;
            endfunction
        endclass
```

　　子类对象是其父类的合法对象。每个 LinkedPacket 对象是一个完全合法的 Packet 对象，例如：

```
        LinkedPacket lp = new;
        Packet p = lp;
```

LinkedPacket 对象的句柄可以赋给 Packet 变量。在这种情况下，对 p 的引用可以访问 Packet 类的方法和属性。在下面的代码中，子类 LinkedPacket 定义了一个和父类 Packet 同名的函数 get( )和成员 i，通过 p 引用的这些被重写的成员得到的是父类 Packet 类中的原始属性和方法，因此变量 j 的值都为 1。

```
        class LinkedPacket extends Packet;
            integer i=2;
            function LinkedPacket get( );
                get =- i;
            endfunction
        endclass
        j = p.i;                        //j = 1，不等于 2
        j = p.get( );                   //j = 1，不等于 -2 或 -1
```

　　如果子类引用父类中的成员，特别是当父类的成员被子类成员覆盖时，必须用关键字 super 来访问父类成员。将上面 LinkedPacket 类改写成：

```
        class LinkedPacket extends Packet;
            integer i=2;
            function int get( );
                get=-super.i;
            endfunction
```

```
endclass
LinkedPacket lp = new;                  //lp 是 LinkedPacket 子类句柄
$display("%0d" ,lp.get( ));              //-1, 不是-2
```

对象 lp 是子类 LinkedPacket, 用 super.i 获取了父类 Packet 中定义的成员 i, 所以结果为-1。

　　上面提到将一个子类句柄赋给一个父类句柄(向上转型), 这通常是合法的; 但是将一个父类句柄赋值给一个子类句柄(向下转型), 需要利用关键字$cast 强制转换, 如下所示, 将 Packet 句柄 pp 强制转换成 LinkedPacket 子类句柄 lpp。

```
Packet pp = new( );
LinkedPacket lpp;
$cast(lpp,pp);
```

6. 抽象类和虚方法

　　在类名前加上关键字 virtual 的类称为抽象类, 抽象类不能实例化, 只能被继承。若将 Packet 类定义的第一行改写成 "**virtual** class Packet;", 这时用 "Packet p=new;" 就会报错。

　　在解释继承时可知, 将子类句柄赋给父类句柄后, 若调用子类和父类中的同名方法, 赋值后的父类句柄调用的方法还是父类的方法, 这是因为普通方法的调用取决于调用该方法的句柄类型, 而不是句柄指向对象的类型。如果想在子类中覆盖父类的方法, 则可以在父类的方法前加上关键字 virtual, 也就是将父类方法变为虚方法; 对于虚方法的调用取决于句柄指向的对象类型, 而非句柄类型。如下面代码, 将 Packet 中的函数 get 改成虚函数, 此时 p.get( )返回值是通过子类对象和方法计算得到的数值, 即-2。

```
//父类                                    //子类
class Packet;                            class LinkedPacket extends Packet;
    integer i=1;                            integer i=2;
    virtual function integer get();         function LinkedPacket get( );
        get = i;                                get =- i;
    endfunction                             endfunction
endclass                                 endclass
    LinkedPacket lp = new;
    Packet p = lp;
$display("%0d" ,p.i);        //j = 1, 不等于 2
$display("%0d" ,p.get( ));   //j =- 2, 不等于 1 或-1
```

　　在类中如果有接口定义, 在接口名前面也可以加关键字 virtual, 即 virtual interface_name。当它作为一种数据类型使用时, 保存着对实际接口的句柄, 这意味着 class 可以使用 virtual interface 来驱动该 interface, 而不是直接应用 DUT 接口信号。virtual interface 提供了一种将验证平台抽象模型与设计的实际接口信号分开的机制, 促进了代码的重用, 对底层设计的接口更改不需要重写使用 virtual interface 的代码。

7. 数据隐藏和封装

　　将类中的数据隐藏, 并且通过方法来访问的技术叫做封装。在默认情况下, 类中的所有成员都可以通过对象的句柄来访问, 但是多个对象句柄访问可能会破坏某些类成员的值。

为了限制外部对象对类内部成员的访问，可以在成员名前加上前缀 local 或 protected。

通过声明成员为 local 成员来避免对此类成员的外部访问(父类的对象也不能访问，这种访问也属于外部访问)，任何违规都可能导致编译错误，local 成员对于子类来说也不可见，所以不能通过子类来访问 local 成员。例如：

```
class Packet;
    local integer i;                      //变量 i 是 local
    function integer compare (Packet other);
        compare = (this.i == other.i);    //只能在类内部访问本地变量 i
    endfunction
endclass
```

若在模块中创建对象 p_c，意图通过 p_c 对本地变量 i 访问，编译会报错。

```
initial
  begin
    Packet   p_c = new( );
    p_c.i =5;                             //不能访问本地变量 i
  end
```

如果需要定义一些只能被子类访问的成员，则需要在这些成员前面加上关键字 protected。例如：

```
class Packet;
    protected integer i;                  //变量 i 是 protected
    function integer compare (Packet other);
        compare = (this.i == other.i);    //只能在类内部访问本地变量 i
    endfunction
endclass
class child_class extends Packet;
    function integer compare (Packet other);
        compare = (i == other.i);         //通过子类访问受保护的变量 i
    endfunction
endclass
```

例 8.3-1　类的使用示例。

```
//定义类 father_class
class father_class;
    logic switch=0;
    local int local_var=1234;

    function new( );
        $display("I am a father class! local_var=%0d",local_var);
    endfunction
```

```
        virtual function void poly_example_func( );    //虚方法
          $display("The message is from poly_example_func in father_class instance!");
        endfunction
endclass
//定义带有参数的类 child_class，它是一个继承类，父类是 father_class
class child_class #(parameter WIDTH=32'd8) extends father_class;
        static int count=0;                  //静态变量 count，类似 C 语言中的静态变量
        logic[WIDTH-1:0] ctrl;

        function new(logic [WIDTH-1:0] ctrl);
          super.new( );
          count++;
          this.ctrl=ctrl;
          this.switch=1;
          $display("The ctrl=%0h, switch=%0d in child_class instance",this.ctrl,this.switch);
        endfunction

        static function void class_info( );
          $display("The class_name count is %0d",count);
        endfunction

        function void poly_example_func( );
          $display("The message is from poly_example_func in child_class instance!");
        endfunction
endclass


module class_tb;
        father_class class_f;                //声明 class_f 为 father_class 类型
        child_class  #(.WIDTH(16)) class_c1; //声明 class_c1 为 child_class 类型，位宽为 16 bit
        child_class  #(.WIDTH(16)) class_c2; //声明 class_c2 为 child_class 类型，位宽为 16 bit

        initial
          begin
            child_class #( ) :: class_info( );    //调用 child_class 类中的函数 class_info，count=0
            class_f=new( );                       //创建对象 class_f，产生实际句柄
            class_f.poly_example_func( );         //调用对象 class_f 中的函数 poly_example_func
            class_c1=new(16'hAA55);               //创建对象 class_c1，将 16'hAA55 传递给函数 new 的
                                                  //形参 ctrl，同时函数 new 中的静态变量 count++加 1
            class_c1.poly_example_func( );        //调用对象 class_c1 中的函数 poly_example_func
```

```
        class_c1.class_info( );              //打印静态变量 count=1;
        class_f=class_c1;                    //将子类句柄赋给父类句柄
        class_f.poly_example_func( );        //由于父类中的 poly_example_func 是虚方法,因此实
                                             //际执行的是子类中的函数 poly_example_func
        $cast(class_c2,class_f);             //将父类句柄强制转换成子类句柄
        class_c2.poly_example_func( );       //执行子类中的函数 poly_example_func
    end
endmodule
```

仿真结果如图 8.3-2 所示。

```
# The class_name count is 0
# I am a father class! local_var=1234
# The message is from poly_example_func in father_class instance!
# I am a father class! local_var=1234
# The ctrl=aa55, switch=1 in child_class instance
# The message is from poly_example_func in child_class instance!
# The class_name count is 1
# The message is from poly_example_func in child_class instance!
# The message is from poly_example_func in child_class instance!
```

图 8.3-2　仿真结果

8.3.2　随机约束

在 Verilog HDL 中使用$random 系统函数产生随机激励来检测隐藏的设计漏洞。但是纯粹的随机激励需要很长时间才能产生有意义的效果,而且不一定符合芯片设计规范,如随机产生的激励可能不满足总线接口时序规范。因此,在 System Verilog 中提出给随机施加一定约束条件的思想,通过对随机测试用例施加一定的约束,将随机用例约束在仿真验证期望的区间内,从而提高随机激励的效率。对于不需要关心的测试空间,通过约束条件进行关闭,可提高测试向量的有效性;利用随机种子反复地运行随机激励,不同的随机种子随机出来的测试向量不同,从而覆盖不同的测试空间。随机约束不但可以减少编写测试向量的数目和验证代码的行数,还可能覆盖到事先没有预料到的边界测试空间(Corner Case),从而发现隐藏的错误。但是随机测试的验证环境比定向测试的复杂,需要随机激励、参考模型和比较逻辑(如图 8.3-1 所示)。System Verilog 提供一种紧凑的、声明式的方式指定约束。下面介绍约束随机测试所需的常用语法。

1. 随机数产生系统函数

和传统 Verilog HDL 一样,System Verilog 也内置了一些系统函数来产生随机激励,如$urandom、$urandom_range,以及一些标准概率分布的系统函数,如$random、$dist_uniform、$dist_normal 等。

例如:

```
integer val, seed=0;
val = $random;                    //返回有符号的 32 bit 数
val = $urandom_range(7,0);        //产生 0~7 的无符号数
val = $dist_uniform(seed,256,512); //在(256,512)区间产生均匀分布数据
```

2. 随机分支 randcase 和随机序列 randsequence

关键字 randcase 引入了一个 case 语句，该语句随机选择它的一个分支。randcase 项表达式是组成分支权值的非负整数值。一个分支的权重除以所有权重的和，就得到了选择该分支的概率。例如：

```
randcase
    3 : x = 1;
    1 : x = 2;
    4 : x = 3;
endcase
```

上例中所有权重之和是 8，所以选择第一个分支的概率是 0.375，选择第二个分支的概率是 0.125，选择第三个分支的概率是 0.5。如果一条分支的权重为 0，那么这条分支就不会被执行；如果所有 randcase 分支的权重都被指定为 0，那么没有分支会被选中，仿真工具会发出警告。randcase 的权重可以是任意表达式，而不仅仅是常量。例如：

```
byte a, b;
randcase
    a + b : x = 1;
    a - b : x = 2;
    a ^ ~b : x = 3;
    3'b010 : x = 4;
endcase
```

每个分支的权重由变量 a 和 b 计算得到。

同时，System Verilog 提供了随机序列发生器，用于随机生成结构化的激励序列，如指令等。随机序列生成器使用 randsequence 块产生。例如：

```
randsequence(main)
    main : first second done;
    first : add | dec;
    second : pop | push;
    done : { $display("done"); };
    add : { $display("add"); };
    dec : { $display("dec"); };
    pop : { $display("pop"); };
    push : { $display("push"); };
endsequence
```

当 main 被选择时，它生成序列 first、second 和 done。当 first 序列生成时，它在子序列 add 和 dec 之间随机选择输出。类似地，second 序列指定在子序列 pop 和 push 之间进行选择。因此，上述代码会产生以下可能的结果：

```
add pop done
add push done
dec pop done
```

dec push done

3. 面向对象的随机

上节提到面向对象的编程极大提高了验证的可扩展性，System Verilog 也可为对象的成员变量提供随机激励。基于对象的随机生成包含了三个部分：定义随机变量类型、指定约束条件(可选)、通过调用内置 randomize( )方法产生随机。

随机变量的类型有两种：rand 和 randc。rand 关键字声明的变量是标准随机变量，它们的值均匀地分布，如 "rand bit [7:0] y;" 是一个 8 位无符号整数，取值范围是 0 ~ 255。如果不受约束，则该变量应被赋值为 0~255 的任意值，概率相等，即连续随机化时重复相同值的概率是 1/256。

用 randc 关键字声明的变量是随机循环变量，只能是位类型或枚举类型，并且可以限制最大值。其基本思想是 randc 随机遍历规定范围内的所有值，并且在一次遍历中没有重复值。当遍历结束时，一个新的随机遍历自动开始。如 "randc bit [1:0] y;"，变量 y 可以取值 0、1、2 和 3(范围为 0~3)。randomize 计算 y 范围内的初始随机排列，然后在后续调用中按顺序返回这些值。当返回一个排列的最后一个数值后，再计算一个新的随机排列来重复这个过程。

在面向对象的随机变量中，通常加上约束条件限制随机变量的数值范围。约束条件也称为约束块，它是类中的独立成员，类似于类任务、函数和变量，约束块名在类中必须是唯一的。其基本语法为

```
class XYPair;
rand integer x, y;                        //定义随机变量
    constraint 块名 {随机条件};
endclass
```

例如：

```
class A;
    rand integer x,y;
    constraint c_xy { x < 0; y>0; }       //约束随机成员变量 x<0，y>0
endclass
```

约束条件及随机过程控制通常有下面几种机制：

(1) 集合成员约束：用 inside 操作符产生一个随机数的集合，随机变量在这个集合中选取，且每个值取到的概率相同。

例如：

```
constraint addr_range {addr inside {1,3,4,6,9};}
constraint data_range {data inside {[5:10]};}
```

(2) 概率分布约束：dist 操作符带有一个值的列表以及相应的权重，中间用 ":=" 或 ":/" 分开。":=" 操作符表示范围内的每个值的权重是相同的，":/" 表示权重要均分到每一个值。

例如：

```
constraint c_A {A dist {X:=1,Y:=2, Z:=3};}
```

表示 A 是 X 的概率为 $1/(1+2+3)$，是 Y 的概率为 $2/(1+2+3)$，是 Z 的概率为 $3/(1+2+3)$。

(3) 条件约束：使用指示运算符或 if-else 结构。

例如：

```
constraint c_cost {addr==3 -> cost>0 && cost<=10;}
```

等效于

```
constraint c_cost {if(addr==3) cost>0 && cost<=10;}
```

当变量 addr 等于 3 时，成员变量 cost 限制在小于等于 10 的范围内。

(4) 函数约束：有时约束条件很难用简单的随机种子或范围来描述，因此 System Verilog 提供了用函数来描述约束。

例如：

```
function integer fv (input shortint data);
        fv=data**2-data+3;
endfunction
constraint c_func{func>fv(data);}          //成员变量 c 需要大于函数 fv(f)的返回值
```

(5) 迭代约束：使用关键字 "foreach"，允许循环变量和索引表达式以参数化的方式约束数组变量。

例如：

```
class rand_c;
        rand byte array[ ];
        constraint c_size {array.size inside {[1:5]}; }
        constraint c_array {foreach (array[i]) array[i] inside {0,2,4,8,16};}
endclass
```

约束 c_size 将数组 array 元素个数控制在 1~5 范围内，每个元素数值限定在集合[0,2,4,8,16]内。

上面的约束块都是在类中定义的，约束块也可以在类之外声明，就像外部任务和函数体一样。例如：

```
class rand_c;
        rand integer x,y;
        constraint c_xy;
endclass
constraint A::c_xy{ x < 0; y>0; }                        //约束随机成员变量 x<0，y>0
```

当类中的随机成员及约束条件定义后，就可通过调用标准随机函数 randomize( )方法为对象中所有激活的随机变量产生随机序列，产生的随机序列必须符合约束条件。randomize( )是一个虚函数，如果 randomize( )方法成功地设置了所有的随机变量和对象的有效值，那么它返回 1；否则返回 0，表示约束实行失败且随机变量保持原值。例如：

```
rand_c   ca = new;                        //创建指向 rand_c 类的对象 ca
repeat (10)
    begin
        if (ca.randomize( ) == 1)                //激活对象 ca 中的随机成员产生随机序列
            $display ("x = %h y = %h\n", ca.x, ca.y);
        else
```

```
          $display ("Randomization failed.\n");
      end
```

例 8.3-2　面向对象的随机应用示例。

```
    module rand_tb;
    logic [2:0] in;
    //定义一个生成随机数的类
    class rand_packet;
        rand bit [2:0] number;              //定义随机数
        constraint c {number>=0; number<=7;}  //约束随机数的范围
    endclass
    rand_packet num;                         //定义 num 为类 rand_packet 类型
    initial
      begin
        num = new( );                        //创建对象 num
        for(int i = 0; i <10; i++)
          begin
            num.randomize( );                //对象 num 中的随机成员产生随机序列
            in = num.number;
            #10;
          end
      end
    endmodule
```

从仿真结果(见图 8.3-3)看出信号 in 在 0～7 范围内随机变化。

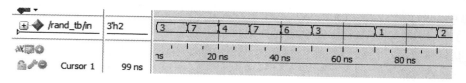

图 8.3-3　模块 rand_tb 仿真波形

8.3.3　覆盖率

上一节中基于约束的随机激励测试可以检测隐藏的设计漏洞或设计边角情况，提高验证的状态或功能点数，但这些功能点可能是局部的。通常验证必须是全面的，因此覆盖率被提出来并作为衡量验证是否通过或满足要求的标准。覆盖率有代码覆盖率和功能覆盖率两种。本节主要讨论功能覆盖率统计方法。功能覆盖率是一个用户自定义的度量，用以度量有多少设计规范已经被执行，如测试计划中的测试用例。它用于度量有效场景、角落用例、规范不变性或其他应用设计条件是否已经被观察、验证和测试。功能覆盖率有两个重要的特征：它是用户自定义的，不是由设计自动推断的；它建立在设计规范的基础上，但又独立于设计代码和设计结构。因为功能覆盖是完全由用户指定的，所以它需要更多的前期工作(如编写覆盖模型)；同时也需要结构化的验证方法。System Verilog 基于上述原因，提供两种类型的功能覆盖率：

(1) 面向控制的功能覆盖率：通过 cover 对断言中的 sequence 或者 property 作统计，这个将在 8.3.4 节中讨论。

(2) 面向数据的功能覆盖率：在特定的时间点对某些数据值使用 coverpoint 和 covergroup 作采样统计分析。本节就简要介绍这种功能覆盖率。

1. 覆盖点

覆盖点(coverpoint)就是针对变量或者表达式的数值进行采样的地方。System Verilog 会为每个覆盖点创建对应的一组仓(bin)来记录每个数据被采集到的次数。如果采样的变量是 1 bit 位宽，最多有两个 bin 被创建，即"0"仓和"1"仓。为了计算覆盖率，首先需要确定每个覆盖点上所有可能产生的数值个数，如采样的变量是 3 bit 位宽，就有 8 个不同的数值，创建 8 个仓。如果在仿真过程中有 7 个仓的值被采样到，那么这个测试点的覆盖率就是 7/8。coverpoint 的基本语法为

　　　　coverpoint　<变量/表达式 1>　 iff (表达式 2)

其中，iff 是可选项，表示当表达式 2 成立时，不作覆盖率统计。例如：

　　　　coverpoint s0 iff (!reset);　　　　　　//当 reset=1'b1 时，对变量 s0 作覆盖率统计

上面语法产生的仓数及仓名是系统自动创建的，自动创建仓的最大个数由 auto_bin_max 确定，默认是 64。如果一个变量是 16 位，有 $2^{16} = 65\,536$ 个数值，数值超过了仓的个数时，会将值域范围平均分到每个仓内，即每个仓都覆盖了 1024 个数值。在如此庞大的仓内寻找没有被覆盖的点其工作量无疑是巨大的，因此 System Verilog 提供了用户自定义仓来限制仓的个数或者创建有意义的仓，基本语法为

　　　　bins/ignore_bins/illegal_bins 仓名 = {数值集或数值转换} iff (表达式 2);

其中，关键字 bins 表示创建一个仓，ignore_bins 表示仓中的所有值都被排除在覆盖范围之外，illegal_bins 表示所有与非法仓相关的值都被排除在覆盖范围之外；如果发生 illegal，则发出运行错误警示。非法仓优先于任何其他仓，也就是说，即使它们也包含在另一个仓中，发生时也会导致运行错误。在自创建仓内，仓内除了有不同的数值外，还可以定义一个或多个数值转换或数值序列，判断这些数值序列是否被覆盖、忽略或非法，如判断 value1 => value2 => value3 => value4 这个数值序列。

例 8.3-3　覆盖点示例。

```
coverpoint v_a
{
    bins a = { [10:63],65 };                    //创建 1 个仓，仓内数值包括 10~63 和 65
    bins b[ ] = { [127:150],[158:191] };        //创建 58 个仓，分别是 b[127]，b[128]，…，b[150]
                                                //b[158]，b[159]，…，b[191]
    bins c[ ] = { 200,201,202 };                //创建 3 个仓，分别是 c[200]、c[201]、c[202]
    bins d = { [1000:$] };                      //创建 1 个仓，仓内数值从 1000 至最大值($表示)
    bins sa = (4 => 5 => 6), ([7:9],10=>11,12); //创建 1 个仓，仓内数值序列分别是 4=>5=>6,
                                                //或者 7=>11, 8=>11, 9=>11, 10=>11, 7=>12, 8=>12, 9=>12, 10=>12
```

```
    ignore_bins ignore_vals = {7,8};        //创建 1 个仓，仓内数值 7、8 不参与覆盖统计
    illegal_bins bad_vals = {1,2,3};        //创建 1 个仓，若出现仓内数值 1、2、3，则报错
}
```

2. 覆盖组(covergroup)

在同一采样时间点上将多个覆盖点组合在一起就构成了覆盖组 covergroup。类似 class，covergroup 也是一个用户自定义类型，在 module/program/interface/class/package 等结构内定义，通过 new 构造实现多次实例化，其基本语法为

```
covergroup 组名 [参数列表] [采样条件];
    <cover_option>;
    <cover_type_option>;
    coverpoint;            //覆盖点
    cross;                 //交叉覆盖点
endgroup
```

覆盖组可以定义形式参数列表，在 new 实例化时将实参传递给形参；可以明确定义功能覆盖组的采样条件，若不定义时钟采样条件，则通过默认的 sample 函数采样；通过 coverpoint 和 cross 语句定义采样对象。

例 8.3-4　在类中定义覆盖组。

```
class xyz;
    bit [3:0] m_x;
    int m_y;
    bit m_z;
    covergroup cov1 @m_z;              //覆盖组定义
        coverpoint m_x;
        coverpoint m_y;
    endgroup
    function new( );
        cov1 = new;
    endfunction
endclass
```

在 class 内定义覆盖组 cov1，采样条件是变量 m_z 为高电平，组内定义了 2 个覆盖点 m_x 和 m_y。在类中可以不使用实例化，但仍需在类的构造函数中调用 new 对覆盖组进行初始化。

3. 交叉覆盖点

覆盖组内可以通过关键字 cross 对两个或者多个覆盖点指定交叉覆盖点。若 cross 指定的交叉覆盖点中的成员是一个变量，但没有用 coverpoint 定义，则系统会自动为该变量创建对应的覆盖点；但成员不能是没有用 coverpoint 定义的表达式，这种情况必须先为表达式定义覆盖点。例如：

```
bit [3:0] a, b,c;
covergroup cov @(posedge clk);
```

```
        aXb : cross a, b;
    endgroup
    covergroup cov2 @(posedge clk);
        BC: coverpoint b+c;
        aXb : cross a, BC;
    endgroup
```

覆盖组 cov 中定义了 2 个 4 位信号 a 和 b 的交叉覆盖点，System Verilog 会自动为每个变量创建覆盖点，每个覆盖点有 16 个仓，仓名分别是 auto[0]，arto[2]，…，auto[15]，因此 a 和 b 的交叉点 aXb 有 256 个数值，每个都是交叉点 aXb 的一个仓。覆盖组 cov2 中定义了覆盖点 BC 是表达式 b+c 的数值，在交叉点 aXb 定义中引入了覆盖点 BC。

System Verilog 还提供了关键字 binsof 为 cross 指定特定的仓(而不是全部)，其结果通过和其他仓进行进一步的选择操作，从而生成期望的交叉仓。例如：

　　binsof(x) intersect {y}　　　　//表示覆盖点 x 和表达式 y 给定范围内的交集组合

　　! **binsof**(x) intersect {y}　　　　//表示覆盖点 x 和表达式 y 给定范围以外的交集组合

当指定仓内是一个值序列时，binsof 操作符使用序列的最后一个值。

例 8.3-5　交叉覆盖点应用示例。

```
    bit [7:0] v_a, v_b;
    covergroup cg @(posedge clk);
        a:coverpoint v_a
          {
            bins a1 = {[0:63]};
            bins a2 = {[64:127]};
            bins a3 = {[128:191]};
            bins a4 = {[192:255]};
          }
        b:coverpoint v_b
          {
            bins b1 = {0};
            bins b2 = {[1:84]};
            bins b3 = {[85:169]};
            bins b4 = {[170:255]};
          }
        c:cross v_a, v_b
          {
            bins c1 = ! binsof(v_a) intersect {[100:200]};      //4 个交叉组合
            bins c2 = binsof(v_a.a2) || binsof(v_b.b2);         //7 个交叉组合
            bins c3 = binsof(v_a.a1) && binsof(v_b.b4);         //1 个交叉组合
          }
    endgroup
```

上例定义了一个名为 cg 的覆盖组，它在信号 clk 上升沿对覆盖点进行采样。覆盖组包括两个覆盖点，分别为两个 8 位变量 v_a 和 v_b。与变量 v_a 覆盖点关联的标记为 'a'，为变量 v_a 的每个可能值定义了 4 个大小相等的仓；同样，与变量 v_b 覆盖点关联的标记为 'b'，为变量 v_b 的每个可能值也定义了 4 个仓。标记为 'c' 的交叉点指定了覆盖点 v_a 和 v_b 的交叉覆盖。如果没有任何额外交叉仓的定义，那么 a 和 b 的交叉覆盖点包括 16 个交叉组合点，即交叉点<a1, b1 >、<a1, b2 >、<a1, b3 >、<a1, b4 >、…、<a4, b1>、<a4,b2>、<a4,b3>和<a4,b4>。

第一个用户自定义的交叉仓 c1 是覆盖点 v_a 在 100～200 范围以外的交叉点组合，即组合中不包含仓 a2、a3 和 a4。因此，c1 将只包含<a1,b1>、<a1,b2>、<a1,b3>和<a1,b4>的 4 个交叉点组合。第二个用户自定义的交叉仓 c2，定义了只包含 'a' 覆盖点中的 a2 仓或 'b' 覆盖点 b2 仓构成的交叉覆盖，因此只包括以下 7 个交叉组合：<a2, b1>、<a2, b2>、<a2, b3>、<a2, b4>、<a1, b2>、<a3, b2>和<a4, b2>。最后一个用户自定义的交叉仓 c3，定义了同时包含 'a' 覆盖点中 a1 仓和 'b' 覆盖点中 b4 仓的交叉组合，因此只有一个交叉覆盖点<a1, b4>。

例 8.3-6　覆盖率测试示例。

```
module coverage_example();
    logic [7:0]    addr=0;
    logic [7:0]    data;
    logic          par;
    logic          rw;
    logic          clk;
    //覆盖组
    covergroup memory @(posedge clk);        //定义覆盖组，时钟上升沿采样数据
        address: coverpoint addr {           //定义覆盖点 address，用于验证 addr 信号
            bins low    = {[0:50]};
            bins med    = {[51:150]};
            bins high   = {[151:255]};
        }
        parity: coverpoint   par {           //定义覆盖点 parity，用于验证 par 信号
            bins even   = {0};
            bins odd    = {1};
        }
        read_write: coverpoint rw {          //定义覆盖点 read_write，用于验证 rw 信号
            bins   read  = {0};
            bins   write = {1};
        }
        parity_read: cross par,rw; //定义交叉覆盖点 parity_read，用于验证信号 par 和 rw 的组合
    endgroup
    memory mem = new( );                      //覆盖组 memory 实例化
    task drive (input[7:0]a, input[7:0]d, input r);    //定义任务 drive，用于驱动信号
```

```
            addr   = a;
            rw     = r;
            data   = d;
            par    = ^d;
        endtask
        //测试
        always #5 clk=~clk;
        initial
            begin
                clk = 0;
                repeat (10) @(negedge clk) drive ($random,$random,$random);   //产生输入随机激励信号
                #10 $finish;
            end
    endmodule
```

从图 8.3-4 的仿真结果可以看出，覆盖组中的所有覆盖点都 100%验证到了，其中第一列代表覆盖点名称及覆盖点中的仓名，第二列代表每个仓在仿真过程中被验证到的次数，第三列代表每个仓预设的目标验证数，默认为 1。

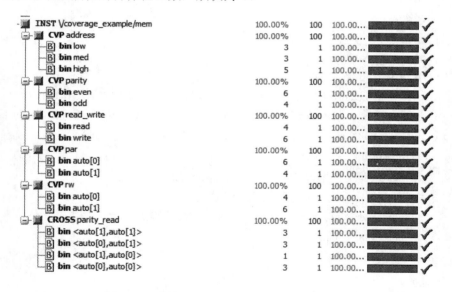

图 8.3-4　模块 coverage_example 覆盖率仿真结果

例 8.2-4 测试采用的是传统的验证思想和验证结构，下面基于图 8.3-1 所示的 System Verilog 可重用测试平台，将上述介绍的验证方法和结构应用到这个售卖机实例中，从而使读者对可重用测试平台的建立有具体的认识。

例 8.3-7　基于 System Verilog 的售卖机验证平台。

//*******************例 8.2-4 中的设计代码*************************

interface intf_Vendor(input logic clock,reset);

```
    ...
    endinterface
    package definitions;
        ...
    endpackage
    module Vendor (intf_Vendor VendorIO);
        ...
    Endmodule
```
//*******************基于 System Verilog 可重用测试平台*******************
//定义一个事务，用于连接验证环境中的多个组件
```
class transaction;
    bit Ready, Dispense, Return, Bill;
    rand bit Ten, Twenty;                           //随机变量
    constraint c_TenTwenty {Ten^Twenty==1;}         //随机约束

    function void print(string tag="");
        $display("T=%0t [%s] Ten=%b Twenty=%b Ready=%b Dispense=%b Return=%b Bill=%b",
                $time,tag,Ten,Twenty,Ready,Dispense,Return,Bill);
    endfunction
endclass
```
//定义驱动组件，用于将激励信号通过 interface 输送给 DUT
```
class driver;
    virtual intf_Vendor vif;       //接口实例化
    mailbox drv_mbx;               //创建 mailbox 机制用于类 driver 和 test 之间的信息交互

    task run( );
        $display("T=%0t [Driver] starting ...", $time);
        forever begin
            transaction item;          //定义 item 事务
            drv_mbx.get(item);         //通过 mailbox 机制得到事务信息，这里得到 test 产生的激励信号
            item.print("Driver");
            vif.Ten = item.Ten;        //将激励信号送到接口中
            vif.Twenty = item.Twenty;
        end
    endtask
endclass
```
//定义监测组件，打印输出接口信息
```
class monitor;
    virtual intf_Vendor vif;
```

```
    mailbox scb_mbx;              //创建 mailbox 机制，用于类 monitor 和 scoreboard 之间的信息交互

    task run( );
      $display("T=%0t [Monitor] starting ...", $time);
      forever begin
         transaction item = new;
         @(negedge vif.clock);      //下降沿采样稳定输出值
         item.Ten = vif.Ten;         //通过接口将接口信息传送给事务 item
         item.Twenty = vif.Twenty;
         item.Dispense = vif.Dispense;
         item.Return    = vif.Return;
         item.Ready = vif.Ready;
         item.Bill      = vif.Bill;
         item.print("Monitor");
         scb_mbx.put(item);                //将事务 item 信息通过 mailbox 机制发给 scoreboard
      end
    endtask
endclass
//定义计分板，用于判断输出是否满足要求
class scoreboard;
    mailbox scb_mbx;              //创建 mailbox 机制，用于类 monitor 和 scoreboard 之间的信息交互
    logic [7:0] cnt= 0;                   //计数器记录已收到的钱数

    task run( );
       forever
         begin
           transaction item;
           scb_mbx.get(item);              //通过 mailbox 机制，得到 monitor 发出的事务信息

           if(cnt==40)
             begin                         //若已收到 40 元，则输出 Dispense 应该为 1
               if(item.Dispense==1)
                   $display("T=%0t [Scoreboard] Succeed to put goods", $time);
               else
                   $display("T=%0t [Scoreboard] Error to put goods", $time);
               cnt=0;
             end
           else if(cnt==50)
             begin                         //若已收到 50 元，则输出 Return 应该为 1
```

```
                    if(item.Return==1)
                        $display("T=%0t [Scoreboard] Succeed to return changes", $time);
                    else
                        $display("T=%0t [Scoreboard] Error to return changes", $time);
                    cnt=0;
                end
            else
                begin                           //累加钱数
                    if(item.Ten) cnt+=10;
                    else if(item.Twenty) cnt+=20;
                    $display("T=%0t [Scoreboard] receive money =%0d", $time,cnt);
                end
        end
    endtask
endclass
//定义覆盖组
class cov;
    virtual intf_Vendor vif;

covergroup cov_Vendor;
    Ready: coverpoint vif.Ready {
        bins low      = {0};
        bins high     = {1};
    }
    Dispense: coverpoint vif.Dispense {
        bins low      = {0};
        bins high     = {1};
    }
    Return: coverpoint vif.Return {
        bins low      = {0};
        bins high     = {1};
    }
    Bill: coverpoint vif.Bill {
        bins low      = {0};
        bins high     = {1};
    }
    out: cross Ready,Dispense,Return,Bill        //定义交叉覆盖点
{
    bins Ready_o=binsof(Ready.high)&&binsof(Dispense.low)&&binsof(Return.low)&&binsof(Bill.low);
    bins Dispense_o = binsof(Ready.low) && binsof(Dispense.high)&& binsof(Return.low)&&
```

```
                                    binsof(Bill.low);
        bins Return_o=binsof(Ready.low) && binsof(Dispense.low)&& binsof(Return.high)&&
                                    binsof(Bill.low);
        bins Bill_o = binsof(Ready.low) && binsof(Dispense.low)&& binsof(Return.low)&&
                                    binsof(Bill.high);
        illegal_bins bad_o = binsof(Ready.low) && binsof(Dispense.low)&& binsof(Return.low)&&
                                    binsof(Bill.low);
        illegal_bins bad_vals_Ready = binsof(Ready.high) && (binsof(Dispense.high)|| binsof (Return.
                                    high)|| binsof(Bill.high));
        illegal_bins bad_vals_Dispense = binsof(Dispense.high) && (binsof(Ready.high)|| binsof(Return.
                                    high)|| binsof(Bill.high));
        illegal_bins bad_vals_Return = binsof(Return.high) && (binsof(Dispense.high)|| binsof(Ready.
                                    high)|| binsof(Bill.high));
        illegal_bins bad_vals_Bill = binsof(Bill.high) && (binsof(Dispense.high)|| binsof(Return.high)||
                                    binsof(Ready.high));
    }
endgroup

    function new( );
        cov_Vendor=new;
    endfunction

    task run( );
        forever @(posedge vif.clock) cov_Vendor.sample();
    endtask
endclass
//定义测试环境
class env;
    driver d0;
    monitor m0;
    scoreboard s0;
    cov c0;
    mailbox scb_mbx;
    virtual intf_Vendor vif;

    function new( );
        d0 = new;
        m0 = new;
        s0 = new;
```

```
        c0 = new;
        scb_mbx = new;
    endfunction

    virtual task run( );
        d0.vif = vif;
        m0.vif = vif;
        c0.vif = vif;
        m0.scb_mbx = scb_mbx;
        s0.scb_mbx = scb_mbx;
        fork
            s0.run( );
            d0.run( );
            m0.run( );
            c0.run( );
        join_none

    endtask
endclass
//定义测试平台
class test;
    env e0;
    mailbox drv_mbx;
    virtual intf_Vendor vif;

    function new( );
        drv_mbx = new( );
        e0=new( );
    endfunction;

    virtual task run( );
        e0.d0.drv_mbx = drv_mbx;
        fork
            e0.run( );
        join_none
        generator( );
    endtask
//激励产生
virtual task generator( );
```

```
          transaction item;

          $display("T=%0t [Test] Starting stimulus...", $time);
          forever begin
            @(posedge vif.clock);
            item =new;
            item.randomize( );
            drv_mbx.put(item);
          end
      endtask
  endclass
//测试顶层模块
module Vendor_tb_sv;
  reg clock, reset;
  import definitions::*;

  intf_Vendor intf1(.clock(clock),.reset(reset));
  Vendor U1(intf1);
  //定义时钟
  initial
      begin
        clock = FALSE;
        forever #CLOCK_WIDTH clock = ~clock;
      end
  //复位阶段结束后测试平台开始工作
  initial
      begin
        test t0;                //测试平台实例化
        reset = 1;
        repeat (5) @ (posedge clock);
        reset = 0;
        t0=new( );
        t0.vif=intf1;
        t0.e0.vif=intf1;
        t0.run();
      end
  initial #1000 $finish;
endmodule
```

如图 8.3-5 所示，首先通过打印语句分析电路的工作过程，即复位信号释放，连续 4 次投币 10 元后，输出 Dispense 变为高电平，符合期望值。同时通过覆盖率报告，得到不同类型的代码覆盖率和功能覆盖率(Total Covergroup Coverage)，其中功能覆盖率为 100%。在这个测试平台中，测试组件之间通过 interface 或 mailbox 等机制进行通信，每个测试组件(由类实现)可以独立修改扩展功能，同时不会影响或不用修改其他组件及连接关系，提高了平台的使用率和测试效率。

```
VSIM 172> run -all
# T=90 [Test] Starting stimulus...
# T=90 [Driver] starting ...
# T=90 [Monitor] starting ...
# T=100 [Monitor] Ten=0 Twenty=0 Ready=1 Dispense=0 Return=0 Bill=0
# T=100 [Scoreboard] receive money =0
# T=120 [Monitor] Ten=1 Twenty=0 Ready=1 Dispense=0 Return=0 Bill=0
# T=120 [Scoreboard] receive money =10
# T=140 [Monitor] Ten=1 Twenty=0 Ready=0 Dispense=0 Return=0 Bill=1
# T=140 [Scoreboard] receive money =20
# T=160 [Monitor] Ten=1 Twenty=0 Ready=0 Dispense=0 Return=0 Bill=1
# T=160 [Scoreboard] receive money =30
# T=180 [Monitor] Ten=1 Twenty=0 Ready=0 Dispense=0 Return=0 Bill=1
# T=180 [Scoreboard] receive money =40
# T=200 [Monitor] Ten=1 Twenty=0 Ready=0 Dispense=1 Return=0 Bill=0
# T=200 [Scoreboard] Succeed to put goods

Coverage Report Summary Data by file

==================================================================
=== File: E:/ex8_3_7.sv
==================================================================
    Enabled Coverage          Bins    Hits    Misses   Coverage
    ----------------          ----    ----    ------   --------
    Branches                    38      33        5      86.84%
    Conditions                   4       2        2      50.00%
    FSM States                   6       6        0     100.00%
    FSM Transitions             13       9        4      69.23%
    Statements                 115     110        5      95.65%

TOTAL COVERGROUP COVERAGE: 100.00%  COVERGROUP TYPES: 1

Total Coverage By File (code coverage only, filtered view): 80.34%
```

图 8.3-5　模块 Vendor_tb_sv 仿真结果

8.3.4　System Verilog 断言

1. 什么是断言？

传统的验证基本原理是根据电路需求编写激励信号或测试向量，将测试向量连接到被验证模块的输入端，在其输出端收集数据，并进行时序或者数据分析，达到查找设计缺陷的目的。这种方法根本上是属于覆盖率驱动的动态仿真。随着系统级芯片设计复杂度的不断提高，上述传统验证方法的弊端越来越明显，比如为了满足覆盖率的要求，需要编写运行大量的测试向量来查找设计中的缺陷，消耗大量的人力资源和仿真资源；验证工程师需要通过分析波形和日志文件来检查及定位设计中的错误，这种分析方法在系统级验证中效率低下，不利于产品上市周期。设计能力与验证能力之间差距的不断增大，迫使人们去探究新的验证方法以弥补现有验证方法的不足，因此基于断言的验证技术(Assertion_Based Verification，ABV)被提出并应用在系统级电路验证中。

断言(assertion)是对设计属性(property)(行为)的描述，它并不是一个全新的概念，最初在软件设计中得以应用。断言的概念最早出现于 1949 年 Alan Turing 在高速自动计算机器 (High Speed Automatic Calculating Machines)会议论文中所提及的一段叙述："In order that the man who checks may not have too difficult a task, the programmer should make a number of definite assertions which can be checked individually, and from which the correctness of the whole program easily flows." (为了降低验证难度，程序员应该设计一些明确的断言，这些断言可以单独检查，并且很容易从中判断整个程序是否正确。)

断言总是和静态仿真工具结合在一起使用，对电路进行形式验证。形式验证是通过数学的方法遍历所有工作状态，它克服了传统动态仿真难以穷举所有可能的测试序列去完全覆盖状态的缺点。基于断言的验证方法如图 8.3-6 所示。首先根据设计规范制定测试场景，从测试场景中抽象出属性(行为)并用断言表示，这些断言可以插入到设计文件中，也可以单独编成一个断言文件；将设计文件和对应的断言文件送入形式验证工具中仿真验证，在仿真过程中，断言就类似一个监控器，监视那些属性；如果一个被描述的属性不是期望的那样，这个断言就会失败，并给出反例用于验证者核查错误，进而修改设计或进一步约束属性，使其更精确地描述设计行为。

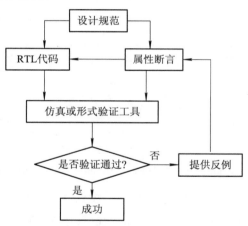

图 8.3-6　基于断言的验证流程

断言包括用户自定义的断言和专门的断言库(如 OVL(Open Verification Library))，能够进行属性描述、接口约束、激励序列产生、功能覆盖率检查及形式验证分析等。使用断言的验证技术的优点有如下几点。

(1) 提高了验证效率：用简洁的语言结构描述了复杂准确的时序关系；一旦发生设计错误，断言能立即检测及定位，提高验证的可观察性；致命错误发生后，断言可以终止仿真，提高验证的可控性。

(2) 提升了功能覆盖率：断言作为设计属性(行为)的描述，通过对断言执行情况的覆盖统计，可以将传统的代码覆盖率提升到功能覆盖率，与仿真环境中原有的功能覆盖点相结合，构建完整的功能覆盖机制。

　　(3) 可重用性强：基于"黑盒子"的断言技术与具体电路实现无关，一般写在单独的断言文件中，用来描述电路输入/输出应满足的设计要求；尤其是针对标准协议编写的断言，它们可以面向不同的设计。

　　(4) 支持跨时钟域的时序验证：现在大多数的设计是基于多时钟域的，当跨越不同的时钟域时，使用多个时钟断言属性对于数据完整性检查非常有帮助。

　　用之前学习的 Verilog HDL 可以实现断言的功能，如下面的 Verilog 代码设计了一个断言。当定义宏名 DEBUG 时，这个检验器生效并产生一个断言，即信号 a 和 b 不能同时为高电平，如果发生了上述情况，则打印错误信息。

```
`ifdef DEBUG
        if(a & b) $display("Error: a and b cannot both be high");
    `endif
```

　　虽然 Verilog HDL 代码结合系统任务或函数可以实现一些检验任务，但是 Verilog HDL 本质上是一种过程性语言，其设计目的是用于硬件电路设计，而不是电路的仿真验证，因此它不能很好地控制产生复杂时序。要描述复杂的时序关系，Verilog HDL 需要编写冗长的代码，如例 8.3-8 所示的时序(见图 8.3-7)：在时钟上升沿判断信号 a 是否为高；延时 1 个时钟周期，判断信号 b 是否为高；再延时 2 个时钟周期，判断信号 c 是否为高。这样复杂的时序代码编写容易出错且不易维护；由于 Verilog HDL 的过程性，使得它很难检测同一时间段发生的所有并行事件；更糟糕的是，用 Veilog HDL 编写的断言可能与它们要验证功能的实现方式相同并包含相同的错误，从而无法检测到共同错误。鉴于 Verilog HDL 编写断言可能存在的以上问题，System Verilog 开发了编写断言的专用语言 System Verilog Assertion。

　　例 8.3-8　用 Verilog HDL 设计断言示例。

```
always@(posedge clk)
begin
    if(a)
        begin
            @(posedge clk);
            if(b)
                begin
                    repeat(2)@(posedge clk);
                    if(c)    $display("Passed");
                    else     $display("Failed to signal c");
                end
            else
                $display("Failed to signal b");
        end
    else
        $display("Failed to signal a");
end
```

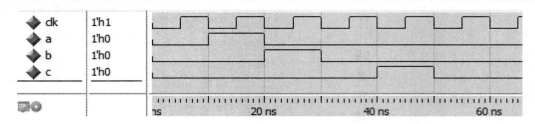

图 8.3-7　例 8.3-8 设计的 a、b、c 信号时序

2．System Verilog 断言的建立过程

System Verilog Assertion(SVA)是一种描述性的语言，它提供了一种强大的替代方法为设计编写约束、检查器和覆盖点；同时语言本身也简单，易于管理。如例 8.3-8 中需要验证的时序关系，用 SVA 描述，只需一行代码：

　　　　abc_ast: assert property (@(posedge clk) a |-> ##1 b ##2 c);

同时从例 8.3-8 中看出，时序验证的失败和成功的结论必须在 Verilog HDL 中额外用$display 定义，而 SVA 中断言失败会自动显示错误信息。

SVA 的建立过程如图 8.3-8 所示，包括布尔表达式、序列(Sequence)、属性(Property)、断言(Assert Property)和覆盖语句(Cover Property)。

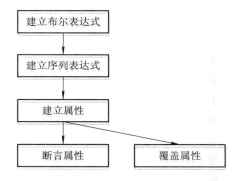

图 8.3-8　断言建立过程

1) 布尔表达式

布尔表达式位于最底层，和 Verilog HDL 中没有差别，如 "a&&b;"。

2) 序列

在任何设计中，序列都是由多个逻辑事件组合而成的。这些事件可以是同一时钟沿被求值的简单布尔表达式，也可以是经过多个时钟周期后求值计算得到的事件。SVA 使用关键字 sequence(序列)来表示这些事件，其基本语法为

　　　　sequence sequence_name;

　　　　　　< test expression>;

　　　　endsequence

例如：

　　　　sequence s1;

　　　　　　@(posedge clk)　a&&b;

　　endsequence

序列 s1 表述当时钟信号 clk 上升沿到来时，信号 a 和 b 是否同时为真。

　　3) 属性

　　许多序列可以被有序地组合起来形成设计的属性，用关键字 property 来表示属性。属性也可以由表达式构成。属性是在模拟过程中被验证的单元，只有在断言中被调用，才能真正发挥作用。其基本语法为

　　　　property name_of_property;

　　　　< test expression > or < complex sequence expressions >;

　　　　endproperty

例如：(1)　　　　　　　　　　　　　　(2)

　　　　property s2_a;　　　　　　　　　property s2_b;

　　　　　　not s1;　　　　　　　　　　　@(posedge clk)　!(a&&b);

　　　　endproperty　　　　　　　　　　endproperty

属性 s2_a 用序列 s1 构成，属性 s2_b 由时钟触发的布尔表达式构成，这两个属性判断的都是当时钟信号 clk 上升沿到来时，信号 a 和 b 不同时为真。

　　4) 断言

　　断言是对特定属性或者序列进行行为检查，其基本语法为

　　　　assertion_name: assert property(property_name);

其执行方式与过程 if 语句相同，即如果表达式的计算结果为 X、Z 或 0，那么表达式被解释为假，断言失败；否则，表达式被解释为真，断言成功。例如：

　　　　assert_ab : assert property (s2_b) $display("passed"); else $display("failed");

上面定义了一个断言 assert_ab，验证的内容是属性 s2_b。若在时钟信号 clk 上升沿，信号 a 和 b 不同时为真，则断言成功，打印 "passed"；否则断言失败，打印 "failed"。其中，else 语句可以省略。当然，也可以直接在断言内定义属性，将断言 assert_ab 改写成

　　　　assert_ab: assert property (@(posedge clk)　!(a&&b));

这里没有写打印语句，当断言失败时，系统自动报错。

　　5) 覆盖

　　为了保证验证的完备性，需要统计功能覆盖率信息，在 SVA 中提供关键字 cover 来实现这一功能，其基本语法为

　　　　cover_name: cover property(property_name);

其中，property_name 是需要覆盖的属性名。覆盖语句执行结束后，可得到的信息包括属性验证的次数、属性成功的次数、属性失败的次数及属性 "空成功" (Vacuous Success)的次数。

　　例如：

　　　　cover_name: cover property(s2_a);

3. 断言的种类

System Verilog 语言中定义了两种断言：即时断言(Immediate Assertion)和并发断言(Concurrent Assertion)。

1) 即时断言

即时断言基于事件的变化，表达式的计算就像 Verilog HDL 中的组合逻辑赋值一样，是立即被求值判断的，而不是时序相关的。它放在过程块的定义中，主要用于动态仿真。

例 8.3-9　即时断言程序示例。

```
module imme_ast;
    reg a,b;
    initial
        begin
            a=1'b0; b=1'b0;
            #10 a=1'b1; b=1'b0;
            #10 a=1'b0; b=1'b1;
            #10 a=1'b1; b=1'b1;
            #30 $finish;
        end
    always_comb                    //组合逻辑块
    begin
        assert_imme_ab:assert (a&&b) $display($time,,"%m passed"); else $display($time,,"%m failed");
                            //即时断言
    end
endmodule
```

输出结果：
```
  0 imme_ast.assert_imme_ab failed
 10 imme_ast.assert_imme_ab failed
 20 imme_ast.assert_imme_ab failed
 30 imme_ast.assert_imme_ab passed
```

即时断言 assert_imm_ab 在信号 a 或 b 发生变化时被立即触发，在第 30 ns 后，信号 a 和 b 的值都为 1'b1，断言成功；其他时间断言失败。

2) 并发断言

一般的，断言是基于时序逻辑的，单纯进行组合逻辑的断言很少，因此在这里重点介绍面向时序检查的并发断言所涉及的常用语法。并发断言的一般规则是"time + sequence"，首先要指定断言被触发执行的时刻，一般情况是用时钟上升(下降沿)来触发，即@(posedge clk)或@(negedge clk)。并发断言可以放在 always 或 initial 过程块中，也可以像连续赋值语句一样单独成行。并发断言可以在静态(形式化)验证工具和动态(仿真)验证工具中使用。

例 8.3-10　并发断言程序示例。

```
module con_ast;
    reg a,b,clk;
    always #10 clk=~clk;
    initial
        begin
```

```
                    clk=1'b0;
                    a=1'b0; b=1'b0;
            #10 a=1'b1; b=1'b0;
            #10 a=1'b0; b=1'b1;
            #10 a=1'b1; b=1'b1;
            #30 $finish;
        end
```

assert_con_ab: assert property (@(posedge clk) (a&&b)) $display($time,,"%m passed"); else $display($time,,"%m failed");　　　//并发断言

```
        endmodule
```

输出结果：

```
10 con_ast.assert_ab failed
30 con_ast.assert_ab failed
50 con_ast.assert_ab passed
```

从结果可以看出，并发断言 assert_con_ab 只有在时钟 clk 上升沿才会触发并判断表达式 a&&b 是否成立。关键字 property 可用于区分并发断言和立即断言。

4. 断言定义中常用的语法结构

下面介绍在断言定义中常用的一些语法结构。

1) 断言失效

在验证中，当某些条件满足时，不用进行断言的检测，如当复位信号有效时，让断言不工作；SVA 提供了关键词 "disable iff" 来实现验证在某些情况下的失效，其基本语法为

```
disable iff (expression)   property_expr;
```

如在异步复位触发器中判断输出信号 q 是否等于输入信号 d，若直接编写断言 @(posedge clk) (q == $past(d))，则当复位信号有效时就会报错，因此需要改写成当复位信号无效时进行断言的判断，将上句重新改写为

```
@(posedge clk) disable iff (!rst_n) (q == $past(d))   //rst_n 是低电平有效
```

时钟 clk 上升沿到来，首先判断复位信号 rst_n 是否为低电平，如果 rst_n 是低电平，则不进行 q == $past(d) 的判断；rst_n 为高电平，才进行输出信号 q 是否等于上一个时钟输入信号 d 数值的判断。

2) 蕴含结构

上述时序验证只是在每个时钟有效沿检查对应的布尔表达式是否成立，但在复杂时序的检验中，往往需要验证若干个时钟周期内发生的多个事件，而且这些事件存在时序先后关系。比如在时钟信号 clk 上升沿时，首先判断事件 A 是否成立，如果不成立，则断言失败；如果成立，再判断事件 B 是否成立，这就相当于一个 if-else 结构：

```
        if  A
            B;
        else        failed;
```

其中，事件 A 称为"先行算子"(antecedent)，事件 B 称为"后续算子"(consequent)。当先

行算子成功时，后续算子才会被计算判断。如果先行算子不成功，那么整个属性默认为"空成功"。这种由先行事件触发后续事件的结构在 SVA 中称为蕴含结构，它包括两种类型：交叠蕴含(Overlapped Implication)和非交叠蕴含(Non-Overlapped Implication)。

(1) 交叠蕴含。交叠蕴含用符号"|->"表示，含义是如果先行算子成功，则在同一个时钟周期计算并判断后续算子是否成功，例如：

```
@ (posedge clk) a |-> b        //在时钟 clk 上升沿，若信号 a 为高电平，则在同一时钟沿判断信号
                               //b 是否为高电平
```

(2) 非交叠蕴含。非交叠蕴含用符号"|=>"表示，含义是如果先行算子成功，则在下一个时钟周期计算并判断后续算子是否成功，即后续算子的判断相对先行算子会有一个时钟周期的延时。例如：

```
@ (posedge clk) a |=> b        //在时钟 clk 上升沿，若信号 a 为高电平，则在下一个时钟沿判断信
                               //号 b 是否为高电平
```

在一些复杂时序的设计中，先行算子和后续算子的发生往往不在同一时钟周期或仅一个时钟周期延时，可能后续算子的发生相对于先行算子有若干个时钟周期的延时，因此 SVA 提供了带有延时的蕴含，时钟延时用"##"表示，具体形式如下：

```
A ##n B           //判断 A 事件发生后的 n 个时钟周期后 B 事件是否发生
A ##[m:n] B       //判断 A 事件发生后的第 m~n 个单位时间内 B 事件是否发生
A ##[m:$] b       //判断 A 事件发生后的第 m 个周期时间直至模拟结束 B 事件是否发生
```

例如：

```
@ (posedge clk) a |=> ##2 b    //在时钟 clk 上升沿，若信号 a 为高电平，则在延时 3 个时钟
                               //周期后，判断信号 b 是否为高电平
```

3) 重复运算符

在时序设计中往往需要某个信号或序列重复发生，如下面的序列：

```
@(posedge clk) $rose(start) |-> ##1 a ##1 a ##1 a ##1 stop；
```

表示在时钟上升沿，若信号 start 发生了上跳变，则从下一个时钟起，信号 a 保持在 3 个连续时钟周期内为高电平，然后在下一个时钟周期，信号 stop 为高。如果信号 a 要在多个时钟周期保持高电平，上述写法会使代码冗长，因此 SVA 中提供了 3 种不同机制的重复运算符。

(1) 连续重复：判断信号或序列是否在指定的 n 个时钟周期内连续发生，其基本语法为

```
signal or sequence [*n]
```

例如，a[*3]展开等效为"a ##1 a ##1 a"，序列"a ##1 b ##1 b ##1 b ##1 c"可以用连续重复运算符改写成"a ##1 b[*3] ##1 c"。

(2) 跟随重复：判断信号或序列是否发生了 n 次，但这些序列不一定是在连续时钟周期内发生的，但要求重复序列的最后一次发生应该在整个序列结束之前。其基本语法为

```
signal or sequence [->n]
```

如序列"start ##1 a[->3] ##1 stop"表示在信号 start 高电平之后，信号 a 要连续或间接出现 3 个高电平，并且最后一次高电平应该在 stop 为高电平的前一个时钟周期。

(3) 非连续重复：与跟随重复相似，但它并不要求重复序列的最后一次发生应该在整个序列结束之前。其基本语法为

signal [=n]

如序列 "start ##1 a[=3] ##1 stop" 表示在信号 stop 为高电平之前，信号 a 要连续或间接地出现 3 个高电平，但在信号 stop 为高电平的前一个时钟周期，信号 a 不一定为高电平。

上面定义的重复次数是固定值，利用[*min:max]语法可以定义重复次数的范围，其中 min 代表最小重复次数，min 可以为 0，代表一次也不发生；如果没有重复次数的限制，可以将右边最大重复次数 max 用 "$" 表示。

4) 局部变量的使用

局部变量是 SVA 语言中重要的特性之一，它使得检查设计中复杂的流水线行为成为可能。SVA 中的局部变量是动态变量，也就是说，它在序列启动时动态创建，在序列结束时自动删除。局部变量在序列或属性内部定义并赋值。局部变量的定义是单独语句，但变量的赋值语句必须和子序列结合，并放在子序列的后面，用逗号隔开。如果子序列匹配成功，则变量才能被赋予新值，例如：

```
property e;                                          //属性定义
    int x;                                           //局部变量 x 定义
    (valid_in,(x = pipe_in)) |-> ##5 (pipe_out1 == (x+1));   //局部变量 x 赋值
endproperty
```

其中，property 的验证过程为：当信号 valid_in 为真时，将 pipe_in 的数值赋给变量 x 并保存；如果 5 个时钟周期后，pipe_out1 数值等于(x+1)，则属性验证成功。

例 8.3-11　利用局部变量创建计数器。

```
property counter;
    int cnt;
    @(posedge clk) disable iff(!rst_n) (
        ($rose(start),cnt=0)          //信号 start 上升沿到来，变量 cnt 赋初值
        ##1 (1,cnt=cnt+1)[*0:$]       //常量 "1" 表示一直成立，cnt 每过一个时钟周期自加 1
        ##1 (cnt==MAXCNT) |-> finish==1'b1);   //当 cnt 等于 MAXCNT 时，立即判断信号
                                                //finish 是否为高
endproperty
ast_cnt: assert property(counter);
```

其时序示意图如图 8.3-9 所示。

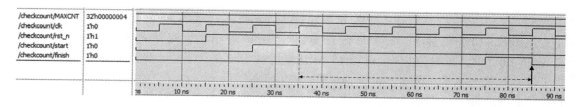

图 8.3-9　例 8.3-11 时序示意图

从图 8.3-9 中可看出：在第 35 ns 检测到 start 上升沿，序列开始检测，同时将变量 cnt 赋值为 0；随后每经过 1 个时钟变量，cnt 加 1，在第 85 ns 时 cnt=MAXCNT(4)，此时信号 finish 为高电平，属性 counter 验证成功。

5) 多时钟域检测

SVA 允许序列或者属性使用多个时钟域来采样信号及检测子序列。多时钟域序列是通过使用单时钟域子序列连接延时操作符##1 或##0 来构建的。例如：

@(posedge clk1) s1 ##1 @(posedge clk2) s2

延时##1 可以理解为从第一个序列(第一个时钟域)的结束点到第二个时钟域里的最近一个采样时刻，从这里开始第二个序列检测；零延时##0 表示从第一个序列(第一个时钟域)的结束点到第二个时钟域的采样时刻，这个采样点可能和第一个时钟域采样时刻重叠。注意，在多时钟域序列中的延时不能出现除 1 或 0 以外的数值。例如：

@(posedge clk1) s1 ##2 @(posedge clk2) s2

是非法的表述。

例 8.3-12　　多时钟域序列检测示例。

```
multi_clk0: assert property(@(posedge clk1) $rose(a) ##0 @(posedge clk2) b)
                                $display($time,,"%m passed");
                        else $display($time,,"%m failed");
multi_clk1: assert property(@(posedge clk1) $rose(a) ##1 @(posedge clk2) b)
                                $display($time,,"%m passed");
                        else $display($time,,"%m failed");
```

其时序示意图及仿真结果如图 8.3-10 所示。

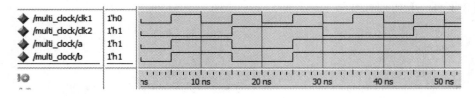

```
 5 multi_clock.multi_clk1 failed
 5 multi_clock.multi_clk0 failed
15 multi_clock.multi_clk0 passed
25 multi_clock.multi_clk1 failed
25 multi_clock.multi_clk0 failed
45 multi_clock.multi_clk0 passed
45 multi_clock.multi_clk1 passed
45 multi_clock.multi_clk1 passed
```

图 8.3-10　例 8.3-12 时序示意图及仿真结果

从图 8.3-10 中可看出：在第 15 ns 时刻，时钟 clk1 上升沿检测到信号 a 的上升沿，在断言 multi_clk0 中，延时为 0，同时第 15 ns 也是时钟 clk2 的上升沿，即在第 15 ns 同时检测到了信号 b 为高电平，断言 multi_clk0 成功；对于断言 multi_clk1，延时为 1，将时间严格转移到后续时钟 clk2 最近的上升沿进行信号 b 的判断，即在第 45 ns 检测到了信号 b 为高电平，断言 multi_clk1 成功；在第 35 ns 时刻，又一次检测到信号 a 的上升沿，在断言 multi_clk0 中，虽然延时为 0，但此时并不是时钟 clk2 的上升沿，因此它和断言 multi_clk1 一样，最近的时钟 clk2 上升沿都出现在第 45 ns，因此这两个断言都在第 45 ns 检验到信号 b 为高，两个断言同时成功。

6) 断言系统函数

SVA 提供总线断言函数和时序检查的系统函数来快速有效建立断言，表 8.3-1 列举了一些常用断言函数。

表 8.3-1　常用断言函数

分类	断言函数	说　明
总线断言函数	$onehot(expression)	检验表达式满足 "one-hot"，即在任意给定的时钟沿，表达式只有一位为高
	$onehot0(expression)	检验表达式满足 "zero one-hot"，即在任意给定的时钟沿，表达式只有一位为高或者没有任何一位为高
	$isunknown(expression)	检验表达式的任何位是否是 X 或者 Z
	$countones(expression)	计算向量中为 "1" 的位的数量
系统函数	$rose(signal)	信号上升沿
	$fell(signal)	信号下降沿
	$stable(signal)	检测信号值是否稳定不变
	$past(signal,cycle_num)	采样前 cycle_num 时钟沿的信号

5. SVA 与功能覆盖

断言中也提供了测量覆盖率的工具，关键字为 "cover"。其基本语法为

　　　cover_name: cover property (property_spec);

其中，cover_name 表示覆盖名称，property_spec 表示要覆盖的属性。例如：

　　　cover_cnt: cover property(counter);

cover 执行后可以得到的结果包括属性被尝试验证的次数、属性成功的次数、属性失配的次数以及属性空成功的次数。

6. SVA 输入约束

在形式验证中，形式工具会尽可能地遍历所有的合法输入空间。为了降低形式验证复杂度，提高验证有效性，在断言中提供可对设计输入约束的语法 assume。其基本语法为

　　　assume_name: assume (property_spec)

其中，assume _name 表示约束名称，property_spec 表示要约束的属性。例如：

　　　assume_addr: assume property (@ (posedge clk) addr inside {[0:15]});

将信号 addr 限定在 0~15 的范围内。

7. SVA 与设计的连接

将 SVA 连接到对应的设计中有如下两种方法：

(1) 在模块(module)定义中断言检验器，称之为内部断言；

(2) 将断言检验器与模块、模块的一个或多个实例绑定，称之为外部断言。

1) 内部断言

断言放在设计模块的内部，方便在仿真时查看异常情况。当异常出现时，断言会自动报警，其具体结构如下：

　　　module ABC ( );

　　　　　RTL 代码

```
        `ifdef ASSERTION_ON
            SVA 断言
        `endif
    endmodule
```

模块内部断言一般用在内部信号或时序的判断上，一般将它和关系密切的 RTL 代码放在一起，以保持一致性。需要注意的是，编写的 RTL 代码不能破坏断言的正确执行，若断言自身存在和它想要验证的行为相同的错误，则断言将无法检测这些错误。内部断言最好放在 `ifdef 块中，当工具不支持或设计(仿真)者不使用内部断言时，可通过取消相应预处理宏名的定义来自动去掉断言。内部断言一般由设计工程师编写插入，基于电路的具体实现来设计，类似"白盒"技术；有效的内部断言可以提高设计的可观察性，能及时发现设计的错误，并能降低仿真调试时间。

2) 外部断言

为了保证设计代码的完整性，System Verilog 在断言中提供了 bind 功能，将断言单独做成子模块，并通过 bind 把断言子模块与设计模块连接起来，使得两者互不影响。这样做的好处是：

(1) 即使设计代码有微小的改动，验证工程师也能够基于原来的环境进行验证。

(2) 提供了一个简便机制来使验证断言 IP 能迅速添加到一个子模块中。

(3) 不会使断言产生任何语义上的改变，这相当于使用分级路径名将断言写入模块外部，保证了程序的稳定性和可靠性。

bind 的基本语法为

　　　bind 模块名 断言子模块名 断言实例名(端口列表);

例如：

　　　bind cpu fpu_props fpu_rules_1(a,b,c);

其中，cpu 是模块(设计)名，是需要被验证的 DUT(被测试验证模块)；fpu_props 是断言模块名，fpu_rules_1 是断言实例名，括号中是端口列表，是断言模块名端口。

外部断言模块一般由验证工程师编写，设计工程师在设计系统对外接口模块时也可以编写。外部断言按照接口信号和协议的功能规范来编写，而不是按照模块的内部设计结构编写。当编写外部断言时，DUT 通常被看成一个黑盒子。

例 8.3-7 设计的售卖机验证平台是基于覆盖率驱动的动态仿真，下面基于形式验证思想设计一个验证所用的断言模块。

例 8.3-13 针对例 8.3-7 的断言模块设计。

```
    module Vendor_sva (input logic clk,reset, Ten,Twenty,Ready,Dispense,Return,Bill);
        logic [1:0] Vendor_in;
        logic [3:0] Vendor_out;
        assign Vendor_in = {Ten, Twenty};
        assign Vendor_out= {Ready, Bill, Dispense, Return};
        //设计输入约束：不能同时投 10 元和 20 元
        assume_in: assume property (@ (posedge clk) disable iff(reset) (Vendor_in!= 2'b11));
        //复位状态验证
```

```
      assert_reset: assert property (@ (posedge reset) Vendor_out==4'b1000);
          //输出 one-hot 状态验证
      assert_state_one_hot: assert property (@ (posedge clk) disable iff(reset) $onehot(Vendor_out));
          //输出为 Dispense 或 Return，下一个时钟输出一定为 Ready
   assert_trans: assert property (@(posedge clk) disable iff(reset) (Vendor_out==4'b0010 || Vendor_out==
4'b0001) |=> Vendor_out==4'b1000);
      //**************不同输入序列设定***************************
      sequence s_input1;
          (Ten==1'b1) [*4];                                //投入 4 张 10 元
      endsequence
      sequence s_input2;
          (Ten==1'b1) ##1 (Ten==1'b1) ##1 (Twenty==1'b1);   //投入 2 张 10 元和 1 张 20 元
      endsequence
      sequence s_input3;
          (Twenty==1'b1) ##1 (Twenty==1'b1);               //投入 2 张 20 元
      endsequence
      sequence s_input4;
          (Ten==1'b1) [*3] ##1 (Twenty==1'b1);              //投入 3 张 10 元和 1 张 20 元
      endsequence
      sequence s_input5;
          (Ten==1'b1) ##1 (Twenty==1'b1) ##1 (Twenty==1'b1);   //投入 1 张 10 元和 2 张 20 元
      endsequence
      //**************不同输入下的输出属性设定********************
      property check1;
          @ (posedge clk) disable iff(reset) Vendor_out==4'b1000 |-> s_input1 |-> ##1 Vendor_out==4'b0010;
      endproperty
      property check2;
          @ (posedge clk) disable iff(reset) Vendor_out==4'b1000 |-> s_input2 |-> ##1 Vendor_out==4'b0010;
      endproperty
      property check3;
          @ (posedge clk) disable iff(reset) Vendor_out==4'b1000 |-> s_input3 |-> ##1 Vendor_out==4'b0010;
      endproperty
      property check4;
          @ (posedge clk) disable iff(reset) Vendor_out==4'b1000 |-> s_input4 |-> ##1 Vendor_out==4'b0001;
      endproperty
      property check5;
          @ (posedge clk) disable iff(reset) Vendor_out==4'b1000 |-> s_input5 |-> ##1 Vendor_out==4'b0001;
      endproperty
```

```
//***************断言和覆盖验证***************************
assert_check1: assert property(check1);
assert_check2: assert property(check2);
assert_check3: assert property(check3);
assert_check4: assert property(check4);
assert_check5: assert property(check5);
cover_check1: cover property(check1);
cover_check2: cover property(check2);
cover_check3: cover property(check3);
cover_check4: cover property(check4);
cover_check5: cover property(check5);
endmodule
//将断言模块和设计模块关联起来
bind Vendor Vendor_sva u0( .* );
```

形式验证后的结果如下，它包括断言、覆盖率和约束的统计信息：

```
Summary Results

    Property Summary: FPV
    -----------------
    > Assertion
       - # found          : 8
       - # proven         : 8
    > Vacuity
       - # found          : 6
       - # non_vacuous    : 6
    > Cover
       - # found          : 5
       - # covered        : 5
    > Constraint
       - # found          : 2
List Results
    Property List:
    --------------
    > Assertion
    # Assertion: 8
       [    0] proven              (non_vacuous)   -   Vendor.u0.assert_check1
       [    1] proven              (non_vacuous)   -   Vendor.u0.assert_check2
       [    2] proven              (non_vacuous)   -   Vendor.u0.assert_check3
       [    3] proven              (non_vacuous)   -   Vendor.u0.assert_check4
```

[　4] proven	(non_vacuous)	-	Vendor.u0.assert_check5
[　5] proven		-	Vendor.u0.assert_reset
[　6] proven		-	Vendor.u0.assert_state_one_hot
[　7] proven	(non_vacuous)	-	Vendor.u0.assert_trans

> Cover

Cover: 5

[　9] covered	(depth=818)	-	Vendor.u0.cover_check1
[　10] covered	(depth=5)	-	Vendor.u0.cover_check2
[　11] covered	(depth=3)	-	Vendor.u0.cover_check3
[　12] covered	(depth=44)	-	Vendor.u0.cover_check4
[　13] covered	(depth=34)	-	Vendor.u0.cover_check5

> Constraint

Constraint: 2

[　8] constrained	-	Vendor.u0.assume_in
[　14] constrained	-	constant_14 - reset==0

8.4　System Verilog 与 C 语言接口

　　Verilog HDL 编程语言接口(Program Language Interface，PLI)为 Verilog HDL 和其他编程语言提供了一个交互机制。System Verilog 对 PLI 进行扩展，形成了一种新的 Verilog 代码和其他编程语言(通常是 C/C++)相互通信的接口方式，称为直接编程接口 DPI(Direct Programming Interface)。DPI 相对于传统的 PLI，最大的优势在于，直接与其他编程语言传递数据，不需要使用任何过程接口库函数，比 PLI 的 TF、ACC 以及 VPI 接口更直接。

　　DPI 一般由两部分组成，即 System Verilog 语言层和其他编程语言层。它们彼此相互独立，System Verilog 编译器不需要分析其他编程语言代码，同样其他编程语言编译器也不需要分析 System Verilog 代码。DPI 的这种分层结构遵循一种"黑盒"规则：单元(函数)的定义和调用分离。单元(函数)的定义对 System Verilog 来说是一个黑盒子，无须关注它是用什么语言编写的；通过 DPI 接口使用不同编程语言定义的函数，对 System Verilog 来说又是透明的，无须更改定义，直接进行调用。下面就 System Verilog 和 C 语言如何通过 DPI 接口进行数据交互进行简要描述。

8.4.1　DPI 导入 C 函数和任务

　　System Verilog DPI 允许 Verilog 代码直接调用 C 函数，就好像该函数是 Verilog 语言自身定义的任务或者函数。DPI 通过简单的 import 声明把 C 函数导入 System Verilog 语言层，其导入声明定义了 C 函数名称、参数以及函数返回类型等。例如：

```
import "DPI-C" function real sin(real in);        //C 函数库中 sin 函数
```

以上导入声明为 System Verilog 代码提供了一个函数名为 sin、函数返回值的数据类型为 real

(双精度)、函数形参为 real 类型的 C 函数。随后，System Verilog 代码就像调用自编函数一样调用这个 sin 函数。例如：

> always @(posedge clock)
>
> slope <= sin(angle);   //从 C 中调用 sin 函数

DPI 导入声明可以放在 System Verilog 的模块、接口、程序块、时钟块、包以及编译单元空间定义中，导入的任务或者函数只在导入的作用域内起作用。被导入的 C 函数可以有多个形参或者没有参数。缺省情况下，参数的方向都是输入，即数据从 System Verilog 传给 C 函数。DPI 导入声明语句也可以显式声明每个形参方向是 input、output 或 inout，例如：

> import " DPI-C " function real sqrt(input real base, output bit error);

上面导入的平方根函数定义了两个参数：一个双精度输入；一个表示错误标志的 1 bit 输出。从 System Verilog 代码的角度看，输入和输出形参看起来和定义在 SV 语言里的任务或函数端口一样，数据通过输入参数传递到 C 函数中，C 函数得到的结果通过输出参数传递给 SV 变量。如果没有返回值，则和 C 语言一样，将函数返回类型定义成 void 类型。例如：

> import " DPI-C " function void my_initial( );

通过 DPI 传递的每个变量都有两个相匹配的定义，一个在 System Verilog 层中，一个在 C 语言层中。在使用中必须确认使用的是兼容的数据类。表 8.4-1 给出了 System Verilog 和 C 语言数据输入/输出数据类型映射关系。System Verilog 增加了一个特殊的 chandle 数据类型，用于导入返回一个指针数据类型的 C 函数。C 指针保存在 chandle 变量内，作为一个函数的参数传递回其他导入的函数。

表 8.4-1   System Verilog 和 C 语言数据类型映射

System Verilog 类型	C 类型
byte	char
shortint	short int
int	int
longint	long long
real	double
shortreal	float
string	char*
chandle	void*
bit	unsigned char
logic	unsigned char

DPI 把 C 函数进一步细分成 pure 函数、context 函数或者 generic 函数。如果一个函数严格根据输入来计算输出，跟外部环境没有其他交互，那么就是 pure 函数；如果使用了全局变量，或 PLI TF、ACC 或者 VPI 库函数，那么它就不是 pure 函数，需要声明为 context 函数。既没有明确声明为 pure 函数，也没有声明为 context 的函数，统称为 generic 函数。generic C 函数不允许调用 Verilog PLI 函数，不能访问除了参数以外的任何数据，只能修改这些参数。例如：

> import "DPI-C" pure function real sin(real);   //来自标准函数库

import "DPI-C" context function void process (chandle elem,output logic [64:1] arr [0:63])

注意：调用一个错误声明成 pure 的 C 函数，可能返回不正确或者不一致的结果，导致不可预测的运行时间错误，甚至让仿真崩溃。同样，如果一个 C 函数访问 Verilog PLI 库或者其他 API 库，却没有声明为 context 函数，也会导致不可预见的仿真结果。

8.4.2　DPI 导出 Verilog 函数和任务

System Verilog 除了引用 C 编写的函数外，还可以通过 DPI 把 System Verilog 编写的任务和函数导出给 C 代码使用。这种双向的导入/导出方式使 System Verilog 和 C 语言之间根据设计需要灵活传递数据。导出声明与 DPI 导入声明类似，关键字 export 代表将其后指定的 Verilog 任务或者函数导出供 C 语言使用，注意 System Verilog 任务或者函数的参数无须列出。例如：

export "DPI-C" adder_function;

System Verilog 任务或函数只能从该任务或者函数被定义的作用域中被导出，并且一个任务或者函数只能有一个 DPI 导出声明。导出的任务或者函数的形式参数必须符合 DPI 导入声明中同样的数据类型规则。导出的 System Verilog 函数只能被那些已经作为 context 函数或者任务导入的 C 函数所调用，导出的 System Verilog 任务只能被作为 context 任务导入的 C 函数调用。

例 8.4-1　通过 DPI 实现信号交通灯控制。

```
//*************** C 代码：foreign.c*********************
    #include "dpi_types.h"
    int c_CarWaiting ( )
    {
        printf("There's a car waiting on the other side. \n");
        printf("Initiate change sequence ...\n");
        sv_YellowLight();
        sv_WaitForRed();
        sv_RedLight();
        return 0;
    }
//************* System Verilog 代码：test.sv*****************
module test ( );
    typedef enum {RED, GREEN, YELLOW} traffic_signal;
    traffic_signal light;

    function void sv_GreenLight ( );
        begin
            light = GREEN;
        end
```

```
        endfunction

        function void sv_YellowLight ( );
            begin
                    light = YELLOW;
            end
        endfunction

        function void sv_RedLight ( );
            begin
                    light = RED;
            end
        endfunction

        task sv_WaitForRed ( );
            begin
                    #10;
            end
        endtask

        export "DPI-C" function sv_YellowLight;
        export "DPI-C" function sv_RedLight;
        export "DPI-C" task sv_WaitForRed;
        import "DPI-C" context task c_CarWaiting ( );

        initial
            begin
                #10 sv_GreenLight;
                #10 c_CarWaiting;
                #10 sv_GreenLight;
            end
    endmodule
```

其仿真结果波形如图 8.4-1 所示。

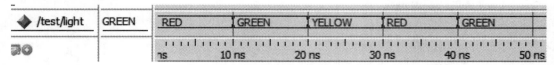

图 8.4-1　例 8.4-1 仿真结果波形

在模块 test 中,用 System Verilog 语言定义了 3 个函数和 1 个任务,分别是 sv_GreenLight、 sv_YellowLight、sv_RedLight 和 sv_WaitForRed；其后 3 条 DPI 的 export 声明语句将函数 sv_YellowLight、函数 sv_RedLight 和任务 sv_WaitForRed 导出到 C 语言层；在用 C 语言编写的 c_CarWaiting 函数中直接调用了这 3 个函数和 1 个任务。同时模块 test 中编写了一条 DPI 的 import 声明语句，将 c_CarWaiting 函数导入 System Verilog 层，initial 过程块直接调用此 C 函数，完成相应功能。

从例 8.4-1 中可看出，利用 DPI 的导入/导出功能，设计的一部分可以用 System Verilog 描述，另一部分则可用 C 语言来描述。如在系统级设计中编写一个抽象高层级的 C 模型，随后 C 模型的一部分使用 RTL 层的 System Verilog 重新编写替换；通过导入语句，这些 RTL 模型能够继续和抽象的 C 模型交互；同样在具体的 RTL 层级，导出 System Verilog 函数也可以被抽象的 C 模型调用。这样整个设计依旧保持完整无缺，即便设计的一部分由一种语言描述转换成另外一种语言描述。导出 System Verilog 任务的一个重要的好处是，任务可以通过使用时间控制语句如非阻塞赋值、事件控制、延时与等待语句来控制仿真时序。当 C 函数通过 DPI 调用一个有时间控制的 System Verilog 任务时，C 函数的执行将会暂停，直到 System Verilog 任务执行完成并返回调用它的 C 函数为止。

本 章 小 结

System Verilog 语言面向系统级数字集成电路设计，是一种高效的、设计和验证完全统一的语言。它能够实现高层次的抽象的行为建模，构建可重用的自动化的测试环境，大大增强了模块的复用性，提高了芯片开发效率，缩短了开发周期。

本章首先介绍了 System Verilog 发展历程和语言特点；其次，从设计和验证两个方面重点阐述了常用的 System Verilog 语言结构，同时给出了相关设计和验证实例，使读者对基于 System Verilog 语言的电路设计方法和验证方法有初步认知；最后，简要描述了 System Verilog 和 C 语言的交互方法。

思考题和习题

8-1　简述 System Verilog 语言的特点以及和 Verilog HDL 的异同。

8-2　简述数据类型 wire、reg 和 logic 的区别。

8-3　System Verilog 中提供的 always 过程块有哪些？和 Verilog HDL 中的 always 过程块相比，它有什么优点？

8-4　简述在 System Verilog 的分支语句中使用唯一性(unique)和优先级(priority)修饰符的好处。

8-5　简述基于 System Verilog 可重用测试平台的结构。

8-6　简述面向对象编程的特点。

8-7　功能覆盖率和代码覆盖率有什么区别？System Verilog 提供了哪些测量功能覆盖率的方法？

8-8　什么是断言？描述 System Verilog 断言的建立过程。

参 考 文 献

[1] 袁俊泉，孙敏琪，曹瑞. Verilog HDL 数字系统设计及其应用. 西安：西安电子科技大学出版社，2002.

[2] PALNITKAR S. Verilog HDL 数字设计与综合. 夏宇闻，等译. 北京：电子工业出版社，2004.

[3] 王金明. Verilog HDL 程序设计教程. 北京：人民邮电出版社，2004.

[4] 云创工作室. Verilog HDL 程序设计与实践. 北京：人民邮电出版社，2009.

[5] CILETTI M D. Verilog HDL 高级数字设计. 张雅绮，等译. 北京：电子工业出版社，2005.

[6] 常晓明，李媛媛. Verilog-HDL 工程实践入门. 北京：北京航空航天大学出版社，2005.

[7] BHASKER J. Verilog HDL 入门. 3 版. 夏宇闻，甘伟，译. 北京：北京航空航天大学出版社，2008.

[8] 张明. Verilog HDL 实用教程. 成都：电子科技大学出版社，1999.

[9] 刘福奇，刘波. Verilog HDL 应用程序设计实例精讲. 北京：电子工业出版社，2009.

[10] 罗杰. Verilog HDL 与数字 ASIC 设计基础. 武汉：华中科技大学出版社，2008.

[11] 吴戈. Verilog HDL 与数字系统设计简明教程. 北京：人民邮电出版社，2009.

[12] BHASKER J. Verilog HDL 综合实用教程. 孙海平，等译. 北京：清华大学出版社，2004.

[13] 王冠，黄熙，王鹰. Verilog HDL 与数字电路设计. 北京：机械工业出版社，2006.

[14] 张延伟，杨金岩，葛爱学，等. Verilog HDL 程序设计实例详解. 北京：人民邮电出版社，2008.

[15] 夏宇闻. Verilog HDL 数字系统设计教程. 北京：北京航空航天大学出版社，2008.

[16] NAVABI Z. Verilog 数字系统设计：RTL 综合、测试平台与验证. 2 版. 李广军，等译. 北京：电子工业出版社，2007.

[17] SUTHERLAN S, DAVIDMANN S, FLAKE P. System Verilog 硬件设计及建模. 于敦山，等译. 北京：科学出版社，2007.

[18] 钟文枫. System Verilog 与功能验证. 北京：机械工业出版社，2010.

[19] VIJAYARAGHAVAN S, RAMANATHAN M. System Verilog Assertions 应用指南. 陈俊杰，等译. 北京：清华大学出版社，2006.

[20] 刘斌. 芯片验证漫游指南：从系统理论到 UVM 的验证全视界. 北京：电子工业出版社，2018.

[21] 克里斯·斯皮尔. System Verilog 验证：测试平台编写指南. 张春，等译. 北京：科学出版社，2009.

[22] BERGERON J, CERNY E, HUNTER A, 等. System Verilog 验证方法学. 夏宇闻，等译. 北京：北京航空航天大学出版社，2007.